飞行器实验力学

王彬文 著

科学出版社

北京

内 容 简 介

飞行器实验力学是分析飞行器结构力学受载本质、模拟服役载荷环境、测量结构响应、支撑飞行器结构力学性能评估与验证的一门实验科学。本书系统阐述和深入分析各类飞行器结构实验中的力学问题,介绍了全生命周期中飞行器结构在不同任务剖面下的复杂载荷环境,总结了当前飞行器力学实验中常用测量方法及其原理,最后给出了实验力学在飞行器强度验证中的典型工程应用。

本书可供飞行器设计、制造和验证等多领域的机关、工业部门和高校相关人员使用,适合指导专业技术人员的实验设计,也可作为高等院校的教学参考书。

图书在版编目(CIP)数据

飞行器实验力学 / 王彬文著. —北京:科学出版社,2022.11
ISBN 978 - 7 - 03 - 073623 - 9

Ⅰ.①飞… Ⅱ.①王… Ⅲ.①飞行器—结构力学
Ⅳ.①V414

中国版本图书馆 CIP 数据核字(2022)第 204231 号

责任编辑:胡文治 / 责任校对:谭宏宇
责任印制:黄晓鸣 / 封面设计:殷 靓

斜 学 出 版 社 出版
北京东黄城根北街 16 号
邮政编码:100717
http://www.sciencep.com

南京展望文化发展有限公司排版
苏州市越洋印刷有限公司印刷
科学出版社发行 各地新华书店经销

*

2022 年 11 月第 一 版 开本:B5(720×1000)
2022 年 11 月第一次印刷 印张:20
字数:393 000

定价:180.00 元
(如有印装质量问题,我社负责调换)

序

百余年来,飞行器设计思想的发展与强度规范的更新相辅相成,先后经历了静强度设计、安全寿命设计、破损安全设计、损伤容限设计、广布疲劳损伤设计等阶段。实践是检验真理的唯一标准,每个飞行器在"发芽、生根、成长、开花"的孕育过程中,都离不开强度实验这个"土壤",而飞行器实验力学正是飞行器设计思想和强度规范科学演进的见证者、推动者与执行者。

作为一门涉及面很广的综合性应用学科,飞行器实验力学是对飞行器进行服役载荷等效模拟、协调控制、同步测量的实验科学,是鉴定强度裕度是否合格、检验设计方案是否合理、验证计算方法是否正确、探究制造工艺是否可靠的重要手段,是确定飞行器力学性能、强度品质和运维手册的重要依据,是不可或缺和无法替代的。

砥砺数载,终成华章。王彬文研究员长期致力于飞行器强度领域基础技术研究、核心能力攻关和重大型号研制,其在第十六届全国实验力学大会上所做的《现代民机气候环境适应性实验技术研究》大会主题报告颇有见地,给我留下了深刻的印象。作为飞行器强度领域专家和中国飞机强度研究所的技术负责人,王彬文研究员对飞行器强度的国内外研究现状非常熟悉。"十三五"期间,他基于飞行器实验力学专业书籍之现状和飞行器更高更快更强发展之趋势,集数载心血,编著了聚焦科学知识重构和工程技术创新的《飞行器实验力学》一书。全书以力学与飞行器发展为切入点,从力学行为描述、规范总体要求到实验力学内涵,从载荷计算、等效模拟、测量方法到数据处理,从理论方法、工程背景、实验系统到典型案例,统筹了科学内涵与工程技术,兼顾了科学微观与工程宏观,凝聚了研究成果和工程实践,汇集了力学理论和实验方法,自成系统,颇有见地。

知一而知天下,明今而明未来。近年来,以歼20、运20、直20和高超声速武器为代表的新一代先进飞行器,其飞行速度、高度、性能、载荷和环境等要求日益提高,对飞行器强度专业提出了严峻的挑战,并呈现出大强度、新强度和数字强度的发展趋势,这赋予了飞行器实验力学承载助力强度技术发展和型号成功研制的历史重任,也必将迎来飞行器实验力学新的发展契机和时代内涵。显然,作者已经敏锐地洞察到这一点,而且致力于顺势而为。过之则拙,欠之则险,本书基于现状,着眼挑战,深耕广拓,是一部集理论性、实践性和创新性于一体的学术专著。

祝愿实验力学蓬勃发展,祝愿航空科学日新月异。

中国科学院院士 于起峰

2022 年 10 月于长沙国防科技大学空天科学学院

前　　言

　　飞行器诞生伊始,实验力学便作为一门基础科学支撑其发展,工程师们通过实验来模拟服役载荷、测量物理响应、研究力学性能、评估结构设计,为飞行器的成功研制与安全运维保驾护航。在人们不断挑战天空极限的实践过程中,强度与结构完整性大纲、适航规章等顶层规范对飞行器强度技术提出了系统性要求,使其呈现出大强度、新强度、数字强度的发展趋势,其研究对象的扩大化和研究方向的多元化有力推动了实验力学的发展。在此大背景下,飞行器实验力学作为承接实验力学深化和推动飞行器强度技术进步的科学技术分支被提出、定义、研究和发展势在必行,恰逢其时。

　　飞行器实验力学是以实验力学为基础,以规范要求为输入,系统性研究飞行器广义载荷简化、服役工况模拟、物理响应表征、实验数据处理和力学性能评估的一门科学。随着飞行器速度、高度和性能的不断提升,飞行器实验力学面临着三大挑战。一是载荷复杂之挑战。现代飞行器的发展是一个不断超越现有材料、结构、环境、机型和概念的创新过程,这使得研究对象的载荷呈现出广义化、极端化和耦合化的发展态势,如何简化到最优,如何模拟得真实,诸如此类的问题必然始终存在。二是精准测控之挑战。多通道多形式复杂载荷模拟对控制策略、参数优化和硬件性能提出更高的要求。随着实验对象复杂化、关注因素多元化、测量环境严酷化和测量通道的快速递增,三维重构、定位捕捉、损伤演化等是测量面临的技术难题。三是数据处理之挑战。实验响应过程复杂、形式多元、通道繁多给数据处理带来新的挑战,而通过实验对研究对象进行物理或数学评估将成为数据处理的新要求和新内涵,同时机器学习、深度学习、人工智能给数据处理提供了新思路和新方法。

　　针对上述挑战,作者团队紧抓我国航空航天工业高速发展之机遇,聚焦重大飞行器成功研制之需求,以实验力学发展为基础,在规范标准解析、载荷环境模拟、物理响应测量、实验数据处理等方向开展了一系列关键技术研究,有力支撑了歼 20、运 20、C919 和高超声速武器等多种型号实验任务的完成。基于团队前期研究成果和工程实践,本书力求做到以下四个方面的工作:一、从飞行器力学行为出发,深入解读规范标准要求,系统阐明飞行器实验力学的研究内涵;二、从计算、简化和模拟三个维度对静、动、疲、热等方向的载荷与环境进行研究,全面阐述飞行器广义载荷的演进模拟;三、从基本原理、物理特性和应用技术三个角度对电测和光测两类多种测量方法进行说明,详细论述飞行器物理响应的精准表征;四、从来源、合成、传递和不确定性等方面对实验误差进行分析,简要陈述飞行器实验数据的科学处理。全书紧密结合飞行器力学行为与规范要求,以载荷模拟、响应测量和数据处理为主线,贯穿作者团队研究成果和工程实践,以凝聚科学、技术与工程的典型特色和时代特征。全书含前言、绪论、11 章正文,其中正文分为五篇,分别为基础篇(第 2 章)、广义载荷篇(第 3~8 章)、响应测量篇(第 9~10 章)、数据处理篇(第 11 章)、实验案例篇(第 12 章)。本书可作为力学、航空宇航科学技术、航空航天装备研制等领域的专家学者、工程师、研究生等相关人员的参考书籍。

本书撰写过程中得到了中国工程院唐长红院士的悉心指导和大力支持,中国科学院于起峰院士于百忙之中审阅全书并欣然作序,作者在此向他们致以崇高的敬意并表示衷心的感谢。沈星教授、杨超教授、李玉龙教授、全栋梁研究员、曹奇凯研究员、谭申刚研究员、张立新研究员、黄文超研究员、成竹研究员等强度领域著名专家学者审阅了相关章节,提出了诸多宝贵意见,他们是本书从酝酿到成书全历程的见证者,他们给予的鼓励和关照始终贯穿并将永远定格在字里行间;白春玉、陈莉、陈先民、陈向明、丛琳华、李磊、李冬梅、马君峰、吴敬涛、杨宇、杨志斌、尹伟等做了卓越的审核和校订工作;陈宏、高战朋、郭军、惠旭龙、姜永平、廖江海、吕帅帅、宋巧治、王计真、王振亚、延浩、杨俊、张文东、张宇、邹学锋等做了高效的编辑和校对工作。本书是作者团队集体智慧的结晶,在此对所有贡献者一并表示感谢。希望本书能为飞行器实验力学的创新发展和飞行器型号的成功研制起到重要的推动作用!

鉴于作者水平所限,书中不妥之处,敬请读者批评指正。

2022 年 10 月于长安

目　　录

第 3 章 飞行器静载荷

第 4 章 飞行器动载荷

第5章　飞行器疲劳载荷

第 6 章　飞行器热环境

第 7 章　飞行器声环境

第8章 飞行器气候环境

第9章 电 测 法

第 10 章　光　测　法

第1章
绪　论

1.1　力学的起源与发展

力学是什么?

力学作为自然学科中最早精确化的学科,曾是经典物理学的基础和先行。进入 20 世纪后,凭借其独立的理论体系和重大工程技术需求,从物理学中脱离出来,成为一门应用性较强的基础学科[1]。

在《未来 10 年中国学科发展战略:力学》中,定义"力学是关于力、运动及其关系的科学······力学研究介质运动、变形、流动的宏微观行为,揭示力学过程及其与物理、化学、生物学过程的相互作用规律"[2]。该定义将力学从研究物质机械运动规律中解脱出来,并体现出新时期力学研究跨层次、跨尺度以及学科交叉融合的特征。

力学最早的研究可追溯到阿基米德(公元前 287 年~公元前 212 年)时代。阿基米德作为力学创始人,给出了静力学和流体静力学的基本原理,享有"力学之父"尊称。随着时间的步伐迈入文艺复兴时期,"现代科学之父"伽利略在《关于两门新科学的对话》(1632 年)一书中,讨论了材料力学与动力学的研究结果。之后,牛顿站在巨人的肩膀上,集前人研究于一体,著《自然哲学的数学原理》(1687 年),提出万有引力定律和三大运动定律,标志着经典力学理论体系基本建立。其后 200 余年,经典力学理论体系不断完善,并以解析的方式重塑理论框架,以严谨的结构与逻辑、极具对称和简洁的表达形式向世人展现出力学令人震撼的美感。然而在 20 世纪初,"两朵乌云"笼罩在经典力学头顶,并最终形成了相对论力学和量子力学,在物体高速和微观世界粒子的运动规律方面弥补了经典力学的不足。

古代中国,虽然没有形成完善的力学体系,但也对自然和万物运动有着自己的思考。在《墨子》的《经上》中提到"力,刑之所以奋也"。对这句话认可较为广泛的解释为"力是使物体运动的原因",甚至部分学者认为是牛顿第二定律的雏形。近现代,中国的自然科学基础理论知识基本源于西方。最早出现的力学书籍是瑞典传教士邓玉涵与华人王徵合译的《远西奇器图说》(1627 年),书中将力学称为"力艺"或"重学"。1859 年,英国人爱约瑟和李善兰合译了英国力学家胡威立的力学著作《初等力学教程》,将力学称为"重学"。1868 年,丁韪良编译了《格物测算》,提出"是书之力学即重学也,盖重学无非力学之一端,而力学实重学之根源也",最早开始用"力学"代替"重学",但他所指的力学大致等同于现在的静力学和质点动力学,还不是现今意义下的力学[3]。

第一次将"Mechanics"翻译为基本等同如今力学体系的"力学"的人并不是力学家,也不是自然科学家,而是清末民初的思想家严复,出现在《天演论》(1898 年)一书中。之后在翻译《群学肄言》中提出"力学之所治者,统热电声光以为纬,分流凝静动以为经"[3]。

力学以使用严谨逻辑来认识自然与工程中的规律为目标,兼具基础性和应用性。正如美国航空之父冯·卡门先生曾描述力学的作用"Scientists discover the world that exists, engineers create the world that never was. ... Mechanics is at the most exciting stage and we can do both."("科学家发现现存的世界,工程师创造未来的世界,……力学则处在最激动人心的地位,即我们可以两者并举!")[1]。

力学作为工程科技的先导和基础,是科学技术创新和发展的重要推动力。正如杨卫院士的描述"力学是统领全局的学科,必须把握灵魂、把握总体、把握关联、把握贯穿;力学是抓总的,不能一叶障目,不见森林;不能守在中段,要顶天立地。"[1]

1.2　实验力学的内涵与外延

纵观力学的发展历史,力学发展的重要阶段与重要的力学分支的建立都是和著名的实验相联系着的。一般认为流体力学的开端是马略特的管流阻力实验,空气动力学的起步则可以追溯到物体升力的测量实验,弹性力学的起步则是胡克的物体弹性实验。脱离实验的理论常常可以被实验所否定,例如曾经存在了数百年的以太理论,在 19 世纪末被实验所否定;亚里士多德关于落体的理论流传了一千多年,被伽利略的实验所否定[3]。因此,实验力学起源于力学理论的发展和工程应用的实际需要,是一门结合自然现象以及工程问题需求而发展起来的科学。

力学实验始于阿基米德的浮力量测、伽利略比萨落体实验的速度量测、开普勒的天文轨道量测、胡克的弹性量测、牛顿的光折射量测[1],但此时的力学实验没有学科专业的特色,仅为某一专门问题或某一学科服务,尚不能称为实验力学。20世纪 30 年代,随着光弹性和电阻应变计的应用,力学实验以应力分析为主,初步具有学科专业的特色,称为"实验应力分析",指用实验手段进行应力分析,区别于通过数学公式计算应力。1938 年美国麻省理工学院的 Ruge 教授发明了电阻应变片[4],开始了真实应变测量的时代,直到今天,应变片仍是实验力学中重要的测量方法之一。20 世纪 60 年代以后,随着光学和微电子技术的发展,实验手段越来越多,应用范围越来越广,具备相对独立的理论、方法和技术,逐步形成了以机械量测、光测、电测、流体量测、振动量测等为核心内容的实验力学学科。

根据实验力学的任务,将其分为两类:其一是对已有力学理论证明与验证的实验,如 1798 年卡文迪许测定引力常数的实验;其二是求解问题的实验,如对于复杂问题,通常的做法是先基于实验获得相关规律,再建立相应的逻辑从理论上对问题进行分析。

基于以上论述,狭义的实验力学就是指实验过程力学量的测量技术,而广义的实验力学还包括力学实验的组织与实施,本书后续不再对其进行区分。实验测量方法涉及的范畴较广,具体包括电测、光测、声测、图像处理和杂交法等测量方法,实验关注对象主要包括疲劳、断裂、力学响应、无损检测及评估、模型实验、残余应力等方面。

目前实验力学的测量技术研究已经从传统的电测、光测技术扩展到图像技术、超声技术、微纳光测技术、无损检测技术、传感与检测技术、动态与冲击测量等领域。实验力学的应用领域从机械冶金、能源动力、水利地质、土木交通和航空航天等逐步扩展到材料、微电子和生物工程等。

实验力学研究的热点领域和具有挑战性的难题包括以下方面[5]。

(1) 多场和多系统的实验测量技术。与智能材料、生物材料、生化材料等领域相关,建立多场与多系统的加载和实验测量技术是极具挑战的研究领域。

(2) 微纳尺度实验力学检测技术和装置。随着微纳尺度力学的迅速发展,迫切需要建立与之对应的微纳尺度实验力学检测技术与装置。

(3) 特殊环境与极端条件下力学量测技术。与国防军工、交通设施、航天航空工程等领域的材料及结构性能的损伤破坏研究密切相关。

(4) 无损检测新技术。与机械、能源等大型工程结构检测以及材料和器件的性能检测密切关联。

(5) 大工程系统中的测量与安全检测技术。直接与国家经济建设和国防建设中的大装置、大系统和重大设施的安全运行相关。

(6) 实验数据的分析识别与力学场可视化技术。主要涉及实验力学分析方法与图像处理技术。

实验力学具有很强的技术性与应用性,与新技术交叉广泛,与工程应用和生产实践结合紧密。实验力学在力学发展过程中发挥了重要和关键的作用,推动和促进了力学基础理论的发展,同时又是检验力学理论的标准。

1.3　飞行器实验力学的任务与挑战

进入 20 世纪,航空航天成为与力学关系最为密切的领域之一,也是最具代表性的领域。力学有力地支撑了航空航天领域的发展,航空航天对新技术的需要又刺激和推动了对新的力学(如飞行器实验力学)问题的深入研究[6],逐步形成、丰富并发展了飞行器实验力学。

飞行器实验力学是关于飞行器结构(全机、部件、零件等)的考虑服役载荷(力、振动、热载等)等效加载、协调控制、同步测量(如应力、变形、转角、位移、频率、振幅等)、结果分析评估的实验科学。飞行器实验力学"积木式"研究飞行器结构运动、变形、损伤的宏微观行为,揭示多场多耦合力学过程及相互作用规律,是一门涉及面很广的综合性应用学科,包括强度、刚度、气动弹性、耐久性/损伤容限、完整性、可靠性和气候环境等方向。

1783 年法国人蒙特哥尔菲兄弟和查尔斯的气球首次使人类实现了长时间的飞行。1903 年美国莱特兄弟成功研制了第一架可操控的载人动力飞机。1947 年美国耶格尔驾驶 Bell X-1 飞机首次实现了超声速飞行。1957 年苏联成功发射了世界上第一颗人造地球卫星。1961 年苏联宇航员加加林乘坐东方号飞船首次进入太空。1969 年美国阿波罗 11 号飞船第一次登月成功,阿姆斯特朗成为第一个登上月球的宇航员。1971 年苏联首次将世界上第一个空间站——礼炮一号送上近地轨道。1981 年美国首次将可重复使用的、往返天地间的有翼式载人航天器——哥伦比亚号航天飞机送入近地轨道[7]。人类迈向天空的每一步,都离不开飞行器实验力学。

纵观飞行器结构军用规范和民用飞行器适航规章,有一条主线贯穿始终:未经实验验证的结构,不允许在飞行器上使用;只有通过限制载荷的强度实验,飞行器才可以首飞;只有通过极限载荷的强度实验,飞行器才可以进行性能试飞等[8]。飞行器实验是验证飞行器结构强度是否合格,证明所选择结构形式是否合理、所用的强度计算方法是否正确及制造工艺是否满足要求的重要手段,同时也是确定强度特性、使用寿命和维护周期的重要依据。因此,飞行器实验力学为飞行器研制提供了不可缺少的基础和支撑作用,其意义主要体现在以下几个方面:

(1)为飞行器设计资料与设计工具提供试验数据;

(2)验证飞行器结构设计分析的方法和模型;

(3)为飞行器的首飞和持续试飞提供强度依据;

(4)为飞行器结构定寿延寿及编制维护大纲提供试验依据;

(5)是型号定型或适航取证的必要条件之一。

按照"积木式"研究验证体系进行分类,飞行器实验力学可分为材料/元件级、组件/部件级和全机实验力学。

(1)材料/元件级实验力学,主要通过提供基本数据位设计提供重要参考。

(2)组件/部件级实验力学,是主要的验证分析方法,目的是进行结构选型与验证新结构强度,通常采用真实的飞行负载开展实验,以确保装配之后的飞行器满足预期的设计要求。

（3）全机结构实验力学，主要验证结构强度与承载潜力，为飞行器设计、使用提供评估信息。数以百计加载设备作用在飞行器结构的不同位置，按照一定的时间顺序施加载荷，以获得不同载荷下结构的响应，例如着陆、起飞、加压和减压等。

航空航天工业经历了一百多年的发展历史，飞行器的飞行速度、高度、性能要求日益提高，与此同时，飞行器所经历的载荷、环境日益复杂，对飞行器实验力学提出了新的挑战。

（1）实验输入条件选取难：飞行器飞行剖面包括起飞、巡航、降落等阶段，不同阶段、不同气象面临的载荷环境和气动特性不同，如何判断飞行包络线、如何在飞行包络线内选取合适的/最危险的实验工况，是需要依据相关的规范进行分析或实测的。

（2）多通道载荷协调控制难：飞行器全机静力实验中，加载点多达数千，需要液压加载装置近百个，如何协调控制加载装置，保证载荷的可靠性和稳定性，是一大难题。早期的加载主要靠人工调节载荷的大小，对于多点加载的复杂载荷，是难以模拟和控制的。目前常用多通道协调电液伺服加载技术解决多通道载荷的协调性和加载精度。

（3）实验室模拟服役载荷难：以气动载荷为例，其是按照一定的自然规律分布在飞行器结构表面上，早期的飞行器全机静力实验采用站人、堆沙袋等方式，二战后开始采用液压加载装置，并分别发展出以美国为代表的硬式连接加载方法和以俄罗斯为代表的软式连接加载方法。但其对气动力的模拟精度仍然不足，仍需进一步发展服役载荷实验室精确模拟方法，例如气囊加载系统、新型拉压垫系统等。

（4）多通道同步触发测量难：飞行器全机静力实验和疲劳实验中，应变片超过 20 000 片，位移测量传感器上百个。如何实现数以万计测量通道的同步触发，保证测量数据的一致性和完整性，是一大难题。从早期的手动测量方式到全自动测量方式，从应变计的人工标识到传感器标识（transducer identity，TID）技术，结合数字散斑、数字全息干涉法等非接触测量手段，实验测量数据的精度、一致性和完整性已大大提高。

参考文献

［1］ 杨卫，赵沛，王宏涛.力学导论［M］.北京：科学出版社，2020.

［2］ 国家自然科学基金委员会，中国科学院.未来 10 年中国学科发展战略：力学［M］.北京：科学出版社，2012.

［3］ 武际可.力学史杂谈［M］.北京：高等教育出版社，2010.

［4］　戴福隆,沈观林,谢惠民.实验力学[M].北京：清华大学出版社,2010.

［5］　亢一澜,方岱宁,孟庆国,等.2010 实验力学发展战略研讨会介绍[J].力学进展,2010,40(4)：475－477.

［6］　李俊峰,张雄.理论力学[M].第二版.北京：清华大学出版社,2010.

［7］　薛明德,向志海.飞行器结构力学基础[M].北京：清华大学出版社,2009.

［8］　强宝平.飞机结构强度地面试验[M].北京：航空工业出版社,2014.

第 2 章
飞行器力学问题

　　飞行器与力学学科的发展是一个相互促进和相互贯通的过程。力学是支撑航空航天飞行器发展最重要的基础学科,飞行器是促进力学发展与集成应用的重要载体。正如著名力学家周培源所说:"工程向力学提出了层出不穷的问题,力学也不断以新的成果,深刻地改变着工程设计的思想。"新型飞行器的不断涌现,使得飞行器的力学内涵也在不断丰富,新的力学特征与工程问题也不断出现。如何处理新型飞行器在服役环境下的工程力学问题,寻求解决关键工程问题的力学新理论、新方法、新手段,是值得广大学者持续深入探索和研究的一项系统工程。本章将列举一些典型飞行器相关的突出力学问题,目的在于抛砖引玉,激发读者对飞行器力学问题的兴趣,促进读者对各类问题的思考和探索。

2.1　力学与飞行器

　　力学是支撑航空航天飞行器发展最重要的基础学科,对于一种新的飞行器而言,力学理论与方法贯穿于飞行器设计、研发、制造、试飞、服役等各个环节。任何一种新型飞行器的研发,无不是在力学原理、方法及技术应用等方面取得重大突破的基础上实现的。

　　飞行器与力学学科的发展是一个相互促进和相互贯通的过程。无论是传统的材料力学、弹性力学、工程力学、固体力学、塑性力学、断裂力学、空气动力学,还是高温流体动力学、界面力学、热气动弹性力学、多体动力学等新型力学学科,飞行器都是促进其发展与集成应用的重要载体。

　　随着新型飞行器的不断涌现,如高超声速飞行器、智能变体飞机、倾转旋翼飞机等,飞行器的力学内涵也在不断丰富,新的力学特征与工程问题也不断出现,如跨尺度力学问题、多学科交叉力学问题、高度非线性力学问题、非连续介质力学问题等,想要全面完整阐述清楚飞行器研制过程中的力学问题,需要集相关专业学者和行业科研人员的智慧,在持续发展、总结和重新认识的过程中不断丰富其内涵,探索其边界,寻找其解法。

2.2   飞行器力学问题

2.2.1   飞行器静力学问题

飞行器在储存、运输、发射和空中飞行等工作环境中遭受许多静载荷作用,包括过载、密封舱内压、预紧载荷、稳态热载荷等,在这些载荷作用下,飞行器的强度、刚度、可靠性若超出设计要求,将导致结构静强度破坏、静态失稳、变形过大以及作动系统功能失效等问题。静强度是飞行器设计的重要指标,无论是新研还是改型飞机,都需要通过积木式静力实验,验证飞机的承载能力和安全裕度。

2.2.2   飞行器动力学问题

飞行器动力学范畴涵盖了飞行动力学、空气动力学、结构动力学等多个学科分支,也是飞行器在概念设计、初步设计、详细设计、试飞实验和定型服役等各个环节都需要考虑的重点问题。根据飞行器类型的不同,其动力学特性及关键动力学问题也不尽相同。如旋翼飞行器,其动力学关键问题更多地集中于空气动力学、传动系统动力学等方面;如大型运输机,其空气动力学和结构动力学问题需要重点考虑;如舰载机,其起落架落震/摆振问题是影响服役安全的突出因素;如民用客机,舱内振动噪声动力学环境是影响其市场竞争的关键指标;如高超声速飞行器,高马赫数下的气动/结构/控制耦合动力学问题是影响其设计的重要因素。下面结合飞行器具体特点,对工程中突出的几类典型结构动力学问题进行详细描述。

1. 飞行器冲击动力学问题

冲击动力学问题是飞行器最为常见和突出的问题之一。一般而言,飞行器的冲击动力学问题大多具有作用时间短、瞬态冲击载荷峰值高、多数为一次性破坏等特点,对飞行器的正常起飞、着陆、巡航、作战等过程中的安全性有着重要影响。从冲击速度这个维度来看,典型飞行器冲击动力学问题包括但不限于起落架落震、舰载机全机落震、应急坠撞、舰载机突伸、离散源(如鸟撞、冰雹)冲击、武器射击毁伤等。下面列举两类典型代表性问题进行详细描述。

1)飞机鸟撞问题

人们习惯性把飞行器与飞鸟相撞造成结构、发动机损伤的事件称为“鸟撞”。鸟撞具有突发性、多变性的特点,严重时会导致机毁人亡的惨剧。飞机在进行低空飞行时,鸟体可能与飞机迎风面、凸出部位相撞击,此外还可能与风挡、机翼、尾翼襟翼等飞机其他部位撞击。鸟撞可以从以下几方面进行分析:对飞机结构惯性效应分析;飞机结构设计中非线性设计的应用,选择材料时应特别注意应变率效应;鸟撞是一种柔性撞击,所以撞击过程中产生的荷载力和飞机结构的动态响应间会有显著的耦合关系。如果撞击的位置位于比较重要的部位,如发动机叶片,那么轻则迫降,重则机毁人亡。事实上,民用飞机的鸟撞问题就是一个被大家熟知的典型动力学问题,据统计,民用飞机是安全性和可靠性极高的交通工具之一,然而起飞和降落阶段鸟撞事件仍时有发生,已成为民用航空行业高度关注的关键问题。

2)起落架落震问题

起落架作为飞机的起落装置,是飞机的重要承力部件。飞机在滑跑、起飞、着陆过程中起落架将承受并消散来自地面的冲击力,对减轻机身受载,保护飞机安全有着重要作用,但其自身在冲击载荷下的安全性问题也变得尤为突出,事实上,起落架的落震安全性一直是相关科研机构高度关注的具有代表性的冲击动力学问题之一。相对于其他飞机部件来说,起落架是飞机相对较为薄弱的环节。为了保证飞机安全起飞着陆,要求起落架具有良好的地面动态特性和足够的强度及刚度,以抵抗冲击载荷的影响;为了使飞机离地后具有良好的性能,要求起落架尽可能轻;为了保证飞机着陆安全和减小空气阻力,要求起落架具有高可靠性,在起飞着陆时能够及时收放;为了满足经济性和商业竞争的需要,起落架还应当经久耐用与机体结构同寿命。舰载机的起落架落震问题就是一种典型的冲击动力学问题,尤其受到飞机设计与验证部门的关注。舰载机在着舰过程中,起落架将承受很大的冲击载荷,而这种冲击载荷被认为是影响飞机起落架结构损伤的最重要因素之一,舰载机有较高的着舰重量系数和下沉速度,这就要求其具有较低的阻尼系数,同时又要兼顾飞机的操作稳定性,因此舰载机对于起落架的要求比较高,舰载机的起落架落震问题也更为突出。

2. 飞行器振动问题

飞行器在使用和服役过程中将经历滑跑、起飞、巡航、突风、机动、着陆等工况中的各类载荷作用,其中气动、机械振动、冲击等动力学载荷引起的结构振动,容易导致飞行器机载设备失效、结构损伤以及动态失稳等故障,甚至导致发生飞行事故,事实上,振动问题是威胁飞行器安全的普遍存在的重要因素。下面列举两类典型的飞行器振动问题。

1)飞行器颤振问题

颤振是飞行器研制过程中非常重要的动力学问题之一。其本质就是结构与气动力两者之间相互耦合的一种气动弹性问题。颤振是一种自激振动,飞行器在大气层内飞行过程中,当其速度达到某一特定值时,非定常气动力、惯性力与弹性力之间相互影响和作用会使飞行器局部结构产生振动并不断持续下去,这种现象称为颤振。飞行器振动一般存在三种不同的情况:第一种是收敛性的,即结构的振幅不断减小并最终消失;第二种是发散性的,即结构的振幅不断增大,直至发生最终破坏;第三种是临界稳定状态,即结构振幅保持稳定不变,近似于持续的简谐运动。通常来讲,发散性和临界稳定性状态属于颤振定义的范畴。当飞行器进入颤振区后,结构的振幅与动应力都会急剧增加,极容易带来严重的飞行事故。战斗机由于其高速、低空、大机动等特点,导致其面临的颤振问题更为突出。值得关注的是,随着高超声速飞行器的研制,高飞行速度、新气动布局、强气动加热等带来的颤振问题也极为严重,而且这种复杂服役环境下的颤振问题已经不再属于线性研究范畴,如何针对该类问题进行力学理论、方法与实验研究,是一个值得探索的重要方向。

2) 飞行器抖振问题

另一个值得关注的振动问题是机身结构的抖振问题,飞机的抖振属于非线性气动弹性动力学问题,此类问题在先进战斗机机动飞行过程中尤为突出。先进战斗机具有超声速、超机动等特点,其飞行包线可延伸至致使气流产生分离、脱体涡、涡破裂的现象的大攻角范围。大攻角气流分离会产生机翼、尾翼、鸭翼的抖振,大后掠机翼低速大攻角飞行时机翼、机身前缘的分离涡破裂产生的尾流会诱导尾翼抖振;跨声速区激波-附面层相互作用会诱导机翼抖振等。典型的战斗机抖振问题常出现在双垂尾部位,双垂尾抖振一般会产生两种后果:一种是限制机动飞行包线,一种是诱发结构产生裂纹,进而衍生疲劳和腐蚀等其他问题。所以从战斗机的安全性角度来讲,如何预计垂尾抖振边界、研究抖振减缓措施,是一个重要的动力学研究课题。

3. 新型飞行器的耦合动力学问题

对于像高超声速飞行器等这一类新型飞行器而言,其极端严酷服役环境下的耦合动力学问题极为突出,也是当前学界探索和研究的热点领域之一。

高超声速飞行器在高速飞行过程中会遭受极端的气动加热、气动噪声、机械振动载荷作用,并且这些载荷与结构及流场之间相互耦合,由此带来极为复杂的耦合动力学问题。对于载人飞船等航天器而言,再入大气层的高温耦合动力学问题尤其突出。

2.2.3　飞行器疲劳问题

疲劳问题是一直困扰飞行器服役的关键问题。飞机结构在使用中不断承受交变载荷,疲劳破坏是飞机结构失效的主要形式之一。根据载荷类型的不同,飞行器的疲劳问题可分为常规疲劳、振动疲劳、声疲劳、热疲劳、高低周疲劳、复合疲劳等。相比较于静力破坏,飞行器疲劳破坏存在以下几个特点:一是破坏时的名义应力远小于材料的屈服强度;二是结构的破坏有一段时间历程,即需要一定的应力循环次数;三是其破坏形式一般为脆性破坏;四是材料破坏断面的形貌与静强度破坏不同。影响飞行器疲劳寿命的因素较多,包括载荷特征、结构尺寸、应力集中、表面状态、温度/腐蚀环境等。飞行器的抗疲劳设计包括无限寿命设计、有限寿命设计、损伤容限设计、可靠性设计等。几十年来,国内外针对飞机结构的疲劳问题进行了大量的理论和实验研究工作,逐渐掌握了有关飞机疲劳问题的规律。生产实践中提出问题,进行研究后将成果用于设计,设计的飞机在实践中经受检验,飞机疲劳问题的研究就这样一步步地向前发展。随着飞行器性能的不断提升,其寿命要求也越来越高,再加上新材料和新结构的大量使用,以及服役环境的复杂化,可以预见飞行器的疲劳失效依然是一个值得持续研究和不断深入认识的工程问题。

2.2.4 飞行器高温力学问题

"温度"+"强度"是当前固体力学最大的挑战之一,热环境是飞行器设计与服役必须考虑的主要环境因素,热环境可能导致飞行器热强度、热防护和热管理等方面的新问题,其中热强度问题尤为突出。

高温对飞行器结构力学行为会产生显著影响,影响方式主要包括以下几个方面:一是高温导致飞行器结构的材料性能劣化,改变受力部件力学性能,降低飞行器整机及部件的承载能力;二是飞行器各部位温度存在明显差异,迎风面的温度显著高于背风面,整个飞行器内部产生温差,由于受到结构约束,飞行器上各部分的热膨胀必然不同,使得飞行器产生热应力,热应力不仅导致飞行器局部结构破坏,还会影响结构的动力学特性;三是飞行器内部的仪表设备只能在一定温度范围内工作,需要单独设计防热结构,以保证飞行器正常工作;四是飞行器结构受温差影响,影响机械结构间的公差配合,产生机构间的卡塞现象,导致部分机构无法正常工作;五是高温环境下的飞行器大面积采用新型热防护材料体系,影响结构的动态特性和失效模式。近年来,在结构和防热的设计上提出了防热承载一体化设计思想,防热承载一体化结构设计不仅可以减小结构质量,扩大选材范围,也更新了传统结构的内涵和外延。

2.2.5 飞行器噪声问题

飞行器在暖机滑跑、起飞爬升、巡航飞行、机动作战、进场降落的全过程中不可避免将产生各种噪声,对飞行器机体和机载设备、机上人员以及周围环境带来影响,飞行器噪声源种类较多,例如发动机喷流噪声、机体表面气动噪声、旋转机械噪声、结构振动辐射噪声等,各类噪声载荷特性也各不相同,对于各类飞行器而言所关注的噪声问题也有所不同。可将噪声带来的问题分为三大类:第一类是强噪声诱导结构破坏和系统/设备故障的安全性问题;第二类是噪声导致的飞行器乘员舒适性问题;第三类是噪声排放引起的环保性和适航性问题。

1)飞行器乘员噪声舒适性问题

噪声是影响载人飞行器舒适性和各类飞行器适航性的关键指标,飞行器的噪声问题主要包括外部噪声源、飞行器自身结构噪声传播和飞行器内部噪声舒适性等问题,飞行器的噪声源主要来自发动机喷流噪声、机体表面气动噪声、环控系统噪声、发动机风扇/核心机/涡轮噪声、结构振动辐射噪声等,如何以最小的空间和质量代价,通过主动、被动等方式有效降低飞行器噪声水平,是国内外相关研制商和研究机构持续关注的一项系统工程。民用客机的适航噪声和乘客噪声舒适性就是极具代表性的问题之一,也是绿色航空新理念下航空领域备受关注的一类问题。

2)飞行器结构噪声安全性问题

对于飞行器结构而言,当噪声总声压级量级达到 130 dB 以上时,其对机载系统/设备功能和结构完整性的影响不可忽视,即机载系统/设备噪声环境适应性问题;当噪声总声压级超过 140 dB 时,飞行器结构尤其是薄壁结构在强噪声环境下的安全性问题尤其突出,该情况下飞行器结构的声耐久性成为一项需要重要考核的动力学问题。

3)民用飞机适航噪声问题

对于民用飞机而言,噪声排放对周围环境和人员的影响是不可忽视的重要因素,已受到各航空公司、社会公众及有关政府部门的广泛关注和重视。民用飞机排放的噪声可能对周围环境造成污染,同时还会对机场周围及航线附近居民带来不利影响,包括听力损伤、正常生活干扰、影响工作效率等。近几十年来,相关国际组织已制定了成熟的航空器噪声标准和相关条例,规定了噪声限值来约束民用飞行器噪声排放指标。我国也于 2002 年颁布了 CCAR-36,明确了噪声适航许可证是飞机投入运营的重要凭证。按照 CCAR-36 的要求,对新研制飞机开展适航噪声验证实验是必要的,是申请噪声适航许可证的唯一手段。

2.2.6　飞行器环境适应性问题

飞行器在运营服役过程中,需承受高温、低温、湿热、日照、雨淋、降雪等各种气候环境,甚至会遭遇风沙、盐雾、暴风雨等恶劣气候环境,对飞机结构、运动机构、机载设备和系统的可靠运行带来挑战。需要通过实验室内环境模拟或结合真实飞行环境,验证飞行器在环境极端条件下的目标品质,并依据相关标准规范的要求给出环境适应性的评估结果。

2.3　规范要求

飞机结构强度规范的发展是与飞机设计思想的发展密切相关的,飞机设计思想的发展不断促进飞机强度规范的更新。国内外军用飞机结构设计经历了静强度设计、疲劳强度设计、安全寿命加损伤容限设计以及耐久性加损伤容限设计等发展阶段。与之相对应,军用飞机结构强度规范也经历了如下发展阶段:第一阶段为 20 世纪 50 年代,以静强度设计思想为主,美军代表性强度规范是 MIL-S-5700 系列有人驾驶飞机结构准则;第二阶段为 20 世纪 60 年代,以疲劳强度设计思想为主,美军代表规范为 MIL-A-8860 系列飞机强度和刚度;第三阶段为 20 世纪 70

年代,以安全寿命和损伤容限设计思想为主,美军代表规范为 MIL‑A‑8860A 系列飞机强度和刚度;第四阶段为 20 世纪 80 年代,以耐久性和损伤容限思想为主,美军代表规范为 MIL‑A‑8860B 系列飞机强度和刚度;20 世纪 90 年代,规范进入成熟阶段,体现了新一代军用飞机结构设计的特点。我国在 20 世纪 60 年代,引进苏联 1953 年版的《军用飞机强度设计指南》,并将其直接翻译,作为飞机设计使用的强度规范《飞机强度设计指南》。1975 年航空部以《军用飞机强度设计指南》为蓝本,编制了我国第一本强度规范,即《飞机强度规范》(试用本),其中规定了飞机各部件设计的若干种载荷严重情况,并给出了载荷计算方法和分布形式。1986 年我国正式颁布了国家标准 GJB 67.1—85《军用飞机强度和刚度规范》,该规范是以美国空军 MIL‑A‑8860 系列规范为主要参考,并结合我国当时飞机设计的实际情况而编制的。2008 年,新版 GJB 67A—2008《军用飞机结构强度规范》由中国人民解放军总装备部批准颁布。该规范总结了多年来军用飞机的设计经验,并参考了美军《联合使用规范指南》(JSSG‑2006),是一本适用于新一代军用飞机研制的规范。

在民用飞机相关领域,飞机适航标准是民用飞机设计、研制、生产及使用维护中必须满足的最低安全标准,是多年来民用飞机研制、生产及使用维护经验的总结。美国民用航空规章 FAR 有着悠久的历史,其中 FAR‑23 是正常类、实用类、特技类和通勤类飞机适航规定,FAR‑25 为运输类飞机适航标准。我国的适航管理工作和适航规章标准制定相对于美国而言,起步时间较晚。民航局以美国联邦航空规章 FAR 为蓝本,分别于 1985 年颁布了 CCAR‑25《运输类飞机适航标准》,1986 年颁布了 CCAR‑23《正常类、实用类、特技类和通勤类飞机适航规定》,并相继制定 CCAR‑35、CCAR‑33、CCAR‑27、CCAR‑29、CCAR‑21 等,到 1992 年基本建立了和 FAR 相当的适航审定规章体系。

本节主要从飞机结构强度规范相关要求角度出发,列举飞机结构在静、动、热、疲、声及环境等方面的强度规范要求。

2.3.1　飞机结构静强度规范要求

静强度研究的主要目标是结构的承载能力,还包括结构抵抗变形的能力(刚度)以及结构在载荷作用下的响应(应力分布、变形形状、屈曲模态等)特性。而飞机结构静强度实验是研究、验证与鉴定飞机结构在静载荷作用下的静强度特性的一种可靠与有效的方法。结构静强度实验与理论分析和计算一般是互相验证、互为补充的,但有时由于结构的复杂性和受力的特殊性而无法进行准确的理论分析或计算,结构静强度实验就成为确定结构强度、刚度或稳定性的唯一方法。

飞机在设计初期就会确定满足其静强度性能要求的设计指标,并在之后的设计过程中采用各种静强度分析方法使设计的结构能够达到这些指标,这些分析方法包括采用工程修正系数的半经验的传统方法以及目前能够解决复杂结构分析的有限元素法。然而不论采用何种分析方法,材料静强度性能数据、经验修正系数甚至于分析方法本身的准确性都决定着分析结果的正确性和可靠性。所以准确的材料静强度性能数据、工程经验修正系数需要通过各种类型的静强度实验获得,分析方法本身的准确性也需要通过静强度实验来考核,最终的设计结果是否满足设计目标要求也需要通过结构静强度实验来验证。

因此静强度实验在飞机的整个研制环节中是必不可少的,也是确保飞机结构静强度性能满足设计要求的更为直接、准确以及充分的技术手段。鉴于实验的重要性,民用飞机的适航规范以及军用飞机的有关标准都对飞机研制或者最后的强度考核提出了明确的实验要求,通常包括实验的意义、目的、考核项目、技术要求、质量要求等内容。

民用飞机适航标准是保障飞机安全性的最低要求,对于民用航空器来说,只有按照适航标准要求进行设计、制造和验证才能最终进入市场。中国民用航空规章CCAR‒23《正常类、实用类、特技类和通勤类飞机适航标准》以及 CCAR‒25《运输类飞机适航标准》中都有针对飞机机体结构的静强度及符合性证明的条款。两部标准在内容组成上大致相同,但是因为飞机的种类不同,其具体条款要求是有差异的,下文以 CCAR‒25 为例对运输类飞机的结构静强度要求进行介绍。

对飞机机体结构的静强度性能要求被写在 CCAR‒25 的“C 分部——结构”中,其中的“安全系数”“强度和变形”以及“结构符合性的证明”等内容,实际上也是对一般结构静强度实验载荷、合格判据等方面的要求。现摘录如下。

第 25.303 条　安全系数

除非另有规定,当以限制载荷作为结构的外载荷时,必须采用安全系数1.5;当用极限载荷来规定受载情况时,不必采用安全系数。

第 25.305 条　强度和变形

(a) 结构必须能够承受限制载荷而无有害的永久变形。在直到限制载荷的任何载荷作用下,变形不得妨害安全运行。

(b) 结构必须能够承受极限载荷至少三秒钟而不破坏,但是当用模拟真实载荷情况的动力实验来表明强度的符合性时,则此三秒钟的限制不适用。进行到极限载荷的静强度实验必须包括加载引起的极限变位和极限变形。

第 25.307 条　结构符合性的证明

(a) 必须表明每一临界受载情况下均符合本分部的强度和变形要求。只有在经验表明某种结构分析方法对某种结构是可靠的情况下,对于同类的结构,才可用结构分析来表明结构的符合性。当限制载荷实验可能不足以表明符合性时,适航当局可以要求作极限载荷实验。

与民用飞机类似,军用飞机也有相应的标准来规定研制飞机的实验任务。虽然近年来军用飞机也在引入适航的理念和做法,但还没有形成适航标准,有关军机结构强度的要求被写入一系列国家军用标准之中。

这些标准中与军机结构静强度实验有关的标准主要包括:

(1) GJB 775.1A—2012《军用飞机结构完整性大纲——飞机要求》;

(2) GJB 67.9A—2008《军用飞机强度和刚度规范——地面实验》;

(3) GJB 720.4—1989《军用直升机强度和刚度规范——地面实验》;

(4) GJB 5435.3—2005《无人机强度和刚度规范——地面实验》;

(5) GJB 3724—1999《无人机地面实验要求》;

(6) GJB 2754—1996《舰载飞机强度和刚度规范——地面实验》。

当然这些标准中提到的实验不仅仅包括静强度实验,而是根据飞机结构的使用环境确定的包括温度、化学、磨损、振动及噪声等多个分支的实验要求。本节主要介绍与静强度相关的条款。

GJB 775.1—1989《军用飞机结构完整性大纲——飞机要求》规定了实现军用飞机结构完整性的全部要求,以及为达到这些要求所应遵循的方法。飞机结构完整性大纲包括了五个相互联系的工作任务:任务Ⅰ(设计资料);任务Ⅱ(设计分析和研制实验);任务Ⅲ(全尺寸实验);任务Ⅳ(部队管理资料);任务Ⅴ(部队管理)。除了任务Ⅲ中静强度实验要求与耐久性/损伤容限实验要求是分开描述以外,任务Ⅱ有关条款中提到的实验均涵盖了结构静强度实验和耐久性/损伤容限实验,例如5.2.1 节与 5.2.13 节。

民用飞机适航标准与国军标在内容结构上不太相同,适航标准对影响飞机安全的各环节及各部位要求地较为具体和详细,国军标侧重于对结构强度通用的一般规定与要求,但这两者本质上都是强调要通过实验或经实验充分证明的分析方法来证明结构强度的符合性。国军标中将结构实验分为设计研制实验与全尺寸验证实验,这是按照实验在型号研制过程中所处的不同阶段及其不同目的划分的,实际上民用飞机的研制过程与军用飞机的研制过程是大体一致的,都要经过研制实验阶段与全尺寸验证实验阶段,因此这些国军标的描述同样适用于指导民用飞机的研制实验。

全尺寸静强度实验的相关条款见 GJB 67.9A—2008 第 3.3 节和 GJB 775.1—1989 第 5.3.1 节内容。

2.3.2　飞机结构动强度规范要求

2001 年 5 月发布的《运输类飞机适航标准》第三次修订本(CCAR-25-R3)中有关动强度条款贯穿在 CCAR-23-R3 的 B(飞行)、C(结构)、D(设计与构造)和 E(动力装置)等分部,相关条款的编号归纳在表 2-1 中。

表 2 - 1　CCAR - 23 - R3 动强度相关条款和简要说明

条款分类		相关条款编号	条款要求说明	验证方法
1	振动和抖振	a) §25.251 振动和抖振(a)(b)(c)(d)(e)； §25.253 高速特性(a)(2)； §25.305 强度和变形(c)(e)(f)； §25.341 阵风和紊流载荷； b) §25.371 陀螺载荷； §25.875 螺旋桨附近区域的加强：(a)； §25.1193(a)(发动机和短舱蒙皮)； §25.907 螺旋桨振动(a)(b)； §25.1461 含高能转子的设备(b)； c) §25.771 驾驶舱(e)； §25.1321(仪表安装)布局和可见度(d)； §25.1203 火警探测系统(b)(1)； §25.1327 磁航向指示器(a)； d) §25.945(b) 推力或功率增大系统的液箱(1)；§25.963 燃油箱(a)； §25.965 燃油箱实验(a)(b)(c)(d)； §25.1015 滑油箱实验(a)(b)；§25.993(a)/§25.1017(a)燃油/滑油系统导管的安装支承；§25.1023滑油散热器(a)；§25.1107 冷却器；§25.1123(b)排气管的支承；§25.1125(a)排气热交换器的构造和安装；§25.1435(b)液压系统实验与分析	a) 飞机(含部件)不会发生任何过度振动和抖振(失速警告抖振是允许的)；飞机能够承受在可能运行条件下发生的任何振动和抖振。 b) 动力装置支承结构载荷必须计及陀螺效应；靠近螺旋桨叶尖的飞机部位(含窗户)必须考虑螺旋桨诱导振动和螺旋桨抛冰冲击；发动机和短舱整流罩、螺旋桨振动浆叶和高能转子必须能够承受可能遇到的任何振动。 c) 驾驶舱设备的振动和噪声不得影响飞机的安全运行。 d) 燃油箱/滑油箱能承受运行中可能的振动、惯性、液体及结构的载荷而不损坏；系统导管的安装支承,必须能防止过度振动,并能承受油压及加速飞行所引起的载荷	飞行演示分析 分析飞行实验 环境实验 晃振实验 飞行实验
2	耐久性	§25.571(d) 结构的损伤容限和疲劳评定	承受声激励的飞行结构的任何部分不可能产生声疲劳裂纹；如果产生声疲劳裂纹,声疲劳裂纹不可能引起飞机灾难性破坏	声疲劳分析 实验室实验
3	起落架缓冲性能	§25.721 总则；§25.723 减震实验；§25.725 限制落震实验；§25.727 储备能量吸收落震实验；§25.235 滑行条件	起落架在限制落震实验中应表明所选定的设计限制载荷系数不会被超过；起落架在储备能量吸收能力实验中不得损坏；如果起落架因超载而损坏,其损坏状态很不可能导致燃油溢出构成起火危险；当飞机在正常运行中可合理预期的最粗糙地面上滑行时,减震机构不得损伤飞机的结构	缓冲性能分析 实验室实验

续　表

条款分类		相关条款编号	条款要求说明	验证方法
4	离散源	§25.571(e) 结构的损伤容限和疲劳评定（离散源）；§25.631 鸟撞损伤；§25.771 驾驶舱；§25.775 风挡和窗户；§25.965 燃油箱实验	飞机结构在 1.8 千克鸟撞情况下，风挡不被击穿，并能够成功地完成该次飞行；尾翼结构与 3.6 千克鸟相撞之后，仍能继续安全飞行和着陆；可能遭受轮胎碎块、发动机碎片或其它碎片撞击的燃油箱口盖，必须表明其遭受打穿或造成变形的程度已降至最低	离散源撞击分析实验室实验
5	应急着陆/着水	§25.561 总则（应急着陆）；§25.562 应急着陆动力要求；§25.563 水上迫降的结构要求；§25.783 舱门(c)	尽管飞机在陆上或水上应急着陆情况中可能损坏，但飞机设计必须考虑在此情况下保护乘员；机身内的燃油箱在应急着陆时，必须不易破裂并能保存燃油；水上降落时，外部舱门和窗户必须能承受可能的最大局部压力	适坠性分析实验室实验
6	气弹稳定性	§25.629 气动弹性稳定性要求	必须通过分析与实验表明飞机的气动弹性稳定性；气动弹性稳定性评定包括颤振、发散、操纵反效以及任何因结构变形引起的稳定性、操纵性的过度丧失；飞行情况包括正常情况和飞机带有失效、故障或不利条件的非正常情况	气动弹性分析风洞实验地面振动实验飞行实验
7	飞机滑跑稳定性	§25.233 航向稳定性和操纵性	a) 飞机在地面运行可预期的任何速度，在风速直到 20 节或 $0.2V_{so}$（取大者，但不必高于 25 节）的 90° 侧风中，不得有不可控制的地面打转倾向。这可在制定 §25.237 要求的 90° 风分量时予以表明。 b) 陆上飞机在以正常着陆速度做无动力着陆中必须有满意的操纵性，而不要求特殊的驾驶技巧或机敏，无需利用刹车或发动机动力来维持直线航迹。这可在结合其他实验一起进行的无动力着陆中予以表明。 c) 飞机在滑行时必须有足够的航向操纵性。这可在结合其他实验一起进行的起飞前滑行的过程中予以表明	摆振分析摆振实验轮胎刚度实验减摆器阻尼实验滑行稳定性分析飞机滑行实验

动强度相关条款归纳为如下七类问题：

（1）振动和抖振（含结构振动、动力装置和相关结构、设备振动、燃油/滑油/液压系统振动等）；

（2）飞机结构声疲劳；

（3）起落架缓冲性能；

（4）离散源撞击（含鸟撞、冰雹、发动机和轮胎碎片等）；

（5）应急着陆和水上迫降；

（6）气动弹性稳定性；

（7）飞机滑跑稳定性。

其中，前五项为动响应或振动环境，后两项为动稳定性问题。

2.3.3 飞机结构热强度规范要求

GJB 67.9A—2008 中"3.3 全尺寸结构静强度实验"规定了全尺寸飞机或部件静强度实验内容。同时"3.3.5.7 考虑高温环境的静强度实验"规定了"对在热环境作用下，产生热应力及强度降低的结构应进行热-载联合实验。用于热强度实验的加热设备，应具有足够的加热能力，保证能施加实验技术要求规定的最高温度，并满足最大温升率或温度-时间历程的要求；能实现温度自动控制，保证温度分布的均匀性"。由此可知，高速/高超声速飞机在进行飞行实验前的研制期间，必须进行全尺寸飞机热强度实验。

GJB 67.9A—2008 中"3.3.5.1.2 首飞前功能性验证实验"规定了"主动和被动热控制系统"的功能验证要求。高速/高超声速飞机的防热层、隔热层、舱内主动冷却设备、冷却介质流动回路等均属于热控制系统范畴，而且高速/高超声速飞机的机体结构以及舱内的热控制，通常与动力系统进行一体化考虑。同时，高速/高超声速飞机热控制系统是布置于全机各个部位的，不同部位的热控制系统间存在复杂的传/换热机制。精确确定热控制系统间的热边界条件或边界热输入/热输出量，是较为困难的。因此对热控制系统的功能验证，在设计初期可以分别进行不同部位的热控制系统功能验证。然而在试飞前，必须进行全尺寸飞机热控制系统功能鉴定实验（当热控制系统与发动机有关时，有可能需要在发动机运行条件下进行）。

GJB 67.9A—2008 中"3.2.5.1.9 热弹性实验"规定："使用中环境引起的极端热效应会降低飞机刚度特性，这又反过来会影响气动弹性特性，包括颤振特性以及颤振速度余量。如果飞机气动弹性分析指出上述影响严重，则应进行这类实验"。对于高速/高超声速飞机而言，严酷气动加热将严重影响飞机刚度特性。例如早在二十世纪五六十年代，$Ma5$ 级 X－15 研究机就因为热弹性问题，发生过飞行事故。事故主要原因就是未考虑飞机热弹性问题。因此全机热弹性实验是未来高速/高超声速飞机研制过程中不可或缺的环节。

GJB 150.1A—2009《军用装备实验室环境实验方法 第 1 部分：通用要求》中"3.13 综合环境效应"规定："综合环境实验可能比一系列连续的单个实验更能代表实际环境效应,使用环境中遇到这些条件时,鼓励进行综合环境实验"。美军标 MIL-STD-810G 也对此进行了明确规定："复合环境实验可能比一系列单一因素环境实验更能有效地代表实际飞行环境效应,当使用环境中出现多种环境因素共同作用的环境条件时,应进行复合环境实验"。

GJB 67.8A—2008《军用飞机结构强度规范 第 8 部分：振动和航空声耐久性》中"4.2.4 声耐久性实验"指出："必要时,应采用含有声环境的联合模拟环境(如温度、振动和压力)"。同时,GJB 67.9A—2008 中"3.6.2 振动耐久性实验"规定：开展振动耐久性实验时,"实验应尽量模拟实际使用中的其他载荷环境的联合作用,如静力、温度和噪声等"。GJB 67.9A—2008 中"3.3.5.7 考虑高温环境的静强度实验"规定"对在热环境作用下,产生热应力及强度降低的结构应进行热-载联合实验"。

GJB 150.24A—2009《军用装备实验室环境实验方法 第 24 部分：温度-湿度-振动-高度实验》规定了用于确定温度、振动、高度等对飞机、导弹等装备在飞行期间的安全性、完成性以及性能的综合影响的实验方法。同时,GJB 150.25A—2009《军用装备实验室环境实验方法 第 25 部分：振动-噪声-温度实验》也对考核装备受振动、噪声和温度综合环境影响的实验室环境实验提出了要求。

GJB 5096—2002《军用飞机结构热强度实验要求》中"5.4.3.4 热结构稳定实验"对热结构在热环境(含空气动力加热)下的稳定实验提出了明确要求,指出"热结构稳定实验目的是验证结构的设计临界载荷或确定结构的临界载荷"。同时,GJB 67.9A—2008 中"3.3.5.7 考虑高温环境的静强度实验"规定"对在热环境作用下,产生热应力及强度降低的结构应进行热-载联合实验"。

2.3.4 飞机结构疲劳强度规范要求

CCAR-25 疲劳评定总则

§25.571(a)总则规定：
对强度、细节设计和制造的评定必须表明,飞机在整个使用寿命期间将避免由于疲劳、腐蚀、制造缺陷或意外损伤引起的灾难性破坏。

这是保证飞机结构最低限度的安全性要求。

§25.571(a)条规定：
对可能引起灾难性破坏的每一结构部分(诸如机翼、尾翼、操纵面及其系统、机身、发动机架、起落架以及上述各部分有关的主要连接),除本条(c)规定的情况以外,必须按本条(b)和(e)的规定进行这一评定。对于涡轮喷气飞机,可能引起灾难性破坏的结构部分,还必须按本条(d)评定。

现代飞机结构耐久性/损伤容限设计原则和依据是:

(a) 所有的飞机承受重复载荷(含振动、噪声、磨损)/环境谱的结构都要符合耐久性(疲劳)设计要求;

(b) 所有可能引起灾难性破坏的结构(诸如机翼、尾翼、操纵面及其系统、机身、发动机架、起落架以及上述各部分有关的主要连接)原则上都要按损伤容限要求进行设计,有的结构要考虑离散源;对于涡轮喷气飞机要考虑偶然损伤;

(c) 对于高强钢、单传力结构(如起落架结构)、可更换结构、功能损伤结构(如整体油箱)和不可检结构,由于其难以满足损伤容限要求,可按安全寿命设计思想进行设计;

(d) 必须通过有实验依据的耐久性/损伤容限分析和全尺寸结构耐久性/损伤容限实验验证其是否满足耐久性/损伤容限要求;

(e) 合理地结构维护和修理,以提高飞机结构的使用可靠性。

最终保证飞机结构在预期的设计服役目标寿命内服役是经济、安全和可靠的。

现代飞机结构耐久性/损伤容限评定的最主要内容包括:

(a) 结构细节设计及其结构细节制造原始疲劳质量控制及评定;

(b) 有实验依据的耐久性(开裂)和损伤容限(扩展)分析;

(c) 全尺寸结构耐久性/损伤容限实验验证;

(d) 结构维护修理、剩余寿命预估、一架飞机经济寿命(退役或更换时间)评定。

无论进行哪一种评定必须包括下列各点:

(a) 预期的典型载荷/环境历程(载荷/环境谱)。在细节设计分析阶段和验证实验的初期阶段大多采用标准谱(规范谱)或类似飞机的服役历程,并适当考虑它们在使用条件和方法上的差异;验证实验的后期可用实测载荷修正(如果有实测载荷的话);在单机经济寿命评定时,采用单机监控所得到的该架飞机的载荷谱;

(b) 可靠性指标体系。由于疲劳性能本身是一个随机变量,要求预估的寿命具有高可靠度。根据结构设计思想,结构所处的部位的重要性不同所要求的可靠度也就不同,应建立可靠性指标体系;

(c) 主要结构元件和细节设计部位确定。尽管耐久性分析涉及所有承力结构,但是耐久性/损伤容限分析对象应是会导致飞机灾难性破坏的主要结构元件和细节部位,疲劳薄弱部位,以及功能损伤和维修会引起巨大经济负担的部位。为了进行耐久性/损伤容限分析,结构总体应力分析和细节应力分析是危险性分析和判断疲劳关键部位的前提;

（d）分析评估和实验评定。结构耐久性/损伤容限分析评估是保证飞机结构长寿命、高可靠性、低维修成本、好的经济性和减少实验验证风险的重要方法。结构耐久性/损伤容限性最终是能靠验证实验确定的。但是，如果通过有实验依据的分析证明现行结构及细节优于已经通过实验验证过的受相似载荷的同类结构，或者结构相同，现行结构所承受的载荷比原载荷低时，可以不再做验证实验；

（e）持续适航。只有通过验证实验（或有实验依据的分析）评定结构满足耐久性/损伤容限要求，取得适航认证，才能批生产并投入营运。同时制定为预防灾难性破坏所必需的检查工作或其他措施，诸如初期检查大纲、最终检查大纲、单机监控大纲等，并将其载入§25.1529 要求的"持续适航文件"中"适航限制"一节，由相应的机构实施，并对实施结果反馈和评估。在制定检测大纲时应通过疲劳分析、当量原始疲劳质量分析或实验分析评定损伤容限的检测门槛值；根据裂纹检出概率曲线，设定结构最危险的方位上含有制造的最大初始缺陷尺寸或使用中可能造成的最大初始缺陷尺寸；对于单传力路径结构应证明在检测门槛值内该缺陷缓慢扩展，结构仍然能满足剩余强度要求；在其后的正常检查、维修或飞机服役中该裂纹能被检查出来并便于适时、经济修理，对于多传力路径的"破损-安全"结构和破损安全止裂结构，应证明在检测门槛值内结构传力路径失效，部分失效或止裂，剩余结构仍然能满足剩余强度要求并在正常维护检测或飞机服役中能被检查出来并得到修理。

　　§25.571(c)疲劳(安全寿命)评定条款规定：
　　（c）疲劳(安全寿命)评定如果申请人确认,本条(b)对损伤容限的要求不适用于某特定结构,则不需要满足该要求。这些结构必须用有实验依据的分析表明,它们能够承受在其服役寿命期内预期的变幅重复载荷作用而没有可觉察的裂纹。必须采用合适的安全寿命散布系数。

评定（验证）可分为分析预估和实验评定（验证）。

结构细节开裂预估：常规疲劳、腐蚀疲劳、噪声疲劳、磨损疲劳,通常采用疲劳分析的名义应力法。

经济性评估：裂纹产生概率的迅速增加和维修费用的快速上升,通常采用建立在当量原始疲劳质量基础上的概率分析方法。

实验评定可分为研发实验和验证实验。

研发实验用于提供分析参数、结构选型、分析方法验证、早期的结构耐久性验证。验证实验是指全尺寸疲劳验证实验,它是耐久性评定（验证）的最重要方法。应仔细对实验结果进行分析,以确定在统计平均谱作用下预期的结构服役寿命,为检修方法、检修周期提供依据。

　　腐蚀疲劳防护和腐蚀疲劳开裂实验验证通常是在较小的试件或构件上进行加速环境谱或真实环境下的疲劳实验,进而进行腐蚀疲劳评估。

　　飞机结构总是在一定的载荷/环境历程中使用。各种腐蚀环境可以归类为电化学效应。对于一个特定的结构部位,分析腐蚀环境对应酸度变化及其他环境(温度,湿度)因素形成环境谱。酸度变化和损伤的当量关系形成加速环境谱。该谱与当地的应力谱叠加,形成加载实验的载荷/环境谱。在实验机上进行加速载荷/环境谱的实验,得到对应开裂及其裂纹扩展的时间历程,以便确定结构服役日历年限和检修周期。结构在载荷/环境谱下加速实验结果和实验室无腐蚀条件的实验结果之间的当量关系,可以用于类似环境条件下的腐蚀疲劳分析。

　　对于民用飞机而言,最重要的是形成有效的腐蚀防护体系。确保在结构开裂前腐蚀环境对结构的疲劳性能无影响,这是降低维修成本、提高寿命的最重要、最有效的方法。

　　　§25.571(b)条规定

　　(b) 损伤容限评定。评定必须包括确定因疲劳、腐蚀或意外损伤引起的预期的损伤部位和型式,评定还必须结合有实验依据和服役经验(如果有服役经验)支持的重复载荷和静力分析来进行。如果设计的结构有可能产生广布疲劳损伤,则必须对此作出特殊考虑。必须用充分的全尺寸疲劳实验依据来证明在飞机的设计使用目标寿命期内不会产生广布疲劳损伤。型号合格证可以在全尺寸疲劳实验完成前颁发,前提是适航当局已批准了为完成所要求的实验而制定的计划,并且在本部§25.1529要求的持续适航文件适航限制部分中规定,在该实验完成之前,任何飞机的使用循环数不得超过在疲劳实验件上累积的循环数的一半。在使用寿命期内的任何时候,剩余强度评定所用的损伤范围,必须与初始的可觉察性以及随后在重复载荷下的扩展情况相一致。剩余强度评定必须表明,其余结构能够承受相应于下列情况的载荷(作为极限静载荷考虑):

　　(1) 限制对称机动情况,在直到 V_C 的所有速度下按§25.337的规定,以及按§25.345的规定;

　　(2) 限制突风情况,在直到 V_C 的速度下按§25.341的规定,以及按§25.345的规定;

　　(3) 限制滚转情况,按§25.349的规定;限制非对称情况按§25.367的规定,以及在直到 V_C 的速度下,按§25.427(a)到(c)的规定;

　　(4) 限制偏航机动情况,按§25.351(a)对最大到 V_C 诸规定速度下的规定;

　　(5) 对增压舱,采用下列情况:

i）正常使用压差和预期的外部气动压力相组合，并与本条（b）（1）到（4）规定的飞机载荷情况同时作用（如果后者有重要影响）；

ii）正常使用压差的最大值（包括 1g 平飞时预期的外部气动压力）的 1.15 倍，不考虑其他载荷。

（6）对于起落架和直接受其影响的机体结构，按 §25.473、§25.491 和 §25.493 规定的限制地面载荷情况。

如果在结构破坏或部分破坏以后，结构刚度和几何形状，或此两者有重大变化，则必须进一步研究它们对损伤容限的影响。

2.3.5　飞机结构噪声强度规范要求

2002 年中国民航总局参考国外的相应规范，颁布了《航空器型号和适航合格审定噪声规定》（CCAR - 36），明确了各类飞机的适航噪声标准以及相关的测量方法和步骤。根据 CCAR - 36 的规定，新研制飞机必须根据适航噪声验证实验的结果，判断出飞机噪声是否满足适航噪声标准，从而颁发噪声适航许可证。

2009 年 4 月 13 日，国务院公布《民用机场管理条例》，明确指出：不满足噪声适航标准的民用飞机，禁止在国内民用机场起降；该条例已于 2009 年 7 月 1 日起施行。

《民用机场管理条例》的颁布，明确了噪声适航许可证是飞机投入运营的重要凭证。因此，按照 CCAR - 36 的要求，对新研制飞机开展适航噪声验证实验是必要的，是申请噪声适航许可证的唯一的手段。

综合来看，大量国军标或适航规章都对结构声疲劳进行了要求，如：① GJB 67.4A—2008《军用飞机结构强度规范 第 8 部分，振动和航空声耐久性》；② GJB 2753—96《舰载飞机强度和刚度规范-振动、颤振和发散》；③ GJB 775.1—89《军用飞机结构完整性大纲-飞机要求》，其中的第 5.3.5 条——声耐久性实验；④ CCAR - 25 - R3《运输类飞机试航标准》（第三次修订），其中的 §25.571 条 d）款——声疲劳强度。

GJB 67.4A—2008 将声疲劳定义为"在声载荷作用下，结构中由脉动压力引起的快速交变应力导致的结构动态疲劳现象"。GJB 2753—96 将声疲劳定义为"由结构中的快速交变应力产生的材料断裂，快速交变应力由飞行器产生的与航空声载荷有关的波动压力引起"。通常处于总声压级超过 140 dB 或声压谱级超过 110 dB 的航空声环境中的部件结构，需要考虑声疲劳问题。

GJB 67.4A—2008 在"4.2.4 声耐久性实验"中，针对部件实验指出，部件实验应在飞机结构部件上进行，以确定其预期的使用寿命，并验证声疲劳大纲的分析。这些实验应在声疲劳大纲的设计和分析阶段完成，并尽可能在最终设计完成之前，对发现其疲劳寿命不足的部件，进行重新设计和重新实验。做声疲劳实验备用的内

部和外部结构部件和组件,应根据飞机划分的各个区域来选择,应包括(但不限于)以下情况:

(1) 不能准确预计其疲劳寿命的结构部件,如未经实验的或新材料组成的结构部件、非常规的设计构形和轻结构部件;

(2) 受到大于 140 dB 的预计声压级作用的结构部件;

(3) 在比预计的环境噪声大 3.5 dB 的声压级下所预计的寿命低于要求的寿命的结构部件。

针对实验环境,GJB 67.4A—2008 指出,声疲劳实验应进行到分散系数为 2 时的使用寿命为止,所加的声压级比模拟的预计环境大 3.5 dB。必要时,应采用含有声环境的联合模拟环境(如温度、振动和压力)。

声疲劳实验包括三个方面:研究性实验、构件实验和原型样机实验。研究性实验的目的在于确定给定的结构构型经受预计声环境的能力,使选定的结构构型具有最佳的细节设计品质。为了取得最佳的效果,这类实验应该在设计阶段尽早进行。构件实验是指对全尺寸飞机的一段,例如机身段、机翼和操纵面等进行实验。构件声疲劳实验的目的是进一步保证结构有足够的声疲劳寿命。构件声疲劳实验项目应该与整个结构实验项目紧密配合,因为同一实验件常常可以用来做声疲劳实验和其他验证实验。在构件实验过程中应当设法模拟影响结构声疲劳寿命的各种使用载荷条件。原型样机实验的目的在于为抗声疲劳设计提供最终的证明。从结构响应的角度来看,在实验设备上无法把飞机所受实际声环境的所有特征都模拟出来,因此,必须在样机上根据实际使用条件进行测量,从而测出飞机结构的声环境及引起的结构响应情况,并确定验证实验中模拟的声环境和声载荷,验证飞机在使用寿命期内机体结构部件不会发生声疲劳破坏。

2.3.6 飞机结构环境适应性相关规范要求

有关环境设计准则的适航条款如下。

1) CCAR 25 部有关条款

§25.603 材料

c) 考虑服役中预期的环境条件,如温度和湿度的影响。

2) AC 20—107B 有关条款

环境设计准则的范围如下。

(1) 环境设计要求:

(a) 应制订环境设计准则,来确定它对复合材料结构性能的影响;

（b）应根据复合材料的构型及其在飞机上的位置,来考虑短期与长期环境条件及其对复合材料结构的影响;

（c）若提供了防护体系来防护复合材料的损伤或退化,这应确定短期与长期环境条件对防护体系的影响;

（d）应对防护体系建立检测程序、修理准则和修理方法。

（2）要考虑的环境条件。

飞机使用中将受到各种环境因素的影响,如温度、湿度、雷电、砂石、冰雹、雨雪、阳光辐射及大气污染物等总体环境因素,以及燃油、滑油、清洁剂、厨房及厕所等构成的局部环境的影响。在诸多的影响因素中,以湿度和温度对复合材料性能影响最大,故一般复合材料结构的环境影响,主要指湿热环境的影响。

（3）环境设计指南。

评定设计环境对结构性能的影响,以保证在预计的暴露区间能承受规定的载荷水平。设计环境对复合材料结构性能的影响可以通过下列方法来考虑:

（a）设计时考虑不可避免的环境影响,如由吸湿、温度和载荷作用时间历程以及它们之间相互作用的影响;

（b）提供防护体系来尽可能减少由于紫外线、化学物质、雷击等引起的退化。若使用防护体系来避免环境的影响,则它们不应引起性能退化,且应能在大的维修周期内提供足够的防护。

2.4　飞行器实验力学的内涵

在现代飞行器结构设计中,理论分析与实验研究常常是交错地进行的。对于新材料和新结构,往往在进行强度计算之前,就要进行实验以提供计算假设,从而拟定计算模型(数学模型)。而在强度计算以后,又需进行实验,以检验理论分析的正确性。当然,实验必须在已有的理论指导下进行。

随着新型飞行器的发展,飞行器结构的形式及强度问题随之日益复杂。新结构、新材料、新工艺等的不断出现,要求强度计算人员通过实验找出飞行器结构力学中一些新而合理的简化假设,更新分析原理,制定新的强度计算方法,并为拟定新的规范提供素材。因此,强度计算人员必须熟悉飞行器结构实验。

飞行器对安全性的要求很高。为减轻结构重量(或增加有效荷载),飞行器设计时所采用的安全系数远比一般工程结构小,从而更突出了其强度问题。因此,世界各国都无例外地对飞行器进行一系列结构力学实验。

早期的飞行器结构实验仅限于保证静强度的静力实验,然而现代,除了静力实验以外,还要考虑动强度实验、热强度实验、疲劳实验以及噪声实验等。

2.4.1 飞行器结构实验的分类

飞行器结构实验可从不同角度予以分类。

1. 按选用的试件分

1) 实物实验

采用真实飞行器的零、部件或整架飞行器作为实验对象。在正确的实验条件下,实物实验可在构造选择、强度计算、工艺质量等各个方面得到一个总的检验和评价。这种实验是判断结构强度最有力的依据,必须予以足够的重视。

2) 模型实验

实物实验费用昂贵,技术复杂,对实验设备要求较高。有些实验,例如机翼颤振、高速飞行中气动加热引起的热强度实验等,在地面的实物实验中很难实现。这时往往采用模型实验。一般可选用廉价和易于加工的材料,运用相似理论,选取适当几何尺寸、典型、简化的构造形式和易于实现的实验条件来进行。这类实验具有经济性好、易于实现等优点,在研究工作中大量使用。

3) 典型结构实验

从方便理论分析出发,选取试件的构造型式、几何尺寸和材料,如三角板及矩形剖面盒式梁等。试件易于制作,可将拟研究的参数人为予以改变,以便和理论分析的结果进行对比。由于典型化的结果,实验所得的数据较难直接用于实物。

2. 按实验目的分

1) 研究性实验

例如测定在不同载荷情况下结构的应力分布,用以确定结构的承载特性(强度、刚度、稳定性等),实验结果可为建立和验证理论假设、计算方法提供依据,并对构造、工艺等从强度观点做出评价。

2) 试制检验性实验

试制新产品或原产品改型设计时所进行的实验,多由设计、制造单位或专门的实验、测量机构进行。主要是研究实际结构是否满足设计要求。

3) 工艺检验性实验

飞行器成批生产后,定期进行的实验,主要在于对结构材料、工艺方法、生产技术水平等一些因素,通过定期抽样实验,运用统计方法进行分析,以控制产品质量。

3. 按实验方式分

1) 全机实验

对整架飞行器进行实验。由于各部件间连接真实,传力真实,实验的代表性很好,但技术复杂,费用巨大。

2) 全机上的部件实验

用整架飞行器作为被试部件的支持。在进行力学实验时,只对实验部件加载,对飞行器的其余部分施加平衡载荷。这种实验也具有连接真实、传力真实的优点。

3）台架上的部件实验

将实验部件支持在专门设计的台架上进行实验。由于连接部分很难与实物一致,改变了结构的支持条件,故主要用来检查远离连接部分的受力情况。这种实验简单、经济性好。

此外,从结构强度实验的角度来看,主要应从各种不同的结构破坏类型和其对应理论来区分实验。基于这一观点,飞行器结构实验基本按静、动、热、疲、声来区分,接下来按该区分进一步介绍。

2.4.2　静力实验

静力实验是用实验的方法研究飞行器结构在静载荷作用下的静强度特性。静强度是进行动力强度、热强度、疲劳和断裂强度研究的基础。静力实验也是动力实验、热强度实验、疲劳和断裂实验的基础。静力实验具有代表性,它的原理以及它所涉及的一些问题,往往在各类强度实验中具有普遍的意义。

飞行器设计的静强度原则是:在使用载荷作用下,飞行器结构不应产生永久变形;在设计载荷作用下,飞行器结构不应破坏。因此,静力实验也相应地分为两种,即限制载荷静力实验和极限载荷静力实验。

1. 限制载荷静力实验

实验时所加载荷预计不会使试件产生总体的永久变形。实物实验时,加载不超过使用载荷;模型实验中的加载数值应根据现场情况判定。这种实验可使试件反复多次受载,从而进行多次性能测量和周密的分析。

2. 极限载荷静力实验

通过实验来验证结构能否承受设计载荷和确定发生总体破坏时所承受的最大载荷。飞行器结构通常都要进行全机破坏实验。各国规范均规定要进行这种实验。

2.4.3　动力学实验

本节的动力学具体指结构动力学,包括固有频率、振型和广义质量等动力学特性的研究,以及结构在动载荷作用下的结构动态响应研究。对于复杂的飞行器结构,通过理论或数值方法计算得到的动力学特性或动态响应精度很难保证,因而开展动力学实验显得尤为重要。

飞行器结构动力实验大致可分为以下几种类型。

1. 地面振动实验

通过这种实验可测出全机或部件的固有频率、固有振型、阻尼、广义质量等动力特性,为颤振、抖振等的研究提供原始数据。

2. 颤振实验

飞行器颤振实验包括飞行颤振实验、模型颤振实验和新发展的地面颤振实验。

飞行颤振实验是在飞行中做共振实验或衰减振动实验,从而计及空气动力的作用。通过测量,可求出结构的阻尼和气动力阻尼随飞行速度变化的规律,从而确定颤振临界速度;模型颤振实验采用颤振模型进行实验,来确定颤振临界速度。它又可分为风洞实验、携带实验和投放飞行实验。地面颤振实验是在地面通过振动激励模拟空气动力的作用,确定颤振临界速度的抑制新技术。

3. 前起落架摆振实验

可用真实飞行器在机场跑道上进行,亦可把飞行器前起落架安装在摆振台上进行。实验室中往往使用旋转的大飞轮来代替跑道。

4. 起落架落震实验

主起落架在具有一定高度的实验架上突然释放并撞击地面,用以测定缓冲器的性能,亦可用于验证起落架重复着陆撞击的疲劳强度。

5. 离散源冲击实验

飞机在实际使用过程中,面临着飞鸟、冰雹、轮胎碎片、发动机碎片等多种外来物的撞击威胁,将诸如此类外来物称为"离散源"。在地面开展相关冲击实验是对飞机结构/部件抗离散源冲击能力最直接、最有效的验证方法,为确保飞机的使用安全,军民机研制过程中都提出了相应的实验要求。离散源冲击实验一般采用空气炮加载,将离散源以规定的速度发射至结构表面与结构发生撞击,来评估结构抵抗冲击的能力。

6. 坠撞冲击实验

飞机以一定的速度应急着陆时,一方面机身下部结构将发生变形、破损,可能造成客舱结构的变形,影响乘员的生存空间和逃离通道;另一方面在机身下部吸收部分撞击能量的同时,撞击载荷将通过客舱地板向上传递,若向上传递的载荷超过乘员身体的最大承受能力,将造成乘员伤亡。坠撞冲击实验一般采用整机或一段机身从一定高度投放使之与地面发生撞击,获得机身下部吸收撞击能量的能力和撞击对乘员的生存空间和逃离通道的影响,进而评估结构对乘员的保护能力。

飞行器结构动力学实验种类繁多,实验任务与方法各异,对于其他实验从略。

2.4.4　热强度实验

热强度实验在实验室模拟飞行器的热载荷、力载荷以及相应的热学和力学边界,对飞行器的刚度和强度进行研究、验证和评价。高速飞行器在大气层内飞行时,受到空气的剧烈摩擦作用,结构温度明显升高,结构升温不仅削弱材料的强度性能,还会产生热应力。气动加热的不均匀、结构形式差异和用材不同都会导致温度梯度,进而导致热膨胀不匹配产生热应力。高速飞行器结构热应力远大于气动力产生的应力,对结构安全具有重要影响。因此,热强度实验对高速飞行器尤为重要。

热强度实验按实验目的可分为热防护实验和力热联合实验等,按规模可分为材料热强度实验和结构热强度实验。由于结构热传导是时间和空间的函数,无论哪类热强度实验,都要正确模拟结构热载荷的空间分布、时序变化以及与力载荷的协同。

2.4.5　疲劳实验

疲劳强度问题比静强度问题复杂得多,影响的因素有很多,而疲劳的理论分析方法又远不及静强度的理论分析成熟。所以,飞行器结构的疲劳实验愈显得重要。

常用的疲劳实验加载方式有:拉压、旋转弯曲、平面(反复)弯曲、扭转、组合载荷等。组合疲劳实验通常在多轴实验机上进行。应当注意:同样的试件在不同的加载方式作用下,虽然受到同样名义值的最大应力,其结果迥异。

飞行器在飞行中所承受的疲劳载荷相当复杂。疲劳实验原则上应模拟真实情况,但受实验条件(或实验代价)的限制,常常要加以简化。简化后的载荷谱大体有如下三种。

1. 等幅(或单级)加载

按线性累积损伤理论,把载荷简化为等幅的单级载荷,可选取造成疲劳损伤最大的一级载荷、常用于典型试棒或试片、元件、零件等的疲劳实验。

2. 程序(或多级)加载

按线性累积损伤理论,把载荷化为造成疲劳损伤最严重的几级等幅载荷,按一定次序组成几级载荷的程序块。实验时按程序块加载。

3. 随机加载

假定飞行器的随机载荷是一种"平稳的"且又是"各态历经的"随机过程。因此,可用抽样的载荷记录来代表各次飞行中载荷的作用,其统计特征可归结为所谓的功率谱(可理解为载荷对于各频率分量的平均强度分布)。功率谱相同的随机载荷,则认为引起的疲劳损伤效果相同。

飞行器结构的疲劳实验大致有工程研究性实验、元件及组合件疲劳实验、全机疲劳实验。

1)工程研究性实验

研究常用材料及典型构件的基本疲劳性能,包括:材料疲劳性能的比较研究;应力幅、平均应力关系的研究;疲劳破坏的累积损伤理论的研究;切口及各种应力集中因素的效应研究;裂纹扩展速率的研究;剩余强度研究;改进疲劳性能途径的研究;环境影响的研究等。

此类实验所得结果,有些可直接用于飞行器结构的疲劳设计上,有些则可定性地用于指导疲劳设计。

2)元件及组合件疲劳实验

零件或组合件在疲劳实验机上进行疲劳实验。这类实验的结果可用于对比、筛选疲劳设计方案,可用于确定工艺措施,并可定性地评价疲劳质量等。可用重要元件或典型接头实验作为全机疲劳实验的补充,例如,用其疲劳强度的分散度作为全机疲劳的分散度,用其曲线作为全机 S－N 曲线的参考,借以提供一些全机疲劳实验所不能取得而又很需要的数据。

3) 全机疲劳实验

用一架完整的飞行器进行实验,或分成几大部件进行。例如,分成机身和机翼的疲劳实验,起落架疲劳实验,甚至把机身也分成几大段分别进行实验。在分部件进行实验时,应特别注意边界条件,夹具的夹持应模拟真实飞行器的传力情况;遇静不定传力情况,应在实验段外延伸一过渡段,以避免夹具对实验段的直接影响。

由于疲劳强度的分散性很大,一架飞行器所提供的实验数据不是十分可靠。但由于全机疲劳实验耗费巨大,周期甚长(通常要以年计),一般只能有一架进行疲劳实验。因此,全机疲劳实验主要是:发现飞行器结构重要的疲劳薄弱点,确定危险部位;确定各疲劳部位的寿命或破损安全特性(例如,裂纹扩展速率及剩余强度),从而确定飞行器的安全寿命或制定检查维修条例,并为更改设计提供资料。就性质而言,这类实验属于验证性实验。

2.4.6　噪声实验

飞行器挂载飞行和自主飞行过程中会承受由于气动力"压力脉动"引起的强噪声环境。研究表明:当飞行器表面的声载荷达到 130 dB 以上时,就可能对飞行器蒙皮结构产生破坏。声载荷通过蒙皮结构传入飞行器舱内,还会对舱内声敏感设备产生影响,造成设备失灵不能正常工作,影响飞行器的飞行稳定性和飞行安全。突出的噪声问题不仅严重影响民机的舒适性、环保性、适航性;对于军机而言,强噪声还可能诱发结构声疲劳破坏等安全性问题。

目前常用的噪声实验设施有全消声室、半消声室、混响室,高声强声疲劳实验设施主要有混响室和行波管,气动噪声实验设施主要有声学风洞。此外还有隔声室、消声测量平台等。

2.4.7　气候环境实验

飞行器服役全寿命周期期间会频繁经历高温、低温、湿热、日照、雨淋、降雪等气候环境,一定概率下还会遭遇风沙、盐雾、暴风雨、雷电等恶劣气候环境。机上的各类材料、设备和系统在这些环境因素作用下,其性能和功能可能会发生变化,导致各类故障的发生。

飞行器气候环境适应性的考核主要依靠于环境实验,环境实验包括自然气候实验、实验室气候实验和使用环境气候实验,三者互为补充。实验室气候实验主要为在实验室内模拟的气候环境下考核飞行器对环境适应能力,从而发现设计缺陷和工艺缺陷,是保证安全飞行的必备环节。

2.4.8　实验测量技术

实验测量是指通过一定测量方法对测量对象(飞行器结构)在外载荷作用下的响应进行测量和表征的过程,结构响应主要包括应力、内力、应变、变形、损伤等。测量方法包括电测法、光测法、磁测法、声测法、机械测量法等,本书主要介绍电测法和光测法。力学实验过程中每个环节均会反映到实验结果上,即每个因素都会对结果的测量精度产生影响。测量误差是导致结果误差的主要因素之一,必须予以足够重视,所有测量设备都应满足力学实验的精度要求,才有可能得到可信的实验结果。

测量设备是否符合要求,需根据该设备的性能指标来判断,同时还需用同类且精度更高的设备进行标定,以确定其误差。多台/套设备联合使用时,要求每台/套设备均满足相关性能指标要求。测量设备使用的正确与否对实验结果准确性的影响亦不可忽视,设备的安装、调试与操作必须按规定进行。

第 3 章

飞行器静载荷

飞行器的外载荷是指飞行器在储存、运输、发射和空中飞行等工作环境中,作用在飞行器上的各种外力的总称。为了使飞行器结构在整个使用过程中能够满足强度、刚度、可靠性和质量特性等要求,在结构设计前必须正确地进行载荷分析和计算,载荷计算结果是进行结构设计和强度分析的主要依据之一[1]。本章主要阐述飞行器结构载荷分析的基本理论和方法,包括作用在飞行器上的外载荷、过载系数、导弹(火箭)的载荷分析、航天器的载荷分析、使用载荷、安全系数以及强度分析等内容。

3.1 过载系数

3.1.1 作用在飞行器的静载荷

按对结构影响性质的不同,飞行器的载荷还可分为静载荷和动载荷。静载荷通常是指其作用时间或变化时间要比结构的固有弹性振荡周期长得多的载荷[2]。一般认为飞行器按预定轨迹飞行时,空气动力、发动机推力、燃料箱的内压力、惯性力等都可视作静载荷。作用在飞行器结构上的载荷,基本可以分为以下六类:

(1) 总空气动力 R,它可以沿速度坐标系 O_{xyz} 分解为阻力 X、升力 Y 和侧向力 Z;

(2) 发动机推力 P;

(3) 控制力 Y_c,它通常由舵面气动力或发动机推力产生;

(4) 支反力 F,在地面使用(例如运输、吊装)和上架发射时作用在飞行器上;

(5) 飞行器的重力 G;

(6) 惯性力 F_t、F_n,它通常由飞行中的质量加速度产生,也可以沿速度坐标系分解。

若飞行器在垂直平面内作曲线机动飞行,其受载情况如图 3 - 1 所示。

上述前四类载荷,作用在飞行器结构的表面,称为表面力;后两类载荷的大小正比于飞行器的质量,作用在结构的质点上,称为质量力。表面力和质量力决定了飞行器的总体载荷,是结构强度计算应考虑的主要载荷。其他的力,如锁紧机构的

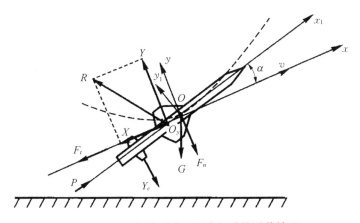

图 3-1　飞行器在垂直平面内运动的受载情况

P-发动机推力;Y-升力;X-阻力;G-重力;Y_c-控制力;F_t、F_n-切
向、法向惯性力;O-飞行器质心;O_y-飞行器压力中心;α-攻角

锁紧力,舱段间连接螺栓的预紧力,气瓶的内压力等,只作用在结构的局部范围且
自相平衡,仅在研究结构的局部强度时才考虑,称为局部力。

3.1.2　过载系数的概念

在载荷分析中,为了对各种情况的载荷作比较,便于计算结构的内力,常引入
过载系数(简称过载)的概念。过载系数是飞行器所承受的全部表面力的合力
$\sum F_i$ 与飞行器的重力($\approx mg_0$)的比值。用矢量表示,即

$$n = \frac{\sum F_i}{mg_0} \tag{3-1}$$

式中,m 为飞行器的瞬时质量;g_0 为标准重力加速度值。

过载矢量的方向与表面力合力的方向一致。在实用中总是把过载矢量投影在
适当的坐标轴上。例如在研究导弹的运动中,常把投影在导弹速度坐标系 $Oxyz$
上,得出三个过载分量 n_x、n_y、n_z;在计算导弹的结构强度时,常把 n 投影在弹体坐
标系 $Ox_1y_1z_1$ 上,得 n_{x1}、n_{y1}、n_{z1},且依次被称为纵向过载、横向过载和侧向过载。

按照达朗贝尔原理,表面力 $\sum F_i$ 与质量力 $\sum F_m$ 为一对平衡力:

$$\sum F_i + \sum F_m = 0 \tag{3-2}$$

所以,过载系数还可以表示为

$$n = -\frac{\sum F_m}{mg_0} \tag{3-3}$$

因此

$$\sum F_m = -n\,G_0 \qquad (3-4)$$

式中,负号表示 n 与 $\sum F_m$ 的方向相反。

过载系数还可用加速度表示,飞行器的加速度与作用外载荷的关系为

$$ma = \sum F_i + G \qquad (3-5)$$

式中,a 为飞行器质心加速度。则有

$$\sum F_i = ma - G = m(a-g) \qquad (3-6)$$

因此,过载系数 n 可以表示为

$$n = \frac{a-g}{g_0} \qquad (3-7)$$

从式(3-4)可知,飞行器的质量力等于过载与相应重力的乘积,但作用力方向与过载方向相反。从式(3-7)可知,飞行器的过载等于飞行器加速度与重力加速度的矢量差的 $1/g_0$ 倍。当飞行器处于地球重力场外时($g=0$),外力作用产生的加速度恰为 ng_0,外力为飞行器地面重力的 n 倍。

上面得到的过载的三种表达式,即以外力表示的表达式(3-1),以质量力表示的表达式(3-4),用加速度表示的表达式(3-7),它们实质上是统一的,其中任何一式都可以导出其他两式。

不同的表达式有助于我们进一步理解过载的寓意,并可根据不同情况适当选用。外力表达式的特点是从外力变化规律就可以看出过载变化的规律和原因;加速度表达式的特点是通过它可以清楚地看出过载与弹道参数之间的关系;质量力表达式的特点是在计算结构元件的载荷时十分方便。

过载表示了物体实际的外力与物体重力的关系,它是用倍数的概念来表示的,是一个相对值。过载的大小对不同类型的飞行器是不同的,它决定了飞行器的总体设计方案和对结构强度的要求。

3.1.3 典型飞行情况的过载计算

飞行器在垂直平面内飞行是一种常见的飞行状态。为简单起见,假设所有外力均通过飞行器重心,并只研究质心运动的过载系数。

1. 直线飞行时的过载系数

当飞行器做倾斜直线飞行时(图3-2),根据过载的定义式计算沿 y、x 轴过载系数的分量为

$$n_y = \frac{\sum F_y}{mg_0} = \frac{Y + P\sin a}{mg_0}$$

$$\tag{3-8}$$

$$n_x = \frac{\sum F_x}{mg_0} = \frac{P\cos a - X}{mg_0}$$

直线飞行时,法向表面力与重力分量相等,即 $Y + P\sin a = G\cos\theta$,$\theta$ 为飞行器质心处速度矢量与水平面之间的夹角,即航迹角(弹道倾角)。此时有

$$n_y = G\cos\theta/mg_0 \approx \cos\theta \tag{3-9}$$

表明飞行器做倾斜直线飞行时,航迹倾角 θ 越大,法向过载系数越小。

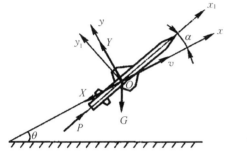

图 3-2 飞行器曲线飞行时的受力情况

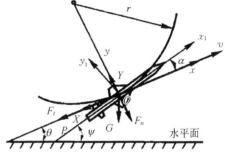

图 3-3 飞行器倾斜直线飞行的受力情况

2. 曲线飞行时的过载系数

在曲线飞行情况下,作用于飞行器上的力如图 3-3 所示,图中 ψ 为俯仰角。飞行器运动方程可写为

$$\begin{cases} Y + P\sin a - G\cos\theta - F_n = 0 \\ P\cos a - X - G\sin\theta - F_t = 0 \end{cases} \tag{3-10}$$

式中,F_n、F_t 分别由下列公式给出:

$$F_n = \frac{G}{g_0}a_n, \quad F_t = \frac{G}{g_0}a_t \tag{3-11}$$

式中,a_n 为沿飞行轨迹的法向加速度;a_t 为沿飞行轨迹的切向加速度。这里:

$$a_n = \frac{v^2}{r}, \quad a_t = \frac{\mathrm{d}v}{\mathrm{d}t} \tag{3-12}$$

式中,v 为飞行器的速度;r 为飞行轨迹的曲率半径。

将式(3-10)、式(3-11)代入式(3-12)可得表面力的表达式:

$$
\begin{cases}
\sum F_y = Y + P\sin\alpha = G\cos\theta + \dfrac{G}{g_0}\dfrac{v^2}{r} \\[3mm]
\sum F_x = P\cos\alpha - X = G\sin\theta + \dfrac{G}{g_0}\dfrac{\mathrm{d}v}{r}
\end{cases}
\tag{3-13}
$$

根据过载的定义式(3-13),可得速度坐标系下过载分量的表达式:

$$
\begin{cases}
n_y = \dfrac{G\cos\theta + \dfrac{G}{g_0}\dfrac{v^2}{r}}{mg_0} \approx \cos\theta + \dfrac{1}{g_0}\dfrac{v^2}{r} \\[5mm]
n_x = \dfrac{G\sin\theta + \dfrac{G}{g_0}\dfrac{\mathrm{d}v}{r}}{mg_0} \approx \sin\theta + \dfrac{1}{g_0}\dfrac{\mathrm{d}v}{\mathrm{d}t}
\end{cases}
\tag{3-14}
$$

由式(3-14)可以看出,只要知道飞行器运动中的表面力或飞行轨迹参数 θ、v 及 $\dot{v}\left(\dot{v} = \dfrac{\mathrm{d}v}{\mathrm{d}t}\right)$,就可求出过载系数沿速度坐标轴的分量。当飞行器以大速度、小半径做曲线飞行时,将会产生很大的正法向过载 n_y。n_y 越大,表示法向表面力比飞行器重力大得越多,飞行器受力越严重。现代高机动性战术导弹,在攻击末段做曲线飞行时,$n_{y\max}$ 有时高达 40~50。

3.2 飞机的静载荷计算

3.2.1 飞行载荷情况

1. 对称机动情况

对称机动飞行是飞机绕横轴(俯仰轴)的机动飞行,这一机动中仅考虑飞机的沉浮和俯仰。分析上,通常假设空速和马赫数不变(因而高度不变)并且忽略机动中的滚转和偏航运动。

对称机动载荷系数:假设飞机承受表3-1和表3-2的所规定的限制机动载荷系数所引起的对称机动载荷。

表 3-1　襟翼收起时的限制设计载荷系数

空　速	V_C	V_D
正机动*	2.5	2.5
负机动	-1.0	0.0

*:对于总重小于 50 000 磅(1磅=0.454 千克)的飞机,$n_z = [2.1 + 24\,000/(W + 10\,000)]$,其中 W 的单位为磅,最大不必大于3.8。

表 3 - 2　襟翼放下时的限制设计载荷系数

襟 翼 位 置	总　　重	载 荷 系 数
起　飞	最大起飞重量	2.0 及 0
着　陆	最大着陆重量	2.0 及 0
着　陆	最大起飞重量	1.5 及 0

对称机动可分为：① 机动平衡情况；② 设计载荷系数下的非校验机动和校验机动。

1）机动平衡情况

机动平衡情况是对称机动中的一种基本情况。对于具有全动平尾的飞机来说，飞机首先是 $1g$ 平飞状态，飞机由全动平尾进行配平，偏转升降舵使飞机缓慢抬头维持飞机的角加速度接近于零，并保持全动平尾的配平角不变，直至飞机达到最大正(负)过载系数。它是假定升降舵以很慢的速率偏转至俯仰角加速度为零的一种极限情况，在这样的机动中飞机始终处于一种平衡状态，可以通过静气动平衡方程求解。在此机动的计算模拟中若出现飞机由自身特性达不到限制过载系数的情况，按照实际情况计算；但若由于升降舵的偏转限制使飞机达不到最大正载荷系数时，应调整飞机安定面的配平角度进行补偿，直至达到最大正载荷系数。

机动平衡情况即通常所说的稳定俯仰情况，假定飞机的俯仰加速度为零，全机过载是最大正(负)过载系数。由飞机的法向力和俯仰力矩的平衡方程即可求解代数方程得到各部件的载荷。该情况下平尾上有较大的平衡载荷，因此机翼上具有极大的载荷。通常该情况是机翼及翼身连接部位的主要设计情况，也是静力实验中风险较高的工况。

2）非校验机动

在该机动中假设飞机做定常水平飞行，飞机由全动平尾配平。在确定尾翼载荷时，必须考虑飞机的动态响应，考虑飞机的瞬时刚体响应。重心处的法向加速度超过最大正限制机动载荷系数 n_z 以后产生的飞机载荷不必加以考虑。在这种急剧机动中，必须关注升降舵运动规律问题。整个过程中可假定速度不变，如有操纵的合理数据(根据可靠的气动数据进行保守的分析得出的偏转速率数值)，升降舵偏转速率只要不小于合理数值即可，无合理数据时采用阶跃输入(更为保守)。从几种类型的喷气运输机的飞行实验数据中可看出，升降舵运动似乎遵循可称为"S"曲线的形状，也就是说，升降舵运动随时间的变化取一个拉长的"S"形状，在 $t = 0$ 时，运动缓慢开始，在 $\Delta\delta_{max}/2$ 时达到所能提供的最大速率，然后缓慢地到达升降最大偏度。直到平尾最大载荷出现，或飞机超过最大机动载荷系数(取先到者)。根据对民用大型客机资料的研究发现通常平尾的最大载荷会最先出现,而且此时飞机重心处的过载会小于1.0。对非校验机动的分析应考虑飞机的弹性变形并进行二自由度的时间历程分析,这样会使分析更接近真实并获得更高的平尾载荷。

3)校验机动

急剧校验机动必须建立一个基于合理的俯仰操纵运动相对时间的剖面,该机动中载荷系数不能超过 CCAR - 25 规定。飞机响应引起的俯仰加速度不小于规定值,除非不可能超过其中的较小值。校验机动必须分析最大正设计载荷系数下的抬头情况和零载荷系数下的低头情况[3]。

假设飞机在以 V_A 到 V_D 之间任一速度做定常飞行,俯仰操纵按正弦曲线做急剧运动,升降舵向一个方向急剧运动,然后朝相反方向运动超过原始平衡位置,最后返回到平衡位置[4]。

(1)假定正俯仰角加速度(抬头)与等于1.0的载荷系数同时达到,此俯仰加速度必须至少等于:

$$\frac{39n}{V}(n - 1.5)(\mathrm{rad/s^2})$$

式中,n 为所考虑速度下的正载荷系数;V 为飞机的当量速度。

(2)假定负俯仰角加速度与正机动载荷系数同时达到,此俯仰角加速度必须至少等于:

$$-\frac{26n}{V}(n - 1.5)(\mathrm{rad/s^2})$$

式中,n 为所考虑速度下的正载荷系数;V 为飞机的当量速度。

校验机动是对称机动飞行的又一种基本情况,它要求在速度 V_A 至 V_D 范围内都要进行分析,以得到飞机最大正、负加速度情况下对应的最大载荷。对校验机动的分析,国内和国际上存在很多做法,包括简单估算法、时间历程法等。在适航规章中给出了过载 1g 和 $N_{\max}$ 时对应的角加速度,实际上是采用了简单估算的方法。其做法是首先按机动平衡状态给出飞机在过载 1g 和 $N_{\max}$ 时对应的全机载荷,然后将有角加速度产生的载荷叠加到原载荷上得到载荷分析结果。

2. 突风和紊流载荷

飞机在大气中会遇到突风,突风的大小在世界上各个地区不相同,各个季节也不一样,它的变化是随机的。许多部门对世界范围内的各种突风分布作了研究,并积累了大量的统计数据。可把紊流视为飞机所穿越的大气运动。图 3 - 4 绘出了垂直突风情况下垂直飞行路径的大气速度(就是所谓"突风速度"),这一速度将改变飞机气动升力面的有效迎角,引起升力的突变从而产生涉及弹性变形的飞机动力响应。突风响应将涉及刚性模态和弹性模态,它将引起乘客的不适,还会使结构

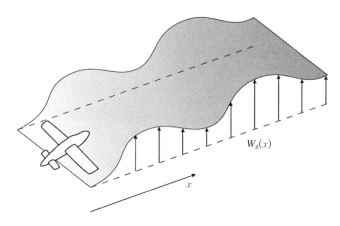

$$W_g(x)$$

$$x$$

图 3 - 4　飞机遭遇紊流

产生内载荷。突风和紊流载荷在飞机设计中具有重要意义。

§25.341 条款中主要规定了两种不同类型的突风紊流的计算方法,调谐离散突风和连续紊流突风。突风载荷的计算以飞机的 $1g$ 平飞为初始状态,然后飞机遭遇大气突风紊流,发生俯仰、沉浮或偏航、侧滑和滚转,分析计算的过程应按时间历程进行,必须考虑飞机的重量分布和结构弹性的影响即进行动态分析和动响应计算[5]。

离散突风包括垂直方向的正负离散突风和侧向离散突风,参考突风速度的大小按照条款中的规定,与重量、高度、速度有关,突风形状规定为 1-cos 形态,突风梯度在 9.1 m 到 106.7 m 之间,需要在此区间选取足够的点来计算突风载荷的最大值[5]。

连续紊流突风规定的是按功率谱密度计算的紊流载荷。当一架飞机连续飞行通过一段事实上完全随机的,但具有已知的统计特性的紊流时,功率谱密度分析是在载荷发生的时间上建立一个统计平均的方法。以下给出了连续紊流突风的两种计算方法,申请方可以任选一种。

第一种是用冯·卡门功率谱密度来定义连续紊流的强度,飞机的载荷由根据功率谱密度计算得到的载荷均方根值乘以规定的突风速度获得。

第二种是任务分析+补充包线分析的方法,定义所有类型的飞机可能需要完成的任务,每一个任务剖面分成任务段,所谓的任务段是可以假设所有的构型和飞行包线的变量在任务段中是常数。利用冯·卡门大气功率谱密度,建立在紊流中的突风速度和花费的时间,并计算在飞行段中超过任意给定载荷水平的某一载荷对时间概率。

3. 滚转机动

滚转机动是应用横向操纵装置使飞机产生绕 x 轴的非对称机动。滚转机动是与规定的对称载荷系数同时发生的。分析上,通常假设整个滚转过程中空速和马赫数不变,同时对于民用飞机,在偏航和滚转自由度之间的交叉耦合影响可以忽略。CCAR§25.349中关于滚转机动是按照如下的规定的：飞机必须按本条（a）和（b）规定的情况引起的滚转载荷进行设计。对重心的不平衡气动力矩，必须由惯性力以合理的或保守的方式予以平衡，认为此惯性力由主要质量提供。

（1）机动必须把下列各种情况、速度和副翼偏转（可能受驾驶员作用力限制的偏转除外），同数值为零及等于设计中所用正机动载荷系数的三分之二的飞机载荷系数组合起来考虑。在确定所要求的副翼偏转时，必须按§25.301（b）考虑机翼的扭转柔度。

① 必须研究相应于各种定常滚转速度的情况。此外，对于机身外面有发动机或其他集中重量的飞机，还必须研究相应于最大角加速度的情况。对于角加速度情况，在对机动的时间历程缺少合理的研究时，可以假定滚转速度为零。

② 速度为 V_A 时，假定副翼突然偏转到止动器。

③ 速度为 V_C 时，副翼的偏转必须为产生不小于按本条（a）（2）得到的滚转率所要求的偏转。

④ 速度为 V_D 时，副翼的偏转必须为产生不小于按本条（a）（2）得到的滚转率的三分之一所要求的偏转。

（2）非对称突风。假定平飞的飞机遇到非对称垂直突风，必须用由§25.341（a）直接得到的机翼最大空气载荷或由§25.341（a）计算出的垂直载荷系数间接得到的机翼最大气动载荷确定限制载荷。必须假定100%的机翼气动载荷作用于飞机的一侧，80%作用于另一侧。在不同速度下副翼的最大偏角和偏转速率是不同的，应根据计算状态和飞机的实际情况输入副翼的偏转速率和最大偏度，也可以用保守的方法将副翼的偏转按阶跃形式输入。副翼偏度保持的时间按飞机滚转速率或倾斜角变化要求由计算过程选定。对于 $n>1$ 情况，当达到稳定滚转时，副翼开始返回中立位置从而结束机动。对于 $n=0$ 情况则应使最终的倾斜角等于±60°结束机动。机动过程中方向舵保持初始角不变，升降舵按载荷系数要求进行相应偏转。最终计算得到的机翼载荷包括对称飞行的载荷、副翼偏转引起的气动载荷、滚转阻尼载荷、非对称弹性变形载荷。机翼的原始压力分布可由理论计算、风洞实验、飞行实验等方法获得。对滚转载荷的分析同样需结合飞机的操纵规律进行，在飞机不同的飞行状态可能会采用不同位置的襟翼，并可能会使用多功能扰流板来辅助进行滚转操纵，应结合实际情况进行分析并进行载荷严重情况的挑选。非对称突风载荷主要针对机翼的载荷不对称情况，按§25.341（a）条计算出的最大机翼载荷情况，机翼一侧加100%的最大机翼载荷情况，另一侧加80%的最大机翼载荷情况。

4. 偏航机动

偏航机动包括急剧偏转方向舵或者在发动机失效情况下产生侧滑的机动。如图3-5所示的两种机动在结构设计中必须考虑。

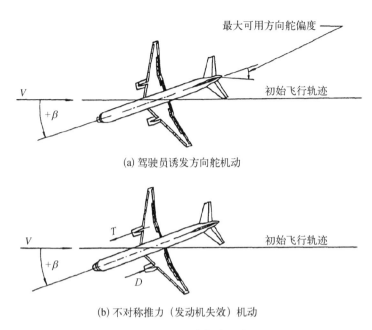

(a) 驾驶员诱发方向舵机动

(b) 不对称推力（发动机失效）机动

图 3-5　两种偏航机动

用于结构设计的方向舵机动基本上是平面机动,它是在机翼处于水平姿态突然偏转方向舵而产生的。这种机动在飞行中是很难实现的,因为要保持机翼水平,必须施加很大的横向操纵,保持机翼水平的目的是使得引起的侧滑最大。用于结构设计的发动机失效机动基本上也是平面机动,它是在发动机非对称推力造成侧滑的同时急剧偏转方向舵。在偏航机动中主要有三个设计点,见图 3-6。

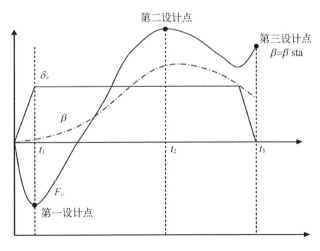

图 3-6　偏航机动的三个设计点

以下以某飞机的载荷计算过程为例,说明非校验机动载荷的计算过程。按照规范定义考虑偏航机动时,飞机响应可用侧滑及偏航二自由度方程描述如下:

$$\frac{\mathrm{d}\beta}{\mathrm{d}t} = \frac{gqS_W}{WV_\infty}\left\{ C_C^\beta\beta + C_{C,v}^\beta\frac{\omega_z[L_V(\beta) + \Delta x_{CG}]}{V_\infty} + C_C^{\delta_r}\delta_r \right\} + \omega_z$$

$$\frac{\mathrm{d}\omega_z}{\mathrm{d}t} = \frac{qS_Wb}{I_z}\left(C_n^\beta\beta + \frac{b}{2V_\infty}C_n^{\overline{\omega}_z}\overline{\omega}_z + C_n^{\delta_r}\delta_r \right) + C_C^\beta\beta qS_W\frac{(\overline{X}_{CG} - 0.25)c_{AW}}{I_z}$$

$$+ C_{C,V}^\beta\frac{\omega_zqS_W[L_V(\beta) + \Delta x_{CG}]}{V_\infty I_z} + C_C^{\delta_r}\delta_r\frac{qS_W[L_V(\delta_r) + \Delta x_{CG}]}{I_z}$$

求解以上运动方程,即可得到各主要参数响应的时间历程,如图 3 - 7 所示。再结合飞机的气动特性即可得到各个部件的载荷。

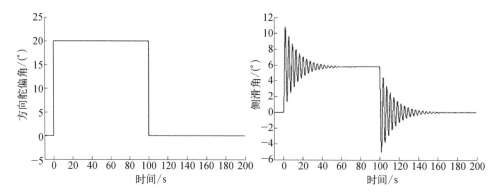

图 3 - 7　偏航机动各参数的时间历程

3.2.2　飞行载荷计算的原始数据

1. 重量与重心

飞行载荷计算要求从设计最小重量到设计最大重量之间的每一种重量,对于不同的使用状态以及装载条件, 有不同的设计重量。即使在相同的重量、重心及装载重量的情况下, 也可以有多种装载方案(惯性矩不同)。由于在载荷计算时必须覆盖这些情况,故实际需要计算的重量分布方案是非常多的。绘制飞机重量重心包线,从中确定若干状态进行计算[5],基本上可保证受载严重情况不被遗漏。

2. 气动构型

在飞行载荷计算时,必须考虑飞机实际可能具有的各种气动构型。

3. 速度与高度

在飞行载荷计算时,选择的高度必须包括海平面和一些特定的高度(如马赫数限制高度)。在海平面至最大飞行高度之间再选择足够多的高度,然后与各种速度组合形成各个计算状态。

4. 气动力数据及压力分布数据

飞行载荷计算所需气动数据及压力分布数据通常由下述几种途径获得：

(1) 理论计算及工程估算；

(2) 风洞实验；

(3) 采用同类飞机的经验数据分析后确定；

(4) 飞行实验。

如果载荷的大小和分布是采用可靠的风洞实验结果或同类飞机的经验数据确定的，那么就可以认为这样确定的载荷大小及分布是可靠的，已经接近反映真实情况，否则就必须用飞行实验中的载荷测量结果予以证实[5]。

5. 其他数据

进行飞行载荷计算时还需要一些其他的原始数据，包括发动机推力、几何外形、飞行包线、飞机部件设计使用状态、各舵面的偏度限制等。在进行飞机飞行载荷计算时除应该保证各部件在正常使用状态下的强度外，有时还需考虑故障状态的强度要求。

3.2.3　飞行载荷计算一般步骤

准确地确定一架飞机在设计环境下承受的载荷是实现精确设计流程中首要的环节之一。它的完成质量、进度及成本直接影响到飞机的设计质量和研制生产的进度、成本，最终影响飞机的市场竞争能力[5]。

一架飞机从滑跑、起飞、爬升、巡航，直至下滑、着陆无时不在承受着载荷。这些载荷主要可分为两大类：一类为气动力载荷；另一类为惯性力载荷。决定载荷大小及分布的主要因素也为两个方面：一为大气环境；二为飞机自身特性。飞机强度及刚度设计规范是集科研、设计、生产使用经验积累甚至飞行事故血的教训而制定的一套必须在设计中遵循的标准。民用飞机飞行载荷设计采用 CCAR‐25 作为设计规范。

设计规范选定之后，要确定一架飞机的飞行载荷，通常有以下几个重要环节。

首先，对规范的理解正确与否有着重要的意义。在正确理解的基础上，根据规范要求和工程设计经验选定飞行载荷计算的原始数据。

其次，将规范中规定的要求抽象为一定的物理模型，并通过数学方法对此物理模型做出描述；求解这些数学问题则解决了飞行载荷计算中的第一大方面问题——飞机运动参数及各主要部件的总载荷[6]。

再次，还需解决第二大方面的问题——通过测压实验或理论计算求解出这些总载荷的气动分布载荷。

最后，求解出惯性载荷。并将气动载荷分布、惯性载荷分布叠加求出"净载荷"的分布。

对于一架新设计的飞机,通过飞行实测来验证和修正全机气动力数据和某些飞行情况的载荷,也是现代飞机正确确定飞行载荷的一种主要补充手段和程序。

3.3 导弹(火箭)的静载荷计算

3.3.1 导弹(火箭)的设计情况

导弹、火箭等发射式飞行器在使用过程中要承受各种载荷。不同的情况下,载荷大小及性质也不同。分析这些情况,从中选出最严重的载荷情况作为结构强度计算的依据,即为"设计情况"。本节简单介绍导弹(火箭)不同使用过程中的载荷情况。

1. 地面操作期间的载荷情况

地面载荷指的是飞行器在储存、维护、运输和装卸时所受到的载荷。对于不同类型的导弹飞行器结构设计其各种情况的重要程度不同。为了防止飞行器在地面产生不应有的破坏或不允许的残余变形,应该对地面工作和维护条件严加限制,尤其是对比较笨重的、刚度较差的大型运载飞行器。而对那些比较轻巧的,所谓野战用发射飞行器,地面则往往只提供局部受力情况和环境扰动条件,对整体而言,一般不是主要的设计情况。

导弹(火箭)地面操作期间的实际受载与支座支持方式、部位及有无减震措施等有关。下面简单介绍某些地面操作条件下导弹(火箭)承受的过载。

1) 铁路运输

铁路运输时,由刹车、振动等引起的过载一般不大。如紧急刹车时,一般轴向过载系数 $n=0.25$。由车轮与铁轨接头的撞击引起的横向过载系数 $n=1.6$。

2) 公路运输

导弹利用拖车在公路或场区进行运输是十分普遍的。由紧急刹车引起的轴向过载系数为

$$n_{x1} = \frac{v_0^2}{2g\Delta x} \tag{3-15}$$

式中,v_0 为刹车开始时汽车的速度;Δx 为刹车距离。

3) 吊运情况

一般吊运系统多采用柔性缆绳,吊车运转时所产生的侧向加速度较小,故只需要考虑垂直于地面向上提升产生的加速度,这时可考虑最大值 $n_{y1} = 2$。

为便于分析,将几种导弹(火箭)在主要地面设计情况下可出现的过载列于表 3-3。

表 3 - 3　主要地面设计情况过载

情况 ＼ 类别	大型运载器	一般弹道导弹	地-空导弹	空-空导弹	反坦克导弹
铁路运输	$n_x = 0.25$ $n_y = 1.60$	$n_x = 0.25$ $n_y = 1.60$	$n_x = 0.25$ $n_y = 1.60$		
公路运输	$n_x = 0.20$ $n_y = 1.20$ $n_z = 0.10$	$n_x = 0.50$ $n_y = 1.5 \sim 1.8$ $n_z = 0.20$	$n_x = 1.0$ $n_y = 2.0$ $n_z = 0.5$		$n_x = 1.2$ $n_y = 2.0$ $n_z = 0.5$
空中运输		$n_x = 1.0 \sim 1.5$ $n_y = 3.0$ $n_z = 1.0$	$n_x = 1.0 \sim 1.5$ $n_y = 3.0$ $n_z = 1.0$	$n_x = 2.0$ $n_y = 8.0 \sim 10.0$ $n_z = 2.0 \sim 4.0$	
水路运输	$n_y = 0.5$	$n_y = 0.5$	$n_y = 0.5$		
吊运	$n_y = 1.2 \sim 2.0$	$n_y = 1.2 \sim 1.5$	$n_y = 2.0$		
装卸		局部*	局部		
储存	$n_y = 1.15$	$n_y = 1.15$			

* 局部代表局部有过载,局部结构情况较复杂,难以给出普适性数据。

2. 发射期间的载荷情况

从导弹(火箭)进入发射装置(发射架或台),直到它发射离架(台)为止的各种受力情况称为发射期间的载荷情况。

1) 导弹的调转情况

导弹停放时,大多处在水平位置,发射时则可能处在任意倾角和方位。因此,调转是导弹起飞前一个重要的受力状态。在调转过程中,横向过载沿 x_1 轴的分布为

$$n_{y1} = \cos \theta + \frac{\varepsilon R}{g} \qquad (3 - 16)$$

式中,θ 为调转过程中导弹轴线与地面的夹角;R 为 x 点到转动原点 O_1 的距离;ε 为调转时允许的最大转动角加速度。

对于不同的飞行器,所采用的 ε 值可以相差很大。大型弹道导弹竖立时可以不限定时间,ε 可能在 $(0° \sim 10°)/s^2$。而对于快速目标的战术导弹,要求反应迅速,根据设计功率和响应要求 ε 大致可达 $(50° \sim 100°)/s^2$,但多数取在 $50°/s^2$ 左右。

2) 发射情况

导弹(火箭)的发射载荷情况按发射状况可分为地面发射、空中发射、水面发

射、水下或井下发射等;按发射方式可分为零长发射、轨道发射、竖立发射、膛式发射等。不同情况下,飞行器的受力特点也有所不同。地面发射情况下,导弹刚刚启动,发射定向器又不长,故其运动速度一般是不大的,作用在导弹上的气动力和轨道摩擦力可以忽略不计,应考虑的作用在导弹上的载荷主要有:发动机推力;重力;导弹做直线加速运动而引起的惯性力;因发射装置运动产生的牵连惯性力;支反;力地面侧风引起的气动力;发射架或弹体振动引起的动载荷。

从舰艇上发射的导弹,由于导弹同舰艇一同运动,还要受到舰艇摇摆及波浪冲击所引起的惯性载荷的作用,所以在计算载荷时,应考虑舰艇的类型、海浪的等级以及导弹在舰艇上的位置来选择载荷情况。从空中发射的导弹,也存在类似的情况,导弹在挂飞期间的载荷与母机的载荷情况密切相关,并决定了吊耳及其连接部位的强度设计条件。

当导弹装在潜艇上进行水下发射时,除了导弹本身在穿过水中时表面承受很大的水压以外,发射时的外界扰动情况也很重要。确定导弹弹出发射管的速度,主要以保证出口时导弹抗扰动的能力来考虑。同时,也应使得弹射时导弹的最大轴向过载与飞行中的轴向最大过载相适应。例如,一般选取轴向过载为2~5。

当导弹在井下发射时,可以分为冷发射与热发射两种情况。

冷发射:即首先用气体将飞行器推出井口,到井口上一定高度时,发动机点火使火箭加速上升。这些问题与发射管发射一样,环境比较简单,容易计算。

热发射:指在地下井内发动机直接点火工作。这时除了地下井本身要设置良好的喷气排气道和吸收噪声设施外,发射过程的环境问题和喷气压力等也是导弹设计中必须考虑的,主要是全弹的噪声载荷和排气的反流压力载荷。

膛式发射,指导弹从炮膛内发射(如反坦克炮射导弹)、从发射筒内发射等方式。它们的特点是在 20~100 ms 内从发射筒内发出,此时导弹底部承受高压,导弹产生很大的轴向加速度。如果设导弹在发射筒内均匀加速,则:

$$n_x = \frac{v_0^2}{2gl} \qquad (3-17)$$

式中,v_0 为出腔速度;l 为发射管长度。

如果用气体进行弹射,$n_{x\max}$ 可以比较接近平均值,但若用火箭产生高压,则 n_x 随时间的变化很大,其过载 $n_{x\max} = (1.2 ~ 1.5)n_x$。例如,要把一个导弹在 10 m 长的发射管内加速到 $v_0 = 200$ m/s,则 $n_x \approx 200$,$n_{x\max} \approx 300$。

3. 空中飞行期间的载荷情况

大多数导弹(火箭)严重的载荷情况通常发生在空中飞行过程中。

1) 无控和程序飞行情况

大多数情况下,导弹(火箭)不是一起飞就进行控制,而是有一个所谓的助推段,即简单程序控制段。当飞行器不加反馈和控制时,飞行器的载荷主要来自定态飞行时的各种外力和外界环境的扰动,包括突风和飞行器本身的各种偏差。

一般,在动力不变的无控飞行段中,导弹(火箭)的速度是不断增加的,除了升入很高的高空以外,动压也是不断增加的,所以对于多级导弹(火箭)而言,各级飞行中的最大轴向受力状态往往出现在各级发动机工作的末点,即该工作段中的最大速度、最小质量点。横向力在很大程度上决定于动压。因此,除了考虑发动机工作末点以外,还必须考虑最大动压点,而程序飞行段则应考虑程序飞行时的过载最大点。

(1)轴向载荷。轴向载荷是由发动机推力、气动阻力等作用而引起的沿弹(箭)体轴线方向的载荷。对于多级导弹(火箭),各级的最大轴向载荷往往出现在各级发动机的工作末点。这是因为在助推或无控段飞行时,导弹(火箭)的加速特性越来越大的同时推进剂质量迅速下降,虽然阻力也随之增加,但终究抵不上质量变化的影响。在一定高度之后,阻力也逐渐下降,所以轴向过载增加得越来越快,在发动机工作末点达到最大。

$$n_{x\max} = \frac{P_i - X}{G_{i空}} \qquad (3-18)$$

式中,P_i 为高温情况下该级发动机的额定推力;X 为该级发动机工作末点的零攻角下的阻力;$G_{i空}$ 为该级发动机工作末点时的飞行器质量。

(2)横向载荷。在无控飞行段中,最理想的情况是使攻角趋近零,或按最有利的程序攻角飞行。但是,由于飞行器本身的非对称性和外界扰动,飞行器可能出现较大的迎角,以至出现很大的横向载荷。引起附加迎角的因素主要有:突风影响、推力偏心的影响、工艺安装偏差的影响等。在分析时,可将上述各种因素的影响都折合成一组 $\Delta\alpha$ 值。考虑到各种因素的随机性,取均方根值来计算总的附加迎角值,即

$$\alpha_{附加} = \sqrt{\sum_{i=1}^{n} (\Delta\alpha_i)^2} \qquad (3-19)$$

式中,$\Delta\alpha_i$ 为第 i 种因素所引起的迎角。

通过许多情况的分析及统计结果表明:除并联多发动机情况外,基本上可以用突风载荷作为主要设计因素。有时,把突风数值适当加大一些就可以包括各种因素的影响,从而简化具体的载荷计算。假设突风情况下导弹的迎角为 α_f,速压为 q。

这时,在导弹质心处的横向过载为

$$n_y = C_y^\alpha \alpha_f q S / G_0 \qquad (3-20)$$

如果对导弹不进行任何控制,则由于导弹的静稳定性,攻角将逐步减少。所以,最严重的情况是把突风看成突然值,载荷在突然作用瞬间最大,这时的恢复力矩为

$$M = m_z^\alpha \alpha_f qSl \tag{3-21}$$

式中,m_z^α 为稳定力矩系数;l 为参考长度;S 为参考面积。

导弹将产生一个减小攻角的转动,其最大转动角加速度为

$$\varepsilon = \frac{M}{J_z} = \frac{m_z^\alpha \alpha_f qSl}{J_z} \tag{3-22}$$

式中,J_z 为导弹绕质心的转动惯量。这时导弹沿 x 轴的过载分布为

$$n_y(x) = \frac{C_y^a \alpha_f qS}{G_0} - \frac{m_z^\alpha \alpha_f gSl}{J_z g_0}(x - x_T) \tag{3-23}$$

式中,x_T 为质心位置。

如果飞行器进行程序飞行,则应考虑扰动与控制系统之间的多种因素。例如:是否为简单的程序攻角飞行;是否按预定轨道控制;是否有某些附加的反馈信号等。在初步分析中都可以首先进行简单的叠加,即在平衡的程序过载基础上附加扰动过载。

因此,在这一段飞行中所产生的最大横向载荷决定于设计风速。一般说来,全天候导弹风速可取得大些,如取 99% 的包络风速,再在此基础上附加 10% ~ 15% 的其他影响因素折算风速值。除了特别情况外,这个值可取 15 ~ 20 m/s。其实,即使是全天候导弹,也由于地面其他设施和工作条件的限制,在风速太大的情况下不允许或根本不可能起飞(发射)。因此,超过 20 m/s 的风速突变值在设计中是不必要的。

2) 控制飞行的情况

一般导弹(火箭)都要做控制飞行,这是为了纠正现实飞行轨道出现的偏差,或引导控制到某一需要的目标。某些对付活动目标的战术导弹,要求快速准确地跟踪一个目标,往往要求它具有很大的机动性,其控制飞行情况的载荷是非常严重的。

(1) 控制力突加情况。导弹的攻角响应决定于扰动运动的周期,它总是比控制力的突加速度慢得多,所以当舵偏角(或推力向量偏角)由 $\delta = 0$ 增大到额定机动所需最大偏角 δ_m 时,导弹几乎还处在原来的稳定状态,即 $n_v \approx n_{v0}$,此时即为导弹机动运动的起点。如果原来稳定状态为水平直线飞行,则 $n_{v0} = 1$。而突偏状态往往选取在 $n_{v0} \approx 1$ 附近。这时的突加力和力矩为

$$\Delta Y = C_y^\delta \delta_m q S$$

$$\Delta M = C_y^\delta \delta_m q S (x_p - x_T) \tag{3-24}$$

式中，x_p 为控制力的位置；x_T 为质心的位置。

如果 Y 由推力矢量控制所产生，则：

$$\Delta Y_p = P \sin \delta_m \tag{3-25}$$

其中，δ_m 为推力偏角。此时，式(3-24)中的 $(x_p - x_T)$ 要用推力方向延长线与质心间的最短距离来算，它是一个变量，是推力作用点 x_p 到质心 x_T 之间的距离与 $\sin \delta_m$ 的乘积，所以：

$$\Delta M = P \sin^2 \delta_m (x_p - x_T) \tag{3-26}$$

根据 ΔM 可以算出导弹迎角响应的转动角加速度 $\varepsilon = \Delta M / J_z$。因此，导弹在该瞬间的过载沿 x 轴的分布 n_{yx} 以及总过载 n_{yT} 分别为

$$n_{yT} = n_{y0} + \frac{\Delta Y}{G}$$

$$n_{yx} = n_{yT} + \frac{\Delta M}{J_z g_0}(x - x_T) \tag{3-27}$$

这种情况通常是控制力偏转机构和靠近控制力附近的严重承载状态。

(2) 进入机动情况。在导弹操纵面突然偏转到某一位置，从而突加控制力以后，迎角逐步增大到最大值时的情况，称为进入机动情况。根据导弹惯性运动和控制回路的性能分析，一般最大迎角为

$$\alpha_{\max} = K_\alpha \tag{3-28}$$

式中，K 为导弹特定情况下的过调系数；α 为对应 δ_m 的平衡迎角；$\alpha_{\max}$ 为动态过程中的最大瞬间迎角。

以使用气动舵的导弹为例，该瞬时飞行器质心处的过载为

$$n_{yT} = (C_{y\delta=0}^\alpha \alpha_{\max} q S - C_y^\delta \delta_m q S) / G \tag{3-29}$$

由于 $\alpha_{\max}$ 和 δ_m 不是平衡时的对应值，因此，在计算过载中，必须考虑括号中后一项下洗的特殊情况。

在飞行器达到最大迎角后，会出现一个不平衡的多余反方向力矩，其值为

$$\Delta M = m_z^\alpha (K-1) \alpha q S l \tag{3-30}$$

因而可以得出沿 x 轴向的过载分布为

$$n_y(x) = \frac{C_{x^6=0}^{\alpha}\alpha_{max}qS - C_y^{\delta}\delta_m qS}{G} + \frac{m_z^a(K-1)\alpha qSl}{J_z g_0}(x - x_T) \qquad (3-31)$$

对于用推力向量控制的导弹的机动情况,情况就稍微简单一些。其总过载和过载分布情况为

$$n_{yT} = (C_y^a\alpha_{max}qS - P\sin\delta_m)/G$$

$$n_y(x) = n_{yT} + \frac{m_z^{\alpha}(K-1)\alpha qSl}{J_z g_0}(x - x_T) \qquad (3-32)$$

对于正常式气动布局导弹,采用传统的气动舵控制方式,进入机动情况是机动过程中过载最大的情况,也是导弹静载荷设计中的最普遍和重要的设计情况。

对于 bang-bang 控制,或自适应控制系统,由于控制系统的过调系数趋近于 1,因此,进入机动的载荷情况,退化为机动平衡情况。

(3)机动平衡情况。机动平衡情况是指机动达到平衡的情况。此时的操纵面偏转角为常数,导弹没有绕质心的旋转角加速度,表现出过载减少,不平衡力矩消失,飞行器沿 x 轴的过载是相同的。

$$n_y = C_y^a\alpha qS/G \qquad (3-33)$$

相比于机动平衡状态,虽然导弹进入机动时的载荷情况更严重,但是这种严重的载荷情况往往是瞬时的,所以在飞机设计中,不使用进入机动时的严酷载荷作为静力设计依据,而只考虑导弹在平衡状态的载荷。

(4)退出机动情况。这也是一个比较严重的设计情况。此时操纵突然偏转回到 $\delta=0$ 的位置,使导弹产生与进入机动状态相反的旋转角加速度。在以往的设计中有两种极限的做法,一种是认为导弹处在机动平衡之后退出机动,另一种是考虑飞行器进入机动与退出机动动作相连。显然后者比前者更严重,两者之间攻角相差 K 倍。对于一般导弹而言,退出机动情况往往是缓慢进行的,因为采用自动跟踪、自动驾驶,其过程大多是连续平滑的。退出机动只出现在少数情况下,如战术机动后转入平飞,因此,后一种取法显然太保守。在实际飞行中,由于不会存在真正的机动平衡,运动总是波动振荡式地进行。所以,退出机动时建议取扰动平均迎角 α_{cp} 状态,即

$$\alpha_{cp} = \left(\frac{1+K}{2}\right)\alpha \qquad (3-34)$$

退出机动的起点是在 α_{cp} 情况下舵偏角由 δ_m 下降到零。这时,过载和不平衡力矩情况为

$$\begin{cases} n_{yT} = C_{y\delta=0}^{a}\left(\dfrac{1+K}{2}\right)\alpha qS/G \\ \Delta M = m_z^{\alpha}\left(\dfrac{1+K}{2}\right)\alpha qSl \\ n_y(x) = C_{y\delta=0}^{\alpha}\left(\dfrac{1+K}{2}\right)\alpha qS/G + \left[m_z^{\alpha}\left(\dfrac{1+k}{2}\right)\alpha qSl/(J_z g_0)\right](x-x_T) \end{cases} \quad (3-35)$$

由于退出机动与进入机动两者的 ΔM 符号相反,因此,它们出现的最严重情况是一个在前段,一个在后段。实际上,退出机动也是舵的一种突偏情况。

3.3.2　静载荷计算的一般方法

载荷计算是指在各种受载情况下,对作用在飞行器上的气动力、发动机推力、惯性力、重力以及诸力之间平衡关系的计算。某些情况下还包括支持(约束)反力的计算。载荷分析结果是飞行器结构设计的主要依据之一。实际中,外载荷既是矢量又是时间的函数,影响外载荷的因素很多,精确确定作用在导弹(火箭)上的载荷是个非常复杂的问题,通常都采用下面的一些假设和处理方法,既可使计算简化又能满足工程上要求的精度。

1. 基本假设

1) 静力假设

计算载荷时,假设所有的载荷均为静载荷,不考虑载荷的动力冲击效应。

2) 刚体假设

计算载荷时,飞行器结构作为刚体处理,不考虑结构变形对外载荷重新分配的影响。由于结构静力变形一般属于小变形,故此假设对静载荷的计算是可行的,但在计算结构动力强度(包括振动和气动弹性分析)时,会导致很大的误差,甚至会产生性质上的错误。

2. 处理方法

1) 平衡原则

平衡条件是确定飞行器整体、部件及零件的外力时所必须遵守的原则。只在进行元件的受力分析或做部件局部范围内强度验算时,才需要用变形一致条件和平衡条件共同确定这部分外力。

2) 引入过载系数的概念

过载系数的引入对外载荷计算和结构分析十分方便。知道了飞行器结构在某一工作状态下的过载系数、质量特性参数,根据过载系数的表达式,就可以知道该状态下结构内各装载固定点承受的装载物的质量力(重力与惯性力的合力)。

3) 质量分布的处理

在进行载荷计算和结构动力分析时,需要确定各载荷情况下飞行器质量的分布。质量分布应与各载荷情况下导弹(火箭)质量与质心位置相对应,除考虑弹(箭)上各系统的质量不变部分外,还应考虑质量的可变部分,特别要考虑级间分离造成的质量分布突变和燃料消耗引起的质量分布改变。对于战斗部、发动机等的质量,在进行质量分布时,还要考虑这些质量与弹体结构的连接方式及相应质量力传递的特点。沿弹(箭)体纵向和横向的许多载荷是由不同的结构元件来承受的,这些质量力的分布方向也是不同的。例如,具有承力式储箱的导弹火箭,燃料的质量沿轴向的传递是以在横截面上四周均匀分布的载荷形式传给弹体的,而横向则是沿储箱分布的表面载荷作用于箱壁上。对于具有悬挂式储箱的导弹,燃料的质量和箱体自身的质量是通过储箱与弹体的连接接头,以集中力形式传递给弹体的。常用的质量分布方法,是将弹(箭)体沿长度分成若干区间,在各区间内弹(箭)壳体质量取平均分布,而将内部装载物质量取集中质量的形式等效地分布在它与弹身的连接处,前提条件是保证各区间和全弹(箭)质心位置不变。

4) 外载荷的分布

载荷计算除要确定作用力的大小外,还要把外载荷分解到弹(箭)体各部分上,确定出它们在弹(箭)体上的分布形式和作用点。载荷计算的关键问题之一是将气动载荷在弹(箭)身和各种空气动力面上进行合理分布,并使分布后的气动力保证该设计情况的压力中心不变。其具体计算内容主要是头部、收缩尾段、翼身组合体以及各种气动面的载荷分布。对于薄壁舱段和翼面,还要进行压力分布的计算。目前,采用计算流体动力学分析软件(如 FASTRAN、FLUENT 等)计算飞行器的气动特性时,可以直接获得飞行器表面上各点的压力分布。发动机的推力可以作用在发动机的底部,但根据具体结构的不同,也可以作用在传递推力的支架顶点上。

3. 静载荷计算的原始依据

载荷计算的原始数据是:导弹(火箭)的总体设计数据(战术技术指标、质量、质心和转动惯量、部位安排等);气动力计算数据;弹道计算数据;动力系统数据;导弹(火箭)的热环境条件等。

4. 静载荷计算的任务与步骤

(1) 选择载荷设计情况。设计情况选择是否恰当,直接影响到设计工作量和结构的安全和可靠性。

(2) 确定导弹(火箭)上的全部作用力。按选定的设计情况,分别计算出弹(箭)各部件上作用力的大小、作用点、方向和分布规律。最后确定出在各设计情况下作用在导弹(火箭)上的全部作用力。

(3) 确定弹(箭)体内力。求出各设计情况下弹(箭)体各截面的内力,并给出轴力 N、剪力 Q、弯矩 M 和扭矩 M_t 的内力图,具体方法见 3.3.3 节。

(4) 对数据进行汇总、做图、分析,进行载荷比较,推荐最严重的设计情况。

3.3.3　导弹(火箭)体内力计算

为了对结构进行设计和强度分析,必须确定结构在外载荷作用下的内力及其分布,即求出弹(箭)体各横截面上的轴向力、剪力和弯矩等。

1. 翼面内力

对翼面来说,应首先确定沿展向的内力分布。由于翼面的结构形式不同,有时还需要计算弦向的内力和任意剖面处的内力值。有翼导弹多采用小展弦比翼面。对于这种翼面的内力及其分布详细计算可采用有限元法。但在实际使用中,可根据材料力学的工程梁理论,用平切面法进行近似估算,这在结构方案设计阶段比较简捷实用。这里介绍该方法。

这种方法是将翼面看成固支于弹身的悬臂梁,梁在分布的气动力 q_y 和质量力 q_w 作用下产生弯曲、剪切和扭转。由于 q_w 的作用方向始终与 q_y 的方向相反,即它们的代数和为

$$q = q_y - q_w \qquad (3-36)$$

在数值上 q_w 也比 q_y 小,为安全起见,计算中也可以略去分布质量力。q 的作用点一般不通过弹翼的刚性轴。运用材料力学中的切面法,根据内力与外力的平衡条件,即可求出剖面 I-I 的内力,其表达式如下。

剪力:

$$Q(Z) = \int_0^z q\,\mathrm{d}Z \qquad (3-37)$$

弯矩:

$$M(Z) = \int_0^Z Q(Z)\,\mathrm{d}Z \qquad (3-38)$$

扭矩:

$$M_t(Z) = \int_0^Z (q_y e - q_w d)\,\mathrm{d}Z \qquad (3-39)$$

其中,q 为已知数;Z 由翼展决定;e 为剖面压力中心到刚心的距离;d 为剖面上的质心到刚心的距离。

在实际计算中,一般不直接积分,而用"求和法"代替,即先将弹翼沿展向分成几段,用矩形法或梯形法求出每段的载荷,然后把这些载荷作用到各段上求内力。具体算法是:把弹翼沿展向分为 n 段,段长为 ΔZ。每段的剪力增量为[1]

$$\Delta Q = \frac{q_i + q_{i+1}}{2}\Delta Z \qquad (3-40)$$

其中,q_i和q_{i+1}为每段边界翼剖面上的载荷。再把ΔQ的质心、刚心与压力中心依次求和,即得任一剖面j的剪力:

$$Q_j = \sum_{i=1}^{j} (\Delta Q)_i \qquad (3-41)$$

同理可求出每段的弯矩增量及任一剖面j的弯矩:

$$\Delta M = \frac{Q_j + Q_{j+1}}{2} \Delta Z, \; M_j = \sum_{i=1}^{j} (\Delta M)_i \qquad (3-42)$$

扭矩 M_{ij} 为

$$M_{ij} = \sum_{i=1}^{j} (\Delta Q e_1)_i \qquad (3-43)$$

式中,e_1 为 ΔQ 的作用点至该点所在剖面刚心的距离。

2. 弹(箭)身内力

进行弹(箭)身的内力计算时,同样可按工程梁理论,把弹(箭)身看作是支持在翼面上的根梁。作用在弹身上的载荷一般有:

(1) 沿弹(箭)身表面分布的气动力;

(2) 沿弹(箭)身分布的质量力;

(3) 弹(箭)身内部装载物的质量力(常通过连接接头以集中力形式作用在弹身上);

(4) 其他部件(如各种升力面、发动机等)传来的集中力;

(5) 局部作用的力,如增压舱、燃料储箱内的增压压力等。

与翼面相比,弹(箭)身所受的集中力多,轴向载荷大。这种特点必然使弹(箭)身的内力计算与翼面不同,如必须计算弹(箭)身的轴向力,内力图上集中力、集中弯矩多。

与计算翼面内力的方法相同,将弹(箭)身从头到尾沿弹体坐标系 x 方向分成若干站,坐标原点位于弹(箭)身理论或实际尖点。各站的坐标分别为 x_1, x_2, x_3, $\cdots$, x_n,站的数量依计算精度而定(通常取 10~30)。为了合理分布质量和载荷,一段应按舱段分离面、集中质量点、外载荷的作用点、主要的舱内设备的固定点分设站点并编号。

计算内力时首先要绘制全弹(箭)沿弹体坐标系的 x 方向的质量分布图,根据导弹(火箭)各舱段、部件和弹内设备的质量、质心位置,将集中质量直接加在有编号的各站点上,而将分布质量按均匀分布或按一定规律分布加到相应的两个站点之间。对于弹翼或舵面,可作为集中质量,施加到弹翼接头和舵轴处相应的站点上,从而构成全弹(箭)的质量分布图,此图应保证各舱段和全弹的质量及质心位置不变,因为惯性力等于重力与过载的乘积,根据质量分布图和过载分布图即可绘出弹体上质量力分布图。至于表面力,应该将集中力作用在相应的站点上,将分布力(如分布气动力)按一定的规律作用在相应的两个站点中间的区段内。

1) 弹(箭)身轴向内力的计算

弹(箭)身某剖面 j 上的轴向内力 N 为

$$N_j = \sum_{i=1}^{j} \left[q_x Ax + n_x (q_2 \Delta x + G_2) + X_2 \right]_i \qquad (3-44)$$

式中, q_x 为弹(箭)身在 Δx 段上分布阻力的平均值; q_2 为弹(箭)身在 Δx 段上分布重力的平均值; G_2 为弹(箭)身上的集中质量(如弹内设备,发动机等)的重力; X_2 为弹(箭)身上的集中轴向力(如推力,各升力面传给弹身的轴向力); Δx 为各站的长度。式中各力的方向以逆 x 轴的方向为正。

图 3-8 表示具有受力式储箱的二级导弹在某载荷计算情况下的轴向内力示意图。图中各段上连续变化的力是由分布质量力和气动阻力引起的。剖面①的突变是由舱体的端框及其上面固定设备的质量所引起的。剖面②的突变是由前翼通过连接接头传给弹身的集中轴向力引起的。剖面③的突变是由于前储箱在增压压力作用下使储箱受拉引起的。剖面④的突变是由后储箱的增压压力引起的。剖面⑤到剖面⑥之间的变化是由弹翼通过连接接头传给弹身的轴向力决定的。剖面⑦的突变是由二级推力引起的。剖面⑧的突变是由一级推力引起的。在剖面⑧以后,弹身受拉。剖面⑨和⑩是由稳定尾翼接头传给的轴向力引起的。最后一个剖面⑪轴向力为零。必须说明,这个轴向力图是对应于一级将脱落,二级开始点火的载荷计算情况,所以两级推力都存在。

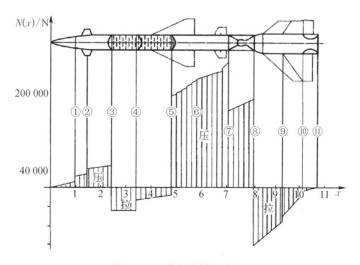

图 3-8　弹身的轴向内力

2) 弹(箭)身横向内力计算

可以把弹身看作是支持在弹翼上的梁,计算方法与翼面类似。集中载荷是弹(箭)身的主要载荷。计算时应充分考虑弹身各处的集中力(如由翼面接头传来的集中剪力、弯矩和扭矩)所引起的内力变化。

$$Q_j = \sum_{i=1}^{j} \left[q_y \Delta x + Y_2 - n_y (q_2 \Delta x + G_2) \right]_i$$

$$M_j = \sum_{i=1}^{j} (Q_{av} \Delta x + M_2)_i$$

$$M_t = \sum_{i=1}^{j} (Q_{av} l_2 + \Delta M_t)_i \tag{3-45}$$

$$Q_{av} = \frac{Q_i + Q_{i+1}}{2}$$

式中, q_y 为弹(箭)身的分布升力,取 Δx 上的平均值; Y_2 为横向集中力(由各升力面及弹内设备传给弹(箭)身的); l_2 为 Q_{av} 的作用点至弹身纵轴的距离; ΔM_t 为集中力引起的扭矩; G_2 为集中质量的重力; M_2 为集中力矩,如舵面的铰链力矩。

3.4 静力实验载荷模拟

3.4.1 实验载荷处理方法

1. 实验载荷处理原则

飞机在飞行中承受外载通常是由分布载荷和一些集中载荷构成的。静强度实验载荷是依据实验任务书要求,把气动载荷和惯性载荷施加到飞机结构上,以检验飞机结构的静强度。除了起落架着陆撞击载荷、发动机推力等集中载荷外,飞机结构所承受的气动载荷和惯性载荷一般为分布载荷,实验中需要把这些分布载荷离散化处理为节点载荷施加,所以复杂载荷处理技术是关键技术之一。

飞机结构静力实验载荷可按等效原则进行合并、分解,载荷处理原则如下:

(1) 不改变考核部位的载荷;

(2) 处理前后的载荷压心和大小不变;

(3) 不影响局部结构强度考核,也不能使非考核部位产生破坏;

(4) 处理后载荷对周边结构影响尽可能小。

飞机上各部件的载荷处理也是不一样的,下面分别做简单描述:

(1) 对于机翼盒段,通常需保证机翼根部的弯矩、剪力、扭矩,以及承受载荷误差尽量小;

（2）对于如副翼、襟翼、缝翼、升降舵、方向舵等不管是整流装置还是增升装置，在全机疲劳实验里一般都是不考核的，最多考核滑轨等连接部位，对于这些活动翼面，通常处理只保证对转轴的力矩，载荷误差尽量小，处理前后对主翼面各控制剖面的弯矩、剪力和扭矩之差要在主翼面施加；

（3）对于固定翼面如机翼盒段、平尾、垂尾等，如上述例子等效为悬臂梁，从翼尖向翼根累计，控制各关键剖面的弯矩、剪力和扭矩在误差容许范围内；

（4）对于机身，载荷从机头和机尾向中间某框累计，控制各关键剖面的弯矩、剪力和扭矩在误差容许范围内；

（5）对于起落架，要保证处理前后起落架根部受力等效，可以留有小的余量在全机平衡时处理。

2. 实验载荷等效处理方法

（1）尽可能保证考核区域的受力真实，对实验中非考核结构部位的实验载荷可进行适当的处理。

（2）可以通过修改作用于结构区域上的载荷分布来完成非考核结构部位加载情况的处理，处理前后的载荷压心和大小不变[7]。

（3）载荷处理不影响局部结构强度考核，也不应导致非考核部位出现非正常的永久性变形或破坏，处理后的载荷对周边结构影响尽可能小[7]。

（4）翼面气动载荷为分布载荷时，将分布载荷按载荷方向离散化到各个翼肋上，然后按翼肋载荷分布规律将离散化的气动载荷等效为节点载荷[7]。

（5）载荷节点位置尽量选取在机翼翼梁、长桁条与翼肋的交接点上或者这两种位置的两侧，或者选取翼梁、纵墙、桁条、翼肋与蒙皮的连接区域。

（6）载荷节点尽量避开活动翼面的旋转轴、翼面检查口盖等结构。

（7）在载荷处理时，对以下的节点需要进行静力等效合并、分解和移位处理，如：非承力结构节点的载荷，如单纯蒙皮等。

（8）遵循合力、合力矩等效原则，对节点载荷进行静力等效合并、分解和移位，确保处理后的总载荷、压心与处理前的相同，力求处理后载荷对周边结构影响最小。

（9）对于载荷不平衡或未给出配平载荷的实验工况，为了保证实验件安全，应根据实验件考核部位、实验支持及结构承载能力等确定配平载荷。通常配平部位载荷可以参照该部位某些实验工况的载荷分布，使配平部位结构受力限制在载荷包线内，确保配平部位结构不出现非正常永久变形或破坏[8]。

3.4.2 实验加载方法

不同的飞机结构静力实验应根据受力形式和考核部位选用不同加载方法，其设计原则如下。

图 3 - 9 胶布带-杠杆加载系统

1. 胶布带-杠杆系统加载

机身、机翼、襟翼等结构部件的表面拉向载荷,可采用胶布带-杠杆系统施加载荷,如图 3 - 9 所示。

2. 拉压垫-杠杆系统加载

有些结构部件(如襟翼)表面的压向载荷,不能或很难等效为拉向载荷时,可采用拉压垫-杠杆系统与加载作动筒组成硬式连接系统,直接施加压向载荷,如图 3 - 10 所示。

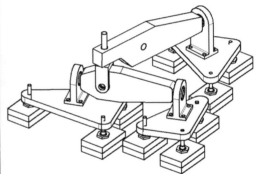

图 3 - 10 拉压垫-杠杆系统加载

3. 卡板加载

长直机翼等可采用卡板施加翼面的拉压双向载荷,以减小加载设备的质量,方便实验件检查,提高实验进度。卡板加载可在合适位置打孔,通过螺杆将卡板连接固定。卡板加载时必须保证木块与结构表面的外形相吻合,且在木块与结构表面之间粘贴橡胶皮,以免损伤实验件,如图 3 - 11 所示。

4. 充压加载方法

对于机翼油箱舱充压实验,实验前左、右翼油箱按任务书要求装与满油时同样体积的水,然后对右翼油箱进行充气加压。对于机舱内部压力,为保证安全,机舱内填充了不低于总气密舱 70% 容积的聚氯乙烯泡沫塑料。实验采用充气台充气加压的办法来加载。由于机舱内容积较大,为保证受载均匀,在机舱前、中、后各布置一个测压点,根据三个测压点的平均值来控制充气进程。同时为保证实验安全,实验件上除开有充气孔和测压孔外,还有加装触点压力表和现场读数表的孔,并对孔采取了防堵措施。充压实验安装见图 3 - 12。

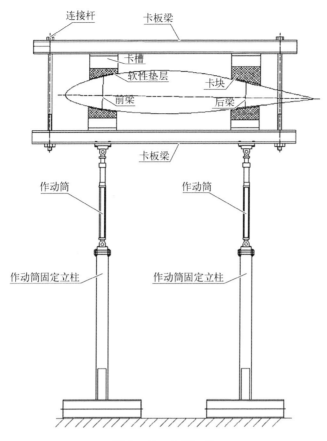

连接杆　　卡板梁

卡槽

软性垫层　　卡块

前梁　　后梁

卡板梁

作动筒　　作动筒

作动筒固定立柱　　作动筒固定立柱

图 3-11　卡板加载

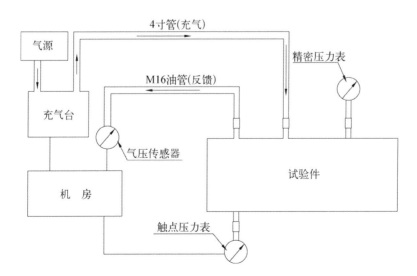

4寸管(充气)

气源

精密压力表

M16油管(反馈)

充气台

气压传感器

机　房

试验件

触点压力表

图 3-12　充压加载安装示意图

3.4.3　实验控制方法

控制系统须具备以下功能。

（1）系统可进行一个大型实验，也可独立进行多个小型实验，具有闭环载荷控制、位移控制、充压加载控制和过程监测等功能。

（2）系统具有方便的人机对话和实验过程信息贮存、信息自动连续显示、实验文件下载功能。系统便于操作，能够用数字和图形显示加载和反馈的时间历程、误差状态等。

（3）具有实验控制通道的资源浏览、参数（比例、积分、微分和前馈）调整、调零校准、实验配置、动和静踏步参数设置、疲劳实验谱构建、极限设定等功能。

（4）系统具有载荷信息设定、信息反馈的记忆功能。再次启动实验时，系统能够自动地按照载荷谱中断时的顺序继续加载过程。

（5）系统出现故障可报警，有调节器限、误差限的保护以及实验控制室应急、实验现场应急、油泵站应急等保护功能。

（6）协调加载系统的精度优于1%。

控制系统原理基本相同，单个通道采用负反馈小闭环控制（closed-loop control）以及比例、积分、微分和前馈（proportion integration differentiation feedforward, PIDF）控制算法，如图3-13所示。在多通道加载的情况下，为使所有实验通道能够协调一致地在某一误差范围内达到同步加载的目的，在单个通道采用负反馈小闭环控制的基础上，再通过动踏步和静踏步实现协调。对于一个具体的加载波段，加载过程动踏步误差设为2.5%，每50 ms系统对所有加载点采集一次，若某几个点的误差超过2.5%，此后本波段各点加载时间延长10%，使各点在加载过程中误差控制在2.5%之内。在载荷端值处，设静踏步误差为1%，每20 ms系统对所有加载点采集一次，若某几个点的误差超过1%，所有各点都踏步等待，只有各点都进入1%误差带内，才开始新一个波段的加载过程。

3.4.4　实验测量方法

实验测量系统是飞机结构强度实验重要设备之一，用于强度实验中的应变、位移、载荷等信息的测量与监控，其测量结果是进行结构强度分析和判定的重要依据，测量精度影响着实验的质量。应变计是测量结构应变的传感器，数据采集系统应具有实时数据远程传输与显示和实验数据实时处理分析能力，系统可根据实验情况任意组合和分离。根据结构的应力状态选择并布置应变计，如对梁缘条、框缘条和长桁布置单向应变计；对梁腹板、壁板和蒙皮布置花片应变计。应变计粘贴完成后，须进行防油（防水）及防潮处理。飞机蒙皮上的应变计位置与加载胶布带的粘贴位置须协调好，不要互相干扰。应变计粘贴应严格按工艺要求进行。

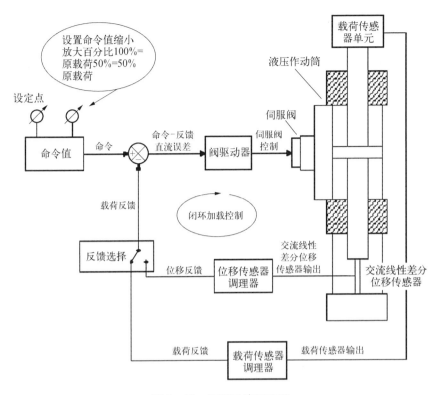

图 3 - 13　控制系统原理图

　　使用拉线式和拉杆式传感器进行位移测量依然是全尺寸飞机结构实验最常用的位移测量方法,但其对于微米级和大变形下的位移测量精度已经不能满足实验的要求。而以激光位移测量技术和照相位移测量技术(图 3 - 14)为代表的非接触式位移测量方法在这两方面体现出了极大的优势,并可有效提高实验效率。目前,非接触式位移测量方法已经得到了广泛关注和研究。

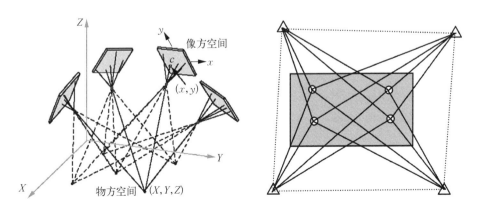

图 3 - 14　照相位移测量技术基本原理

我国在电阻式应变计、位移传感器和数据采集设备方面经历了从引进仿制到自主研发的过程。目前,电阻式应变计、位移传感器和数据采集设备均实现了国产化,设备性能指标达到国际先进水平,并已成功应用于全尺寸飞机结构实验。同时,我国科研人员紧随国际前沿,开展了非接触式应变、位移测量方法的研究工作,部分研究成果已经或准备应用于全机结构实验。

参考文献

[1] 秦雷.小型飞航导弹结构强度分析及其试验方案[D].哈尔滨:哈尔滨工程大学,2012.

[2] 李丹松.增雨防雹火箭箭体结构分析[D].西安:西北工业大学,2005.

[3] 党亚斌,钱光平,孙一峰.民用飞机校验机动操纵剖面图研究[J].空气动力学学报,2014,32(2):209-213.

[4] 杨士斌,王立宝.民用航空器的突风与紊流载荷适航条款解析[J].民用飞机设计与研究,2016(2):48-53.

[5] 彭小忠.大型飞机飞行载荷计算方法[J].民用飞机设计与研究,2004(3):12-20.

[6] 张建刚,何康乐,金鑫.飞机方案设计阶段机动载荷快速计算方法研究[J].力学与实践,2020,42(6):726-730.

[7] 冀美珊,代月松,刘珺.飞机静力/疲劳试验技术分析[J].科技创新与应用,2019(6):149-150.

[8] 刘冰,王征,李涛.全尺寸飞机活动翼面静强度试验载荷处理方法研究[C]//2015年第二届中国航空科学技术大会论文集,2015:80-84.

第 4 章
飞行器动载荷

飞行器动载荷是指飞机在实际使用过程中遭遇的周期性、冲击性和随机性在内的各种动载荷,在飞行中涉及阵风、着陆撞击、武器发射、急剧机动飞行、空中加油/受油、外挂物的突然投放、振动、航空噪声、舰载机拦阻着舰和弹射起飞等多种动载荷源。在动载荷作用下,飞机机体可能出现结构损坏或机载设备失效等故障,严重时可能导致机毁人亡。近年来,飞机结构的动强度设计逐渐得到飞机设计人员的重视,飞机设计思想也从传统的"静强度校核,动强度验证",逐步向"静/动强度综合设计"过渡,研究飞机动载荷对动强度设计至关重要,本章从振动与冲击等动载荷的原理与分类入手,详细介绍了其识别及加载方法。

4.1　振动载荷

通常将静载荷定义为仅随飞机飞行状态(如空速、迎角、高度等)变化的载荷,与之相对的就是动载荷,将物体或质点相对于平衡位置做振荡运动的现象称为振动,使结构、设备、系统完全或部分丧失原有功能的振动称为过度振动,不论是高频还是低频振动均会对飞机结构产生影响,甚至对驾驶员及乘员的身心健康产生危害。

通常当结构振动时,惯性力的作用是不能被忽略的,而静载荷随时间变化十分缓慢,其惯性力作用可以被忽略。所以,动载荷与静载荷是以载荷变化的速率与结构的模态频率作为参考尺度来区分的。对于小型飞机,刚体运动引起的静载荷通常指振动频率小于 5 Hz 的载荷,而动载荷的频率范围在 5~100 Hz,对于振动频率在 100 Hz 以上的动载荷,难以对飞机整体结构产生较大影响;对于大型飞机,通常将振动频率低于 0.5 Hz 的载荷看作由刚体运动引起的,动载荷的频率通常分布在 0.5~50 Hz。

振源即为产生飞机振动载荷的外因,主要类型有以下三种:气动力源、机械源和声源。

气动力源由附面层压力脉动、气动扰流、振荡激波、各种舱门及减速板打开时产生的扰动、武器发射时的压力冲击波等诱发产生,同时,飞机凸出结构和不规则处表面(如发动机进气道前缘、机翼前缘外伸部分、雷达天线罩、涡流发生器)也是重要的气动力源[1];机械源则较为复杂,旋转部件的不平衡、武器发射、辅助动力源、燃料晃动、外挂投放都会引发结构的振动;声源主要为喷气涡流噪声、螺旋桨噪声、压气机或风扇噪声、燃烧噪声、喷口不稳定噪声、进气道不稳定噪声、推力矢量装置产生的噪声、推力反向装置产生的噪声、空腔噪声、辅助动力装置的噪声等。

若要对飞机结构进行准确的动力学评估,必须开展精确的振动载荷环境预计,包括飞机在地面以及飞行过程中可能承受的各类振动载荷环境,具体内容如下。

(1)各种振动和其他振荡载荷环境的特性,包括:振动谱型(周期的、窄带随机、宽带随机或瞬态的)、加速度谱密度、冲击谱、频谱离散分量的频率,以及飞机在地面和飞行中在机体不同位置通常遇到这些载荷的适用范围。

(2)发动机推力、空速、动压和其他重要操作变量的变化对振动和其他振荡载荷特性的影响。

(3)为控制机体结构和乘员振动而采取的减振措施对振动环境带来的影响。

(4)根据任务剖面和飞机使用寿命期内估计的飞行次数,导出各种振动和其他振荡载荷环境的持续时间。导出的持续时间应包括飞机在地面和飞行中的所有重要的使用阶段[2]。

工程中振动实验的输入可以分为两类,一类是结构的动载荷,即直接输入结构的外载荷,载荷可以通过仿真分析直接获取或者利用结构模型和动响应数据通过动载荷识别的方法获得,动载荷识别属于结构动力学第二类逆问题;另一类是获得结构所处的振动环境,工程中常用的振动环境预计方法如下。

(1)动载荷识别法:该方法的识别基础为第二类逆问题,即当系统结构和振动响应已知,需获取激励载荷。

(2)直接测量归纳法:以飞机实际振动测量为基础,经归纳处理后给出飞机结构件在各种典型使用状态下的振动量值。

(3)计算法:如果外载和飞机结构(或结构图纸)已知,则可以基于结构有限元模型和给定边界条件,采用动响应分析方法得到飞机在外载作用下的振动环境。

(4)工程经验预计方法:如果以上方法均不能使用,则可以借助有关规范和标准中给出的经验公式进行估算,如 GJB 67.8A—2008 和 GJB 150A—2009 就给出了有关发动机噪声和外部气动扰流以及炮击等引起的振动估算公式或估算量值曲线。

理论上讲,振动环境预计最根本的方法是通过直接测量法获取振动环境数据。虽然在一些情况下也可以通过计算法求得振动环境量值,但是这些量值计算的准确性仍然需通过实验进行验证。最后一种方法,即工程振动预计方法,较为简单易行,但结果比较粗糙,一般用于设计研制阶段结构的振动初步预估,但如果用于进行设计的定型验证,建议采用直接测量法。为了供读者参考,4.1.1 节中对动载荷识别时域法和频域法进行介绍,上述三种振动环境预计方法详细介绍在 4.1.2 节 ~ 4.1.4 节中给出。

4.1.1　动载荷识别法

动载荷是一种不能用飞机运动状态参数来精确获得的载荷,振动过程中惯性力与阻尼力对动载荷影响很大,所以必须通过载荷反演手段来进行载荷识别。动载荷识别是一种多学科交叉的研究,所涵盖的方向包括线性理论、非线性理论、适定理论、结构振动分析、信号分析与处理、空气动力学、飞行力学、结构力学、实验技术等基础理论和工程专业。

在介绍动载荷识别前,首先给出正问题与反问题的概念。正问题通常是指当一个系统的激励和结构形式已知时,如何求解系统的响应;而逆问题可以分为两类,第一类逆问题是指当系统响应与激励已知时,如何获取系统结构;第二类逆问题是指当系统响应和结构已知时,如何求解激励。学者们研究的最早的是正问题,理论体系也较为完善,但是针对逆问题的研究还亟待发展。20 世纪末,各类的动载荷识别方法逐渐被提出,主要应用在系统的模态识别方面,常见的载荷识别方法可分为时域法与频域法,随着电子信息技术和现代控制技术的发展,出现了很多新颖的动载荷识别方法,例如基于模态滤波器载荷识别法、基于分形过程分析的载荷识别法和基于神经网络的动载荷识别法等。下面对动载荷识别的频域法和时域法两种经典方法进行介绍。

1. 动载荷识别频域法

频域法作为一种出现较早、较成熟的动载荷识别法,通过在频域内建立系统的频率响应函数模型,进而测量系统响应,采用逆运算的处理方法完成系统输入的识别,其要点是频率响应函数矩阵的获取。可以通过标定试验获取准确的频率响应矩阵,其精度对动载荷识别结果有着直接影响。

频域法分为频响函数矩阵求逆法和模态坐标变换法两种方法,其实现过程又分为动态标定、响应测量和载荷识别三部分,其优点是直接、简单,识别精度较高。主要问题如下:

(1)频响函数矩阵在共振区为病态,存在稳定性问题;

(2)对测量数据量要求大,不适宜冲击型瞬态载荷识别;

(3)无法进行实时识别,高阶模态截断会引起误差积累。

下面具体介绍两种不同的频域方法。

1)频响函数矩阵求逆法

对于确定性响应,线性结构载荷矢量 $\boldsymbol{F}(\omega)_{N \times 1}$ 与响应矢量 $\boldsymbol{X}(\omega)_{N \times 1}$ 满足:

$$\boldsymbol{X}(\omega) = \boldsymbol{H}(\omega)\boldsymbol{F}(\omega) \qquad (4-1)$$

式中，$H(\omega)_{N_0 \times N_i}$ 为系统频响函数矩阵；ω 为频率。

载荷矢量 $F(\omega)$ 可由下式求出，即

$$F(\omega) = H(\omega)^{+} X(\omega) = \begin{cases} (H^H H)^{-1} H^H X, & H \text{ 列满秩} \\ U \Sigma^{-1} V^H X, & H \text{ 列亏损} \end{cases} \quad (4-2)$$

式中，Moore-Penrose 伪逆用上角标"-1"表示；U、V 均为酉矩阵；变换矩阵的所有奇异值用 $\Sigma = \mathrm{diag}(\sigma_1, \sigma_2, \cdots, \sigma_n)$，$\sigma_1 \geqslant \sigma_2 \geqslant \cdots \geqslant \sigma_n$ 来表示，该矩阵为对角阵。

随机响应激励和响应的谱密度函数关系如下：

$$S_{XX}(\omega) = H(\omega) S_{FF}(\omega) H^H(\omega) \quad (4-3)$$

$S_{XX}(\omega)$ 和 $S_{FF}(\omega)$ 分别为实测各响应间的互功率谱密度矩阵和待识别载荷间的互功率谱密度矩阵。

当 $N_i \leqslant N_0$ 时，可由响应的自功率谱密度求解各激励力的自功率谱密度：

$$S_{XX_{ij}(\omega)} = \sum_{p=1}^{N} H_{ip}(\omega) S_{FF_{pp}}(\omega) H_{jp}^H(\omega), \quad i, j = 1, 2, \cdots, N \quad (4-4)$$

当 $N_i \geqslant N_0$ 时，由于独立方程数只有 $\dfrac{1}{2} N_0(N_0 + 1)$ 个，故要求测点数满足 $N_0(N_0 + 1) \geqslant N_i$。

2）模态坐标变换法

当结构模态参数已知时，可以在模态坐标下求解，从而避免频响函数矩阵求逆时可能出现的病态问题，并减少矩阵运算量[3]。

对具有 N 自由度和比例阻尼的线性系统，设已知模态矩阵为 $\boldsymbol{\Phi}_{N \times N}$，系统响应谱矢量为 $X(\omega)_{N \times 1}$，引入频域模态坐标矢量 $q(\omega)_{N \times 1}$，则它们之间的关系为 $X(\omega) = \boldsymbol{\Phi} q(\omega)$。取最大截断模态数为 N_m，从而可以确定模态坐标下的动载荷矢量为

$$F(\omega) = \begin{cases} \boldsymbol{\Phi}^{-T} F_q(\omega), & N_0 \geqslant N \\ [\widetilde{\boldsymbol{\Phi}}^{-T} \widetilde{\boldsymbol{\Phi}}]^{-1} \widetilde{\boldsymbol{\Phi}}^T F_q(\omega), & N_0 < N, N_m < N \end{cases} \quad (4-5)$$

式中，模态载荷矢量可由下式求出，$\widetilde{\boldsymbol{\Phi}}$ 则为从模态矩阵 $\boldsymbol{\Phi}$ 中挑选响应行所构成。

$$(-\omega^2 M_r + j\omega C_r + K_r) q(\omega) = F_q(\omega) \quad (4-6)$$

2. 动载荷识别时域法

动载荷识别时域法是利用结构模态参数建立结构系统在时域内的模型，把系统的动态响应作为输入来识别动载荷的过程。与频域法相比，时域法发展较晚，尚

不完善,但时域法直观,尤其是适用于非平稳动载荷识别,近几年发展迅速。

模态分解和 Duhamel 积分技术是时域法的基础,通过使用模态坐标变换的方法完成微分方程的解耦,进而对方程的解形式做时域离散,并在微小的时间间隔内将动态载荷假设为一个阶跃函数,利用 Duhamel 积分逆问题的近似解,建立相应的非耦合逆模型,获得动态载荷。下面以比例阻尼系统为例简述时域法[4]。

具有比例阻尼系统的 n 自由度运动方程为

$$M \ddot{x}(t) + C \dot{x}(t) + K x(t) = f(t) \tag{4-7}$$

式中, M、C、K 为系统的质量矩阵、阻尼矩阵和刚度矩阵; $x(t)$ 为位移矢量; $f(t)$ 为动载荷矢量。

假设已知系统的模态参数为固有频率 ω_i,阻尼比 ζ_i,模态矩阵 $\boldsymbol{\Phi}(i = 1, 2, \cdots, n)$。应用模态变换,可使上式变为无耦合的方程,即

$$M_r \ddot{q}(t) + C_r \dot{q}(t) + K_r q(t) = P(t) \tag{4-8}$$

式中, $q(t)$ 为模态坐标时间函数; $x(t) = \boldsymbol{\Phi} x(t)$; M_r 为模态质量, $M_r = \boldsymbol{\Phi}^{\mathrm{T}} \cdot M \cdot \boldsymbol{\Phi}$; C_r 为模态阻尼, $C_r = \boldsymbol{\Phi}^{\mathrm{T}} \cdot C \cdot \boldsymbol{\Phi}$; K_r 为模态刚度, $K_r = \boldsymbol{\Phi}^{\mathrm{T}} \cdot K \cdot \boldsymbol{\Phi}$; $P(t)$ 为模态广义力, $P(t) = \boldsymbol{\Phi}^{\mathrm{T}} f(t)$。

上式中的第 r 个方程为

$$M_r \ddot{q}_r(t) + C_r \dot{q}_r(t) + K_r q_r(t) = P_r(t) \tag{4-9}$$

在时域中,解单自由度式(4-9),便可求得 $P_r(t)$,然后可反算 $f(t)$。

解式(4-9)需要知道 $t = 0$ 时刻系统的初值,另外,假设在小区间内,广义力是一个阶跃函数。

尽管时域动载荷识别技术近年来发展迅速,但是其识别精度、稳定性以及鲁棒性均不高,主要原因是该方法严重依赖于结构边界条件和初值的精度,同时高阶模态截取会导致误差累积,影响载荷识别的精度。

4.1.2　直接测量归纳法

在振动载荷环境预计与测量的时候,应包含加速度谱密度、振动类型(周期载荷、窄带随机载荷、宽带随机或瞬态载荷)、三分之一倍频程带谱密度、冲击谱等信息,并且对飞机在实际使用过程中的承载部位进行充分分析;同时还要关注其他系统和结构对振动特性的影响,包含了发动机推力、空速、动压、武器系统和其他重要操纵变量的变化等;计及各种振动载荷环境的持续时间,这需要以飞机的飞行次数和任务剖面的获取为基础,特别需要注意的是,其在地面、舰上和飞行中所有重要的使用阶段都应被计入持续时间内。

测量振动环境时,应该在不同部位的每个区域都设置一些测量点,测量点的设

置需要依据具体飞机的实际情况来确定,应考虑振源及其影响区、机体结构与机载设备的特点等因素影响,同时要特别关注易产生大幅振动或对机体结构安全至关重要的部位,例如在机载电子设备密集的位置需要专门布置测量点。

实验状态应能体现真实的飞行过程,在飞机地面启动、起飞、爬升所包含的三个高度下,选取至少五个速度的平飞和机动、下滑、着陆等工况。应该依据设计限制速度包线来选取飞行的高度和速度,其中应包含开始出现跨声速效应的最低高度、达到最大设计马赫数的最低高度和能达到最大设计动压的最低高度等工况,需要注意的是,选取的最低高度在飞行安全的限制高度范围内。

在进行振动载荷谱编制时,结构所承受的振动载荷、作用时间以及其频带范围应在编制的振动载荷谱中充分反映,如情况允许,应当针对飞行任务剖面开展飞行实测,依次编制"飞行状态-时间"谱、"飞行状态-振动载荷"谱、"振动载荷-时间"谱,再综合得到振动载荷频谱图,即振动载荷谱。但是在飞机的设计阶段,不可能具备飞行测量的条件,此时可以参考同类飞机的振动环境测量结果,或者依照强度规范要求使用工程预计方法编制振动载荷谱,以此为基础开展零部件的结构优化设计及振动环境下疲劳寿命初步分析或实验,在飞机从设计阶段转入定型试飞阶段再开展振动环境飞行实测,从而获取该型飞机的振动载荷谱,将该实测数据用以评定飞机结构的疲劳寿命,以此为依据开展分析与实验,最终完成对比评定工作。

4.1.3　计算法

若飞机结构与外载荷(指结构上受的各种载荷)均是已知的,那么就可以通过有限元的方法对实际结构模型作简化处理,进一步地使用计算法求得振动环境,也就是振动响应。求解相应的结构动力方程是计算法的实质。目前主要使用成熟的有限元软件开展这部分工作,一般使用模态叠加法求解出结构在时域或者频域的位移、速度或加速度响应。

动响应分析是飞机结构动载荷分析的基础,常使用模态叠加法来求解飞机的振动响应问题,计算得到的模态应该包含:对结构影响较大的飞机低阶模态、与飞机运动方式密切相关的若干阶刚体模态。模态叠加法拥有诸多优点,其计算量较小,并且可以通过引入实测的模态阻尼数据来提高分析精度,在随机振动功率谱响应分析中,可以方便获得结构单元内力响应,同时有助于理解振动机理,为飞机振动响应控制提供参考。

基于模态坐标的飞机机体的一般动力学方程如下:

$$M_q\ddot{q} + C_q\dot{q} + \left(K_q + \frac{1}{2}\rho V^2 A_q\right)q = \phi^{\mathrm{T}}P(t) \qquad (4-10)$$

式中,M_q、C_q 和 K_q 为广义的质量、阻尼和刚度矩阵(对角线矩阵);A_q 为广义非定常气动力矩阵；$\frac{1}{2}\rho V^2$ 为飞行速压；$\boldsymbol{\phi}$ 为模态矢量集；q 为模态广义坐标,如果没有合适的模态阻尼数据,可用 $ig\boldsymbol{K}_q q$ 代替 $\boldsymbol{C}_q \dot{q}$,g 为给定的结构阻尼系数(一般取值为 0.03 左右);$\boldsymbol{P}(t)$ 为输入激励力,可以是气动力(如突风、抖振激励力)或非气动力(如投放作业和机载武器发射,以及飞机着陆和滑行时作用在起落架/机体交点的起落架作用力等)。

除此之外,飞机在地面受载的情况下,为了获取较为完整的整机响应,应将起落架动力学方程与飞机机体动力学方程通过连接点力和响应协调关系建立联合方程。在该动力学方程的基础上,进一步计算就可以在模态坐标 q 下获取振动响应。

结构位移响应计算公式为

$$\boldsymbol{X} = \boldsymbol{\phi} q \qquad (4-11)$$

结构单元内力响应计算公式为

$$\boldsymbol{F}^e = \boldsymbol{K}^e \boldsymbol{\lambda}^e \boldsymbol{X}^e = \boldsymbol{K}^e \boldsymbol{\lambda}^e \boldsymbol{\phi}^e q \qquad (4-12)$$

式中,$\boldsymbol{F}^e$ 为单元局部坐标系下的单元内力矢量;$\boldsymbol{K}^e$ 为局部坐标系下的单元刚度矩阵;$\boldsymbol{\lambda}^e$ 为局部到总体坐标变换矩阵;$\boldsymbol{X}^e$、$\boldsymbol{\phi}^e$ 为 $\boldsymbol{X}$、$\boldsymbol{\phi}$ 中与单元 e 节点自由度相关的位移和模态分量子集。

因为结构的振动频率影响了非定常气动力影响系数矩阵,所以在频域或拉普拉斯域中对飞机的飞行振动响应分析是十分方便的。当飞机在地面滑行受载时,由于非定常气动力对机体的影响可以忽略,所以可以根据情况选择时域或频域法对动力学方程进行求解。

4.1.4　工程经验预计法

工程经验预计法是一种基于经验公式法的振动环境预计方法,通常直接利用相关标准规范给出振动环境参考谱型。当前,GJB 150.16A—2009《军用装备实验室环境试验方法 第 16 部分:振动试验》是我国军用飞机参考的重要标准。但是需要注意的是,标准中的谱形参照国外标准制定,其与国内飞机的适配性还有待深入研究。

本节将以 GJB 150.16A—2009 为例,介绍军用飞机振动环境的预计方法。

1. 喷气式飞机振动环境

我国战斗机当前的主要类型是喷气式飞机,其产生结构振动的主要原因有两个,其一是气动力诱发的结构振动,其二是发动机噪声引起的机体振动。上述两种振源是目前飞机的主要振动诱因,所以须将这两个振源产生的结构振动相互叠加,才能准确预计飞机结构及机载设备的振动环境。

振动环境载荷：$W_0 = W_A - \displaystyle\sum_1^N W_J$。

1）气动力诱发的结构振动

$$W_A = a \times b \times c \times q^2 \tag{4-13}$$

式中，a 为平台/装备的质量因子。$a = 1.0$，对于安装在隔振器（缓冲架）和质量低于 36 kg 的装备；$a = 1.0 \times 10^{(0.6-W/60)}$，对于质量为 36~72 kg 的装备（$W$ 表示重量，单位为 kg）；$a = 0.25$，对质量大于或等于 72 kg 的装备。b 为振动量值和动压之间的比例因子。$b = 2.96 \times 10^{-6}$，对于安装在驾驶舱仪表板上的装备；$b = 1.17 \times 10^{-5}$，对于驾驶舱装备和靠近光滑连续的外表面的、舱内的装备；$b = 6.11 \times 10^{-5}$，对于安装在靠近不连续外表面或紧接尾部的舱内的装备（空腔、机舱、马刀天线、减速板等）、后机身、机翼后缘、机翼、尾桨和发射架。c 为马赫数修正（Ma = 马赫数）。$c = 1.0$，对于 $0 \leqslant Ma \leqslant 0.9$；$c = (-4.8Ma + 5.32)$，对于 $0.9 \leqslant Ma \leqslant 1$；$c = 0.52$，对于 $Ma > 1.0$。q 为飞行动压，单位为 kN/m²。

2）喷气式发动机噪声引起的振动

喷气式发动机噪声引发的振动是机体结构的主要振动形式之一，若飞机有多个发动机，那么该振动响应是多个发动机噪声引发的振动的叠加。

图 4-1 为喷气式飞机的振动环境基本谱，具体计算方法如下：

$$W_J = \left\{ \left[0.48 \times a \times d \times \cos^2(\theta)/R \right] \times \left[D_c \times (V_c/V_r)^3 + D_f \times (V_f/V_r)^3 \right] \right\}$$

式中，a 为平台/装备相互作用因子。$a = 1.0$，对于安装减振器和质量小于 36 kg 的设备；$a = 1.0 \times 10^{(0.6-Q/60)}$，对于质量为 36~72.12 kg 的设备；$a = 0.25$，对于质量大

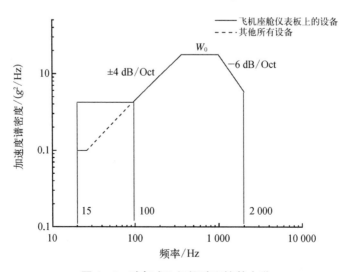

图 4-1　喷气式飞机振动环境基本谱

于或等于 72.12 kg 的设备。d 为加力燃烧室因子。$d = 1.0$，没有使用加力燃烧室；$d = 4.0$，使用加力燃烧室。R 为装备重心到发动机尾喷口中心之间的矢量距离(以 m 为单位)。θ 为 R 矢量与发动机尾喷口矢量的夹角(沿发动机尾喷口中心线向后)，以(°)为单位，对于 $70° < \theta \leqslant 180°$，采用 70°。$D_c$ 为发动机中心排气直径，以 m 为单位。D_f 为发动机风扇排气直径，以 m 为单位。V_r 为参考排气速度，以 m/s 为单位。V_c 为发动机中心排气速度(不带加力燃烧室)以 m/s 为单位。V_f 为发动机风扇排气速度(不带加力燃烧室)以 m/s 为单位。

2. 螺旋桨飞机振动环境

螺旋桨飞机的机体结构和机载设备的振动主要由螺旋桨诱发，图 4-2 为螺旋桨飞机振动环境基本谱形，从该振动信号的频谱中可以看出，一个宽带背景与一些窄带尖峰共同叠加组成了该信号。各种不同的随机振源叠加产生背景谱，而机械旋转(发动机和旋转轴等旋转机械)引发的低量级周期分量则表现为窄带尖峰。尖峰是由螺旋桨桨叶旋转的压力场产生的。它们的频带较窄，主要集中在螺旋桨的通过频率(螺旋桨转速乘以螺旋桨桨叶)及其谐波频率上。

当前螺旋桨飞机的桨叶转速通常是恒定的，通过改变燃料流量以及改变桨叶或旋转轴的角度来实现功率变化。尽管这些旋转机械的工作频率相对固定，但信号仍然会分布在窄带内的原因是发动机转速存在微小的漂移，而非旋转机械的运动规律发生了变化。除此之外，螺旋桨飞机振动信号与预期信号之间存在差异的原因还可能是不可避免的工艺因素，有时原型机和试验型机的共振频率也可能存在差异。

若螺旋桨的旋转速度是非定常的，则需要通过寻找一组频谱(表 4-1)来确定振动量级，频谱的带宽应覆盖螺旋桨工作时频率变化的范围。需尽可能用飞行测量的振动数据来确定振动环境，如果没有飞行振动测量数据，可用图 4-2 的频谱结合表 4-1 数据确定。图表中数据根据 C-130 和 P-3 飞机的测量数据获得，通常情况下可代表与其相似的一类飞机的振动环境。

表 4-1　螺旋桨式飞机振动环境

装备位置*	振动量值 $L_0/(g^2/Hz)$
螺旋桨前方的机身或机翼内	0.1
在螺旋桨旋转平面的一个桨叶半径内	1.20
螺旋桨后的机身或机翼内	0.30
发动机舱、尾翼或发射架内	0.60

* 对于安装在外部表面的设备，量值增大 3 dB；f_0 = 桨叶通过频率(螺旋桨转速乘以桨叶数量)，单位为 Hz；$f_1 = 2 \times f_0$；$f_2 = 2 \times f_0$ $f_3 = 4 \times f_0$；尖峰宽带为中心频率 ±5%。

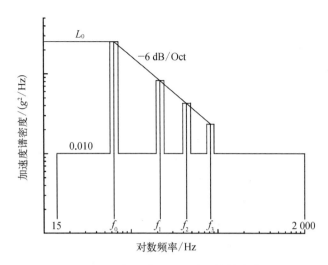

图 4 - 2   螺旋桨飞机振动环境基本谱

4.2   冲击载荷

4.2.1   坠撞载荷(着陆)

民用飞机的坠撞事故是其在起飞/着陆阶段发生概率仅次于鸟撞的问题之一。一般来说民机坠撞问题的研究场景主要包括三类:

(1) 第一类是飞机受控,起落架系统正常,着陆能量主要由起落架系统吸收,不需要机体结构通过变形和破坏等模式参与能量吸收,乘员可生存;

(2) 第二类是飞机受控或基本受控,但存在起落架放不下等故障,需要机体通过变形和破坏等模式参与着陆能量的吸收。通过合理的机体结构抗坠撞设计,乘员可生存;

(3) 第三类是飞机基本不受控,以较为极端的姿态和速度坠地,往往会导致严重的灾难性后果,乘员基本不可能生存。

一般来说,主要关注第二类坠撞问题,即研究可生存坠撞场景下民机机体结构的坠撞载荷和乘员安全保护。从乘员安全角度来讲,民机坠撞载荷主要包括四大方面:

(1) 机体结构撞击地面产生的地面撞击载荷。导致飞机机体主传力结构(如机身框、客舱地板下部立柱货舱组件、蒙皮、地板横梁)的冲击变形和破坏,影响乘员可生存空间,撞击载荷峰值可达上百吨甚至上千吨,如 C919 飞机空重 42 t,按照 $20g$ 过载峰值计算得到地面撞击载荷峰值为 840 t,对于 CR929 等宽体飞机,地面撞击载荷会更大;

（2）客舱座椅/乘员系统和行李架系统的坠撞冲击载荷。如美国开展的 F28 飞机整机坠撞实验测得客舱地板过载峰值达 $40g$ 左右,开展的 ATR42 - 300 飞机整机坠撞实验测得地板过载峰值达 $30g$ 左右,开展的 Short - 30 飞机整机坠撞实验测得地板过载峰值甚至达到 $90g$ 左右。这说明不同类型/构型民机的坠撞载荷是有较大区别的;

（3）飞机燃油系统坠撞冲击载荷。一般包括飞机机翼内的燃油系统和放置在飞机货舱的辅助燃油系统。坠撞过程中,燃油系统的破损和燃油泄漏会导致飞机起火爆炸,严重威胁乘员安全,通常要采用断头台实验和跌落冲击试验测量燃油箱和燃油管路的抗坠撞性能;

（4）飞机起落架和发动机等大质量体的坠撞冲击载荷。一般包括起落架和发动机与地面的直接撞击载荷,当超过应急断离临界载荷时,发动机和起落架会与飞机机体/机翼结构脱离,以防对飞机机体/机翼结构造成更严重的硬碰/穿刺损伤。

按飞机结构的研究对象来分类,坠撞载荷包括以下几方面:

（1）机身下部结构地面撞击载荷;

（2）客舱地板横梁冲击过载;

（3）客舱座椅滑轨冲击过载;

（4）行李架安装接头冲击过载;

（5）舱门和应急逃生门冲击变形载荷;

（6）起落架的地面撞击载荷或冲击过载;

（7）发动机的地面撞击载荷或冲击过载;

（8）燃油管路系统冲击载荷。

鉴于民机应急坠撞研究的是一种基于乘员遭到严酷过载又可生存的坠撞环境,因此坠撞载荷取决于机体应急坠撞的速度大小(一般垂向速度在 10 m/s 左右)、坠撞环境(铺砌道面、硬土、软土等)和坠撞姿态(起落架状态、机体坠撞俯仰角和滚转角等)。在上述因素的不同组合状态下,飞机的应急坠撞载荷会产生较大的差异。

航空座椅和约束系统是民机客舱内的典型舱内设施,是进行飞机抗坠撞研究时必须关注的结构部件,CCAR §25.561(d)要求在规定的各种载荷作用下,座椅和其他质量项目(及其支撑结构)不得变形以致妨碍乘员相继迅速撤离[5]。CCAR §25.562(d)中对座椅系统的设计提出了最低要求,即座椅和约束系统必须设计成在应急着陆时在规定的条件下能保护乘员。对于座椅及乘员约束系统,可以 AC20 - 146A、SAE ARP 5765A 为指导,建立座椅—乘员约束系统的耦合动力学模型,结合 CCAR §25.562(d)条应急着陆条件,开展水平 $16g$ 动态冲击和垂向 $14g$ 动态冲击的仿真分析,评估座椅及约束系统的抗冲击性能和乘员保护能力。人体伤害指标判据包括:

（1）单系带约束时系带上的拉伸载荷不得超过 7 784 N；

（2）双系带约束时系带总拉伸载荷不得超过 8 896 N[6]；

（3）假人腰椎最大压缩载荷不得超过 6 672 N；

（4）假人大腿轴向压缩载荷不得超过 10 008 N；

（5）假人头部伤害指数（head injury criterion，HIC）不得超过 1 000。

座椅结构失效判据为：

（1）连接结构的最大载荷不超过分离载荷；

（2）结构变形不影响乘员应急撤离；

（3）安全带必须保持在人体适当的部位。

总体而言,可设计的飞机应急坠撞载荷需满足传递给乘员的过载在可生存包线以内,相比常规的气动载荷或地面载荷,飞机的坠撞载荷更加复杂。同时飞机的应急坠撞过程中,机体结构总体处于短瞬时减加速度过程,带来的结构自身惯性效应、坠撞过程中机体结构和材料的动态变形/破坏,对坠撞载荷的传递和载荷分配产生较大影响。

4.2.2 着水载荷

水上飞机在水面滑行、起飞以及水面降落过程中受到不同程度的水反作用力即水载荷,其中最严重的情况是着水撞击载荷。由于机体结构弹性变形和能力吸收效应,机体承受的水撞击力及其传递/扩散域与刚性船体相比有所不同。

理论分析和实验表明,着水撞击载荷实际上是一种载荷-时间历程;机体结构在此种激励载荷的作用下,其响应输出-载荷响应和应力/位移响应量取决于机体与水撞击时的弹性变形和结构固有振动模态。

飞机在水上迫降时,可能发生跳跃、俯冲、"海豚运动"和很大的过载,着水撞击可能使飞机发生严重破坏,导致大量进水并很快沉没,因此需要通过模型实验得到与真实飞机相似的运动状态和水面载荷[7]。

水上飞机使用中可能遇到的最恶劣海况条件构成了水载荷计算的外部使用环境,影响水上飞机着/滑水载荷的因素主要包括：

（1）水上飞机的着/滑水重量及其分布、转动惯量（俯仰）、船底触水部位的几何外形及结构弹性、船身或主浮筒与水接触的位置（断阶、船首、船尾）；

（2）水上飞机着/滑水过程中的运动参数——纵倾角、水平飞行速度、下沉速度等；

（3）水面的风况（大小、方向）和波浪要素（浪高、波长、传播方向）。

水上飞机着水载荷计算时的主要参数包括如下几方面。

（1）起飞和着水的浪高和波长。

除有特殊要求外一般取四级海况,具体浪高由使用技术要求确定 L/H 为 20～

40,其中 L 为海浪的波长,H 为海浪的波高,海浪方向与水面风向一致。国际标准海况等级中规定四级海况时波浪具有很明显的形状,许多波峰破裂,白浪成群出现,偶有飞沫,同时较明显的长波开始出现。

（2）下沉速度。

（3）飞机相对水面的下沉速度。

水上飞机进场的着水空速,对于喷气式飞机,$V = 1.3V_{so}$,对于螺旋桨飞机,$V = 1.2V_{so}$,V_{so} 为设计着水重量 W_{zs} 下,打开襟翼或其他增升装置至着水位置且不考虑滑流影响时的着水失速速度。

（4）着水姿态角。

应在对应于 $0.9 Czmas$ 的最大姿态角到对应于龙骨线呈水平的最小姿态之间变化。

（5）空气动力。

水上飞机着水时机翼上的升力和水平尾翼上的平衡载荷直接影响着水速度、触水姿态和重心处载荷系数对撞击情况的总载荷影响较大撞击载荷随机翼上升力的减小而增加,即当机翼上的升力低于水上飞机重量时,水动力撞击载荷的增量约为机翼升力减小量的 1.33 倍。水上飞机在波浪上着水时由于机体弹性效应,一般要经受连续多次的反弹撞击。而且,最大撞击载荷往往不是发生在第一次触水撞击,而是发生在速度损失不大的第二次或第三次的触水撞击瞬时。根据对机翼的根部弯矩测量与分析结果可知,首次撞击时机翼升力约为平飞时的 85%,第二次撞击约为 70%。所以,机翼升力等于水上飞机设计着水重量 W_{zs} 的 2/3。

作用在飞机船身上的水动载荷为

$$F = n_w W_g \tag{4-14}$$

式中,F 为作用于飞机船身的水动载荷,单位为 N,作用在龙骨上,通过重心向上且与龙骨线垂直;W_g 为飞机设计着水重量;n_w 为水面反作用载荷系数。

$$n_w = \frac{C_1 V_{s0}^2}{(\tan^{\frac{2}{3}}\beta) W^{\frac{1}{3}}} \times \frac{K_1}{(1 + r_x^2)^{\frac{2}{3}}} \tag{4-15}$$

式中,C_1 为水上飞机使用经验系数,$C_1 = 0.0348$（三级海况）或 0.0441（四级海况）；V_{s0} 为襟翼打开到相应着水位置且无滑流影响时飞机失速速度；W 为飞机设计着水重量；β 为用于确定载荷系数的纵向站位处的斜升角；r_x 为平行 X 轴的由飞机重心到着水过载位置的距离与飞机俯仰惯性半径之比；K_1 为着水过载沿船身纵向分布的经验系数。

水上飞机着水载荷应分布于船身底部的浸水面积上。因此,以 $F = n_w W_g$ 公式算得的着水载荷（合力）作为一种主要的设计载荷情况进行机体结构强度分析计算时,必须考虑其作用点与分布的影响。实验和使用经验表明,可以认为水载荷的横向是均匀分布的,且作用于船身底部的整个舱宽上;但沿纵向的作用长度与着水载荷的大小有关。在机体结构强度计算中,为避免在水载荷作用域引起机体结构过大的局部剪切载荷和弯矩,作用于船身底部的水载荷应以分布压力的形式施加。

4.2.3　离散源冲击载荷

离散源撞击飞机结构已成为威胁航空安全的重要因素,外来物主要包括飞鸟、冰雹、轮胎碎片、低能量发动机碎片以及跑道多余物(如碎石)。

1. 鸟撞载荷

飞机和飞鸟在空中相撞,这样的撞击产生的事故称为"鸟撞",目前鸟撞飞机是威胁航空安全的重要因素之一。当飞机在飞行中遭遇飞鸟时,虽然鸟体飞行速度不快,但飞机飞行速度很高,鸟体对飞机造成的撞击会非常严重。对于 0.45 kg 的鸟,飞机速度 80 km/h,两者相撞时将产生 1 500 N 的撞击力。飞机速度 960 km/h 时,相撞产生 216 kN 的撞击力。如果鸟体质量为 1.8 kg,飞机飞行速度 700 km/h,则撞击产生的撞击力比炮弹还大。

鸟撞会对机体结构带来严重的危害,鸟撞过程的特点可以归纳为:

(1) 瞬时冲击。由于飞鸟与飞机相对速度一般在几百米/秒的量级上,因此整个撞击持续时间不会超过毫秒级;

(2) 柔性撞击。鸟体撞击变形与被撞结构变形相互耦合,鸟体撞击载荷受被撞击结构的材料特性和结构形式等因素影响较大;

(3) 大变形。鸟撞击造成的结构局部变形可超过结构厚度几倍以上,甚至导致结构破坏;

(4) 鸟体撞击特性与撞击速度相关性较强。一般在低速撞击条件下(70 m/s 左右),鸟体呈现弹塑性变形特征;在中速撞击下(120 m/s 左右),呈现弹塑性和破碎变形特性;在高速撞击下(170 m/s 左右),呈现流体变形特征。

2. 冰雹撞击载荷

冰雹撞击现象和气候条件息息相关,尽管飞机在飞行航线的选择上应尽量避免气象条件较差易发生冰雹的区域,但有时飞机在航行中遇到冰雹袭击往往是不可避免的。飞机在飞行中,除了风挡会遇到冰雹的撞击外,冰雹还会对飞机机翼、尾翼操纵面前缘、机身前段、发动机唇口、发动机吊舱、发动机风扇叶片、雷达罩和天线、着陆灯等结构造成损害。相比于鸟撞问题,冰雹和鸟体的平均密度较为接近,但冰雹的体积和质量更小,因此,对于飞机抗冰雹冲击设计而言,主要考虑雷达罩、风挡玻璃、发动机唇口等刚度较弱的薄壁结构和复合材料蒙皮结构。

冰雹撞击和金属子弹撞击有很大区别,这主要是受冰雹的自身力学特性所致。具体说明如下:

（1）冰雹的力学性能与应变率有很强的依赖关系,当应变率从低变高时,冰雹的力学特性逐渐从弹塑性转变为脆性;

（2）冰雹的轴向压缩强度随应变率的增大而增大;

（3）冰雹的压力-体积关系表明,在一定的压力下(23.5 GPa),会引起固体转变为液体;

（4）冰雹的高速冲击与高速水滴冲击相似,冰雹在相当大的变形下完全破裂,冰雹传递给靶板表面的载荷主要由水的动压力和向外喷射的高速射流引起;

（5）冰雹的弹性剪切模量为 3.46 GPa,压缩破坏强度约为 10 MPa,体积模量为 7.99 GPa,塑性破坏应变为 0.35;

（6）冰雹冲击的速度范围为 30~200 m/s;

（7）冰雹直径选取 25.4~50.8 mm,密度为 846 kg/m^3。

3. 发动机碎片撞击载荷

尽管飞机涡轮发动机和辅助动力装置的制造商尽可能地在设计生产时将发动机转子非包容性碎片飞出、叶片非包容性失效断裂碎片飞出可能性已降到最低,但实际飞机运营情况表明,飞机在运营中仍会出现发动机非包容失效问题。发动机产生的非包容碎片可能会打穿燃油箱、起落架、机体结构等要害部位。CCAR - 25 要求,当含有高能转子的动力装置发生非包容失效和断裂时,也要使其对飞机的撞击损伤降低到最低,并采取相应的防范措施。

发动机转子飞出的碎片通常不仅仅局限于转子的旋转平面,而是分散在转子平面前后的一定角度范围内。碎片撞击扩散角度的顶点定义为旋转平面的中心点,飞出的转子碎片偏离转子旋转平面的最大夹角即为碎片撞击扩散角度。碎片实际扩散角度与碎片大小有关,如涡轮盘小碎片的扩散角为±15°,中等碎片为±5°,大碎片(1/3 涡轮盘碎片)为±3°。

对于飞机的燃油箱口盖,英国 W&J Tod 公司(符合欧洲 EASA - CS 25 标准)模拟发动机碎片撞击燃油箱口盖的冲击载荷工况为:

（1）碎片尺寸为 10 mm×10 mm×10 mm 的钢块;

（2）冲击速度为 210 m/s;

（3）撞击角度垂直燃油箱口盖;

（4）冲击实验环境可选为-55℃。

4. 轮胎碎片撞击载荷

飞机轮胎在高压、高速、高温等恶劣环境下工作会发生轮胎爆破等严重问题。美国联邦航空管理局(Federal Aviation Administration, FAA)发布的 FAA/FAR 25 及其修正案 FAR 25 - 78 等指出航空轮胎爆破的情况是突然发生的,而且其爆破过程是猛烈的,爆破的过程通常与胎内已经形成的裂缝缺陷、外来物损坏或轮胎过热/过载有关,此时轮胎内部的高压气体会释放出来。要通过分析和实验室实验来确定可能发生爆破的以及在发生爆破后可能受到碎片影响的关键区域,而且经常要进行设计更改以保证单个轮胎爆破不会使关键功能丧失。

当轮胎爆破时,将其破坏形式分为两种情况:

(1) 高压气体射流;

(2) 轮胎碎片。

根据欧洲航空安全局(European Aviation Safety Agency, EASA)提出的 CS - 25 规范以及联合航空局(Joint Aviation Authorities, JAA)颁布的轮胎爆破适航条款 JAA TGM/25/8 等,可知主起落架轮胎爆破时,主要爆破模式有 4 种,如表 4 - 2 所示。

表 4 - 2   轮胎爆破模式说明

序　号	爆　破　模　式	说　　明
1	轮胎碎片模式	起落架放下
2	高压气体射流模式	起落架收起中或收上
3	甩胎模式	起落架放下、收起或收起中
4	轮缘碎片	起落架放下

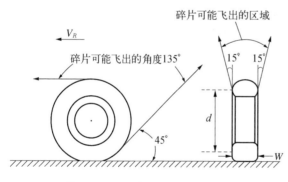

图 4 - 3   JAA 轮胎碎片危害模型

d 为机轮直径;W 为胎面总宽度;V_R 为飞机起飞抬前轮速度

图 4 - 3 为 JAA TGM/25/8 中轮胎碎片危害模型,在整个飞机机轮所在的平面内,轮胎碎片可能飞出的范围被定义在 135° 的圆弧内,其中向前的边界为从轮胎顶点出发的切线(与水平地面平行的直线),向后的边界则为轮胎底与地面形成 45° 夹角的直线,方向沿切线方向,同时在前后边界所构成的 135° 范围内认为轮胎碎片击中结构的概率是均匀分布的。该模型提出在飞机机轮垂直平面内,与机轮左右两个方向成 15°角的区域内(范围的起点始于轮缘即直径 d 端点处),碎片同样可能从任意位置向上抛射,而不仅限于机轮所在平面内。由此可见,当轮胎发生爆破并产生碎片时,碎片散射的范围较大,而飞机上的部件是否会被轮胎碎片击中甚至损坏,则与部件所处的相对于轮胎的位置是否包含在模型中所定义的区域内以及其自身的强度有关。

轮胎碎片的尺寸主要分为两种,并且将轮胎胎面的全厚度作为碎片厚度:

(1)大碎片尺寸定义为 $W \times W$;

(2)小碎片尺寸定义为 $0.5W \times 0.5W$。

EASA 公布的 NPA 2013-02 标准中对轮胎碎片尺寸以及抛射角定义如下(同样取胎面的全厚度作为碎片厚度):

(1)大碎片尺寸定义为 $W_{SG} \times W_{SG}$ 抛射范围角度为 $15°$;

(2)小碎片质量定义为整个轮胎质量的 1%,其冲击载荷分布面积为胎面总面积的 1.5%,抛射范围角度为 $30°$。

具体抛射区域如图 4-4 所示,其中 D 为轮缘直径;D_0 轮缘膨胀直径;W_{SG} 为轮缘最大胎肩宽度。

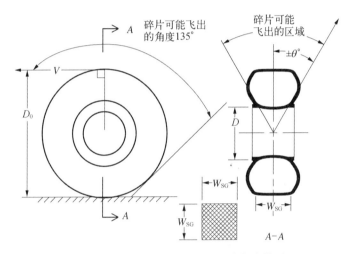

图 4-4　NPA 2013-02 轮胎碎片危害模型

对于碎片抛射速度,JAA TGM/25/8 定义碎片速度为飞机起飞抬前轮速度 V_R,NPA 2013-02 定义碎片速度为轮胎额定速度 V,并且轮胎额定速度 V 是大于 V_R 的,所以采用轮胎额定速度作为碎片抛射速度进行适航验证更为安全。

爆破后的高能轮胎碎片飞出物会撞击飞机油箱、起落架等关键部位,严重影响飞机安全。根据 FAA AC §25.963-1 第 4 款要求,机翼燃油箱口盖会受到破损的轮胎碎片的高速撞击,造成口盖的损坏,从而引起燃油的泄漏。当燃油的流失达到引起火灾的危险程度时,会导致油箱的爆炸,严重危及旅客的生命安全。经统计,在全球范围航线运营中,每年都有由于飞机轮胎爆裂后轮胎碎片击穿致使机翼下翼面破裂使燃油泄漏的事件。因此,在对飞机进行系统安全性设计时,轮胎爆破是必须考虑的一种风险。随着飞机重量和飞行速度的增加,飞机轮胎的使用环境日趋严苛,对飞机轮胎及其安全性提出的要求也越来越高。根据适航规章对飞机轮胎爆破特殊风险提出的要求,必须识别和评估轮胎爆破存在的潜在危险,分析其对飞机造成的风险水平,特别是可能的导致机毁人亡的灾难性飞行,确定控制和降低风险的有效措施,从而在设计上消除或将其对飞机危害减至可接受安全水平。

轮胎碎片冲击实验可借鉴英国 W&J Tod 公司(EASA CS25.963)做过的轮胎碎片撞击燃油箱口盖模拟实验。实验工况为:

(1)燃油箱口盖相对空气炮射击直线安装角可选 9°和 59°;

(2)轮胎碎片尺寸为 409 mm×53 mm×20 mm,质量为 0.66 kg;

(3)撞击速度为 90 m/s。

5. 跑道碎石撞击载荷

飞机在起飞滑跑和着陆滑跑过程中,高速转动的轮胎可能会卷起跑道上散落的碎石,卷起的碎石会高速冲击飞机的机翼、起落架舱门、机身下腹部等结构。尤其是对于复合材料结构,要评估其在跑道碎石冲击下的安全性。

4.2.4　外挂物投放和武器发射载荷

空中发射/投放是指载机(战斗机、运输机、轰炸机等)在空中飞行过程中,通过发射或投放方式,使集中载荷(导弹、外挂油箱、物资、重型装备、火箭等)与载机分离的过程。具体包括机载武器空中发射、外挂物投放、物资投放、重型装备投放以及空中发射火箭等。为了实施对空和对地攻击,飞机要在空中投放炸弹或发射导弹,空战前还需要投放副油箱,运输机会在空中投放一般货物,甚至是重装空投,如装甲车、自行火炮等。空射弹道导弹/运载火箭也是近年来迅速发展的一项高精尖航空航天技术。使用大型货运飞机、军用运输机、战略轰炸机或是某些特种航空器将导弹/火箭携带到高空后释放分离,点火后对远距离目标实施打击,或把卫星送入地球轨道。

空中发射/空中投放过程是否会给飞机带来影响以及带来多大影响,国外对此问题高度重视,并在飞行品质规范中提出了飞机投放外挂的要求,国军标或航标也有类似要求。针对运输机空投机动,GJB 67A—2008 中的空投阵风准则规定如下:仿真速度应是空投速度 V_{AD},仿真重量从最小飞行重量到最大飞行重量变化。打开货舱门和货桥,并放下襟翼,在货物投放过程中遭遇 7.6 m/s 当量空速的阵风。《美国国防部联合使用规范指南》对空投亦进行了详细的描述:将 1-cos 型、7.6 m/s 当量空速的离散阵风叠加至空投过程中,以使当货物处于投放边缘时产生结构峰值响应。货物空投尤其是重装货物空投,一般构成货桥、货舱门和连接件等的主要载荷设计情况。根据飞机设计规范要求,需要确定飞机空投设计载荷。

空中发射/投放过程涉及两个对象(载机和有效载荷)、两种状态(整体运动、各自独立运动)和多种载荷耦合(气动载荷、发动机推力、惯性载荷、分离动载荷)作用。对载机的飞行结构安全性和飞行安全性均有重要影响。分离瞬间,载机的质量特性会发生显著变化,重量变化量的大小与投放或发射物体(或称为集中载荷)的重量占比有关。例如,重装空投过程集中载荷占比最大可达 30%,空中发射火箭过程中集中载荷占比最大可达 40%。

大质量比空投/空射过程中的质量突变会引起飞机结构的强烈弹性振动和机身姿态变化,这种动响应会被气动弹性效应放大。飞机典型受载部件的结构强度设计和飞行安全显得尤为重要,针对空中发射大质量比火箭/导弹,分离后弹体的飞行动响应关系到弹体点火时的飞行姿态,进而影响到后续飞行轨迹,或产生飞行轨迹干涉问题,继而影响飞行安全性。

此外,空射瞬间会在挂架接触部位产生一个瞬时冲击过载,应力波传递过程会在边界处产生强度问题,结构在多次冲击载荷作用下的结构失效问题属于典型的多次冲击疲劳问题(介于冲击与疲劳的交叉学科,既属于冲击范畴,也属于疲劳范畴,但又不同于单次大载荷作用下的一次冲断,也不同于交变应力作用下的常规疲劳)。由于大质量导弹瞬间释放产生的载荷为冲击载荷,主要体现为载荷传递过程要考虑应力波在结构中传递的动态效应和材料的率相关性。

4.2.5 战伤载荷

飞机战伤,美国空军定义为"飞机战斗损伤"(aircraft battle damage),是指飞机在空中飞行或地面停放时遭受的各种损伤,以及作战中飞机本身的随机故障、耗损性故障、意外故障和人为差错造成的损伤。由于飞机的结构、材料、火力威胁机理等因素的不同,造成飞机战伤的形式也是复杂多样的。被敌方火力攻击是造成飞机损伤的主要因素之一。早期战争,火力攻击主要来自炮弹、炸弹;而现代战争,火力攻击主要来自各类导弹爆炸后产生的破片和冲击波以及聚能武器等。通过战斗部的杀伤直接破坏结构完整性,造成关键部件/系统失效,从而导致飞机失去继续作战的能力。

对于飞机的战伤载荷,按照飞机使用过程中可能遭遇的毁伤元类型划分如下:

(1)射弹、破片冲击载荷;

(2)爆炸冲击波载荷;

(3)破片、爆炸冲击波耦合载荷;

(4)激光等新型聚能武器载荷。

飞机战伤形式是指飞机结构、材料以及部件的损伤表现形式,如破孔、裂纹等;飞机战伤程度是指飞机损伤的程度,如破孔和裂纹大小、密集度、结构变形和断裂的数量、尺寸等。飞机战伤机理和战伤模式都是非常复杂的问题,涉及许多因素:一是飞机的结构特点,包括结构形式、结构尺寸、材料性能等;二是飞机面临的威胁来源即毁伤元,如射弹、破片、冲击波等;三是遭遇的条件,包括角度、速度、距离、形状等。因此,必须综合考虑以上各种因素,弄清其对飞机战伤机理、战伤模式、战伤程度的影响规律,才能准确地对飞机战伤载荷和抗战伤能力进行评估。

统计表明,导弹破片的冲击速度一般分布在 1 500~3 000 m/s 范围内,飞机战伤实验一般可采用二级空气炮、火炮或电磁炮开展,以达到上千米每秒的冲击速度。目前导弹战斗部的破片类型很多,如自然型的不规则几何破片,预制型的棱形、方形、珠球形、长条形、连续杆等,粗略划分为破片式和杆条式两大类。

4.2.6　起落架动载荷

飞机起落架的着陆/着舰中,承受着非常大的地面/舰面载荷。影响飞机着陆/着舰载荷大小最主要的因素是飞机着陆重量、重心位置、下沉速度、飞机着陆速度、地面风向和风速、飞机着陆姿态、地面摩擦系数、缓冲器的功能等。

1. 着陆重量和当量质量

着陆重量一般分正常着陆重量和最大着陆重量,对每一种着陆重量要考虑前重心和后重心位置。相关规范均有规定。根据 GJB 67.4A—2008 正常着陆规定采用的起落架当量质量计算公式如下:

$$m_{d1} = m\left(\frac{b + \mu h}{a + b}\right) \qquad (4-16)$$

$$m_{d2} = m/2 \qquad (4-17)$$

其中,m_{d1} 为前起落架当量质量,单位为 kg;m_{d2} 为主起落架当量质量,单位为 kg;m 为着陆重量,单位为 kg;a 为停机时重心到前轮轴的水平距离,单位为 m;b 为停机时重心到主轮轴的水平距离,单位为 m;h 为缓冲器全伸时飞机重心到主轮轴的高度,单位为 m;μ 为平均滑动摩擦系数。

2. 下沉速度和着陆速度

飞机接地瞬间重心向下的速度即为下沉速度。飞机接地后由于地面反力的作用将使下沉速度迅速减小而变为零,在此过程中飞机产生了向下的惯性力。下沉速度大小直接影响着飞机重心处的惯性载荷系数。下沉速度根据飞行概率统计或气动力计算获得,表4-3给出军机的着陆下沉速度。

表 4-3　国家标 GJB 67.4A—2008 下沉速度及 GJB 2753—96
下沉速度中规定的军用飞机使用下沉速度 V_y

	正常着陆重量	最大着陆重量情况
陆基教练机	3.6~4.0 m/s	2.6 m/s
歼击教练机和其他陆基飞机	3.0 m/s	1.8 m/s
舰载飞机	7 m/s	6 m/s

对于民用飞机,CCAR-25 中设计着陆重量(以最大下沉速度着陆情况中的最大重量)时的限制下沉速度为 3.05 m/s,设计起飞重量(以减小的下沉速度着陆情况中的最大重量)时的限制下沉速度为 1.83 m/s。

3. 着陆姿态

飞机着陆姿态,归纳起来有下列几种(适用于前三点式布局)。

1)对称着陆

(1)三点着陆:主轮与前轮同时接触地面。

(2)两点水平着陆:主轮与地面接触、前轮稍离开地面,不承载。

(3)机尾下沉着陆:主轮与地面接触,飞机处于最大的迎角,若飞机有尾橇,则尾橇完全压缩。

2)非对称着陆

(1)单轮着陆:飞机处于水平姿态,以一侧主起落架接地时的受载情况。

(2)侧撞击着陆:飞机偏航受侧向载荷。

4.3　动力学实验载荷模拟

4.3.1　振动实验载荷模拟

1. 振动实验载荷处理方法

获取飞行器振动载荷是飞行器结构进行动强度设计分析的基础,振动载荷预计的准确性将直接影响飞行器结构的使用可靠性及技战术性能。GJB 67.8A—2008《军用飞机结构强度规范 第 8 部分: 振动和航空声耐久性》要求"所用材料、设计和构造应使飞机结构在使用寿命期内不致产生疲劳裂纹、有害的或过度的振动",CCAR-25-R4《运输类飞机适航标准》中,也要求"结构能承受飞行过程中的振动载荷"。目前在飞行器设计领域对振动载荷的预计方法主要有工程经验预计法、动载荷识别法、计算法、直接测量归纳法等手段。由于飞行器的振动载荷非常复杂,很难精确测量,也很难在实验室条件下进行加载,因此在实际工程实验中,通常先测量得到结构关键部位或机载设备的振动加速度响应,然后通过振动响应控制进行振动加载,该类实验称振动环境实验。以工程经验预计法为例,在 GJB 150.16A—2009 中,通过大量测量数据的归纳,给出的喷气式飞机和螺旋桨飞机振动环境基本谱如图 4-5 与图 4-6 所示,作为实验室条件下结构部件或机载设备的振动环境考核谱。

2. 振动实验载荷加载方法

振动实验加载设备通常是指用以产生并进行控制振动、能将振动施加到其他结构、零部件或产品上的设备。最常见的振动加载设备包括激振器和振动台,激振器通常用于单点或者多点振动载荷的施加,振动台通常用于振动环境条件的施加。

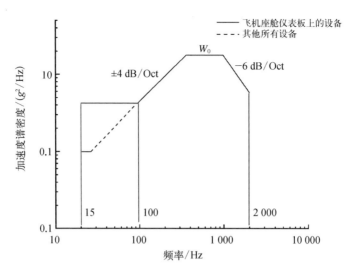

图 4-5　喷气式飞机振动环境基本谱

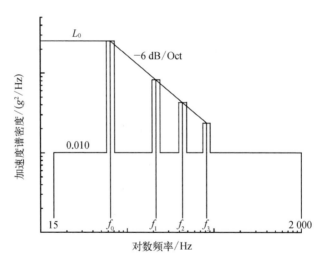

图 4-6　螺旋桨飞机振动环境基本谱

1）激振器

激振器是产生振动力并将这种振动力加到其他结构和设备上的设备,适合单点或多点振动载荷的施加,图 4-7 为激振器的实物照片。激振器在结构形式上和振动台大同小异,最主要的区别是激振器无台面,它是通过激振杆去推动测量对象的。

2）振动台

振动环境条件的施加通常采用振动台,可分为液压振动台和电磁振动台,图 4-8 即为振动台的照片。振动台一般包括振动台台体、监控系统和辅助设备等,应具备的主要功能如下:

图 4 - 7　激振器图片

图 4 - 8　振动台图片

（1）能承受规定的载荷,并具有用于安装实验样品的工作台面;

（2）能够产生给定范围的振动频率和规定范围,规定方向的位移幅值;

（3）振动台的结构应能够承受规定的加速度;

（4）能实现定频振动的定幅值自动扫频振动,并能调整扫频范围及扫频速率,以满足实验中的响应检查以及相关实验方法的要求;

（5）具有振动频率、位移幅值等振动参数的测量和记录装置;

（6）振动台应能长时间连续工作,工作噪声应尽量小等;

（7）对于电动振动台而言,应具备一定的正弦推力和随机推力。

振动台通过两种方式实现对受试产品的激励,一是振动台的垂直振动激励,二是振动台及水平滑台的水平激励。为保护振动台系统的正常工作,受试系统应满足:

（1）在振动台、水平滑台的承受静载荷限制以内;

（2）小于水平滑台的抗弯矩(俯仰力矩、倾覆力矩、扭转力矩)极限。

实验夹具的质量应满足:

$$(m_S + m_H + m_D + m_J) \cdot g_{rms} \leqslant F_S \qquad (4-18)$$

$$\sum M = 0 \qquad (4-19)$$

式中,F_S 为振动台实际推力,单位为 N;m_S 为试件的质量,单位为 kg;m_H 为滑台的质量,单位为 kg;m_D 为振动台动圈的质量,单位为 kg;m_J 为夹具的质量,单位为 kg;g_{rms} 为控制点实验谱的均方根过载,$1g = 9.8$ m/s^2;M 为力矩,单位为 N · m。

实验中依据振动实验件质量、夹具质量以及实验载荷,结合式(4 - 18)和式(4 - 19),选择确定振动台设备的合适推力和功率。

3. 振动实验载荷测控方法

1）振动控制设备

振动控制设备是用来控制振动台等加载设备的装置。振动控制仪通常采用先进的分布式结构体系,闭环控制由数字信号处理(digital signal processor, DSP)处理器实现,个人计算机(personal computer, PC)独立于控制环之外,保证了控制系统的实时与高效,能及时、快速地响应实验系统的变化,确保控制的稳定性和精度。振动控制仪可适用于电动、液压振动台控制,具有全系列振动实验功能,可以使振动台实现普通和极端的振动环境,同时也能模拟出产品在运输过程中所经历的复杂振动环境。

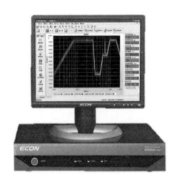

图 4-9 所示的即为振动控制仪,可实现多项控制功能,如随机振动控制、正弦控制、典型冲击控制、冲击响应谱控制、谐振搜索与驻留、路谱仿真、正弦加随机、随机加随机、瞬态冲击、正弦加随机加随机,实际使用时根据实验需求选择对应的加载谱。

图 4-9 振动控制仪

2）振动响应测量

通常采用位移/速度/加速度传感器测量实验件的位移/速度/加速度响应情况。如果关心局部区域的疲劳耐久性能,可以粘贴应变片进行应变测量。

如果有其他特殊要求,比如在线获取疲劳损伤信息,可以通过传感器(应变片、激光测振仪、声发射探头、热红外成像仪)等实时获取结构的固有频率、动态响应、温升、声发射信号及结构阻尼等物理量及各物理量的变化,并根据测量结果对结构的损伤状况进行评估,可在不中止实验的前提下对损伤进行监测。激光测振法、动应变测量法可实现在线检测、在线分析获得结构的振动疲劳损伤信息;而声发射法、红外成像法以及阻尼测量法可实现在线监测但需离线分析以给出振动疲劳损伤信息。其中激光测振法、热红外成像法和阻尼测量法属非接触测量,动应变测量法、声发射法属接触式测量。

4.3.2 冲击实验载荷模拟

飞行器在运营/服役过程中一般会面临鸟撞、冰雹冲击、碎石冲击等离散源冲击载荷,应急着陆过程中的坠撞冲击载荷,起飞/着陆过程中的起落架落震和滑跑载荷,舰载机离舰/着舰/拦阻过程的冲击载荷,军机作战过程中的破片冲击载荷等。这些冲击载荷可以通过简化方法处理为过载曲线、冲量等形式。如离散源冲击载荷一般简化为特定质量和形状的弹体以某个速度冲击实验件,起落架落震冲击载荷简化为配有特定质量配重的起落架系统以某个高度自由落体冲击地面。下面具体对飞行器的几种典型冲击载荷实验模拟方法进行阐述。

1. 坠撞载荷

1）载荷处理方法

飞机以一定的速度应急着陆时,一方面机身下部结构将发生变形、破损,可能造成客舱结构的变形,影响乘员的生存空间和逃离通道;另一方面在机身下部结构吸收部分撞击能量的同时,撞击载荷将通过客舱地板向上传递,若向上传递的载荷超过乘员身体的最大承受能力,将造成乘员伤亡。

因此,对于飞机的坠撞冲击载荷,一般来说可以分为两类。一类是飞机结构与地面撞击产生的直接碰撞载荷,其会造成飞机结构的变形和破坏,通常可采用机身结构的自由落体撞击实验来模拟。如波音 737、波音 787 等飞机开展的 9.14 m/s 垂直坠撞实验,具体的坠撞实验速度根据验证机型的实际情况确定。

另一类是机身与地面撞击载荷向客舱传递后引起的乘员冲击载荷,其会直接造成人员伤亡。通常采用过载冲击实验来模拟,如 CCAR§25.562 条款规定民航座椅需开展垂向 14g 和水平 16g 的冲击实验对座椅安全性能进行动态验证,并要求模拟机体偏航和地板变形,座椅系统动态冲击实验规范状态如表 4-4 所示。对于旋转和轻型固定翼飞机以及座椅结构,要求的实验条件是水平冲击速度 15.2 m/s,垂直冲击速度 12.8 m/s。

表 4-4　座椅系统动态冲击实验规范状态

项　目　　　　　实验名称	垂向冲击实验	水平冲击实验
座椅俯仰角	60°（滑轨底面向上）	无
座椅偏航角	无	向右偏航 10°（面向座椅方向）
地板变形	俯仰 10°、滚转 10°	俯仰 10°、滚转 10°
实验速度/(m/s)	≥9.14	≥12.8
加速度峰值/g	≥30	≥18.4
上升时间/s	≤0.031	≤0.071
脉冲波形	三角波	三角波

2）实验加载方法

飞机结构坠撞实验一般采用自由落体方式实现,单点起吊,四点投放,如图 4-10 所示。实验设备包括提升装置、投放装置、测力平台、机载测量系统、假人系统、地面测量系统、控制系统等。实验件由提升装置提升至给定高度,并调整

图 4 - 10　坠撞实验加载设备

其姿态,使其尽量对准测力平台中心区域;在确认试件高度和姿态无误后,试件由投放装置释放,自由垂直跌落撞击测力平台触发各测量系统进行数据采集[8,9]。实验中的控制参量包括实验件提升高度和实验件姿态。

实验件的提升高度通过下式计算。

$$h = \frac{V^2}{2g} \qquad (4-20)$$

式中,h 为实验件提升高度;V 为坠撞速度;g 为当地重力加速度。

目前存在多种满足航空座椅/乘员及其约束系统动态冲击实验要求的实验设施。根据冲击载荷的产生方法,可划分为减速度滑台、加速度滑台以及冲击/回弹实验台,或是根据实验设施的设计方向划分为滑台和落震台[10]。

如图 4 - 10~图 4 - 12 中所示的水平冲击实验台系统为例,该实验系统包含推进装置、控制系统、专用照明系统和数据采集系统等设备,图 4 - 13(a)与(b)分别为垂向与水平冲击实验安装方法示意图。实验台上安装有加速度传感器,用于控制冲击脉冲波形;专用照明系统可增加实验照明度,提供高速摄像机所需光线;数据采集系统具备抗冲击能力,可用于采集动态冲击过程中的冲击脉冲波形、安全带拉伸载荷、假人腰椎压缩载荷等参数。同时,该结构水平冲击实验台系统配套有齐备的高速摄像机和各种类型的传感器。

图 4 - 11　座椅冲击实验加载设备

图 4 - 12　某典型座椅动态实验

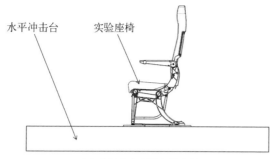

水平冲击台　实验座椅

(a) 垂向冲击实验安装方法

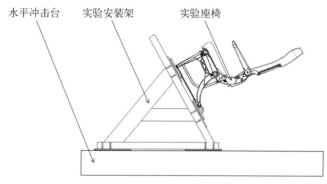

水平冲击台　实验安装架　实验座椅

(b) 水平冲击实验安装方法

图 4 - 13　座椅冲击实验安装方法

3) 实验测控方法

飞机结构坠撞实验通过总控系统控制实验件的提升和投放,测量项目主要包括结构坠撞速度、机身结构变形、机身结构应变、客舱地板加速度、座椅变形和加速度、行李架变形和加速度、假人运动轨迹、假人响应、撞击力等。

如图 4 - 14 与图 4 - 15 所示,其中实验件的撞击力通过测力平台测量,机身结构撞击过程中的速度、变形和姿态可通过高速摄像系统获得,实验件撞击过程中的应变和加速度可通过加速度传感器和应变片测量获得,应变和加速度数据通过机载或地面数据采集系统采集和存储。座椅变形、行李架变形以及假人运动轨迹通过机载高速摄像机测得。假人的动响应通过其内嵌的加速度、力传感器测量,通过机载或地面数据采集系统采集和存储。

座椅动态冲击实验的测量项目包括冲击脉冲波形、航空座椅/乘员及其约束系统的动态冲击力学响应和运动情况,利用数字图像相关法,分析高速摄像机拍摄所得结构水平冲击动态数字图像,测量座椅变形、假人运动等动态冲击响应,分析数据包括实验前后座椅参考点的变形、实验中假人头部的运动轨迹等[11]。采用假人内部自带的传感器,测量假人的动态冲击力学响应,如头部加速度、腰椎载荷、股骨

图 4 - 14　坠撞实验控制系统

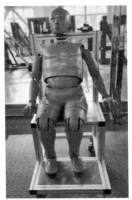

图 4 - 15　航空假人

载荷等。采用肩带力传感器,测量动态冲击过程中安全带的拉伸载荷。同时,针对座椅系统,可采用配套的载荷传感器等设备,测量座椅典型结构处的受载情况。

2. 离散源冲击载荷

1) 载荷处理方法

飞机在实际使用过程中,面临着遭受飞鸟、冰雹、轮胎碎片、发动机碎片等多种外来物的撞击,一般学术研究中将诸如此类外来物称为"离散源"[7]。在地面开展相关冲击实验是对飞机结构/部件抗离散源冲击能力最直接、最有效的验证方法,为确保飞机的使用安全,军民机研制过程中都提出了相应的实验验证要求。

以鸟撞问题为例,飞机结构的机头、机翼、挡风结构的鸟撞实验载荷要求为承受 1.80 公斤(4 磅)重的鸟的撞击,撞击速度取飞机海平面 V_c 或 2 450 米(8 000 英尺)0.85V_c 两者中的较严重者。飞机尾翼结构的鸟撞实验载荷要求为承受 3.6 公斤(8 磅)重的鸟撞击,撞击速度取飞机海平面 V_c。对于发动机叶片的鸟撞载荷,还需要考虑发动机叶片自身的旋转速度影响。

2) 载荷加载方法

离散源冲击实验一般采用空气炮加载,如图 4 - 16 所示。空气炮法是将实验件进行固定,而把鸟加速后与实验件进行撞击,这种方法应用则比较普遍。实验过程中,将鸟体装在空气炮的炮管中,通过气罐中的高压空气推动发射出来撞击到实验件上,通过调整高压空气使鸟体撞击的速度达到实验的要求。针对不同的离散源类型(如飞鸟、冰雹、轮胎碎片等),其实验原理相同,区别在于匹配应用不同规格(如口径、长度等)的空气炮。

鸟撞实验系统由低速气炮系统及非标准设备组成,包括以下子项: 低速气炮装置、气源系统、气炮控制系统、高速摄像系统、激光测速系统、数据采集系统、环境模拟系统、照明系统及辅助工装等,系统组成见图 4 - 17 。

图 4-16 离散源冲击实验系统

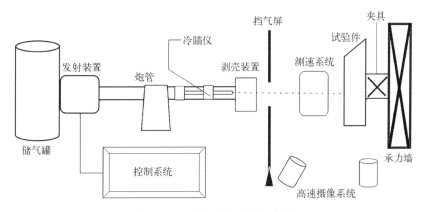

图 4-17 鸟撞实验系统组成图

3）实验测控方法

能以自动、手动两种模式进行鸟撞实验,可远程控制低速气炮系统的阀门并与安全门禁、环境模拟设备联动,并对主要设备运行情况进行监控,系统见图 4-18。

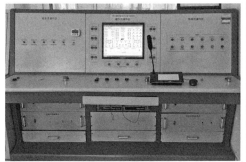
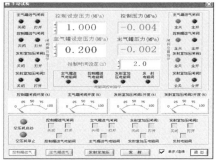

图 4-18 气炮控制系统及其工作状态

采用高速摄像系统用来监控鸟弹飞行过程和记录鸟弹撞击实验件过程中结构的破坏过程和失效模式,如图 4 - 19 所示。

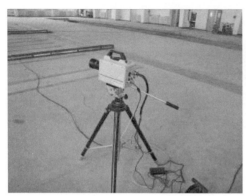

图 4 - 19　高速摄像系统

测速系统用来测量鸟弹撞击实验件前的飞行速度,需要保证较高的精度,同时低速气炮的速度精度也主要由测速系统反映,ASTM F330 - 03 要求测速系统需保证整个系统的精度在 2% 以内。测速系统由测速靶和上位机组成,如图 4 - 20 所示。

图 4 - 20　测速系统

在进行航空透明件鸟撞实验时,如风挡玻璃,由于温度对风挡材料(主要为有机玻璃或无机玻璃)的材料性能有着比较显著的影响,为考核透明件在不同使用状态下的抗鸟撞性能,需要在实验件上模拟环境温度,以模拟航空器在高空飞行过程中的低温和热带地面停机状态下的高温。图 4 - 21 所示即为环境模拟系统,环境模拟设备采用局部软接触的形式,即软式制冷、加热设备,系统为全自动控制并可进行远程控制,可自动撤离,系统可模拟的温度范围: 低温 $R_T \sim -55℃$,高温 50~150℃。

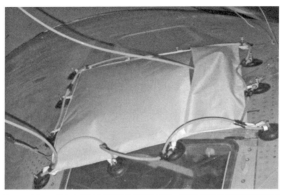

图 4‑21　环境模拟系统

3. 起落架动载荷

1）载荷处理方法

落震实验一般采用自由落体方式实现,实验目的是验证起落架缓冲性能,即在给定的起落架设计过载、支柱和轮胎设计行程的条件下,验证缓冲系统吸收设计着陆功量和功量储备的能力[12,13],即验证起落架缓冲系统在满足吸收能量的同时其撞击载荷、结构和充填参数与设计要求的符合性。GJB 67.9A—2008《军用飞机结构强度规范 第 9 部分:地面实验》、CCAR‑25‑R4《运输类飞机适航标准》第§25.723 条分别对军用、民用运输类飞机落震实验提出了明确要求和规定[11]。

起落架落震实验载荷参数主要包括投放质量、投放高度、仿升力、航向速度、台面摩擦系数等。计算落震实验投放重量时,使用飞机的设计着陆重量。有仿升落震实验用减缩质量 W 作为投放重量。

（1）投放质量的确定。

计算落震实验投放重量时,使用飞机的设计着陆重量。有仿升落震实验用减缩质量 W 作为投放重量。

用于主起落架的减缩质量等于飞机水平姿态下作用在此起落架上的静重量。对于前三点的飞机,前轮离地,主起落架减缩质量为

$$W_m = 0.5W_{zl} \tag{4-21}$$

用于前起落架的减缩质量 $W = W_n$，按下式计算：

$$W_n = \frac{b + 0.25H}{a + b} W_{zl} \tag{4-22}$$

上面两式中，a 为前轮接地点至飞机重心的水平距离，单位为 m；b 为主轮接地点至飞机重心的水平距离，单位为 m；H 为停机姿态飞机重心至地面的高度，单位为 m；W_{zl} 为飞机的设计着陆重量，单位为 kg；a 和 b 应按飞机的前重心取值。

无仿升自由落震实验用有效重量 W_e 作为投放重量。主起落架的有效重量 W_e 按下式计算：

$$W_e = W_m \frac{h + (1 - L)d}{h + d} \tag{4-23}$$

前起落架的有效重量 W_e 按下式计算：

$$W_e = W_n \frac{h + (1 - L)d}{h + d} \tag{4-24}$$

式中，h 为规定的自由落震高度，单位为 m；d 为落体的重心位移。即轮胎在受撞击时的压缩量加上轮轴相对于落震重量位移的垂直分量，单位为 m；L 为飞机升力与飞机重力之比，不大于 1.0。

（2）确定投放高度。

投放高度由下式确定：

$$h = \sqrt{v_y^2/(2g)} \tag{4-25}$$

式中，v_y 为下沉速度，单位为 m/s；g 为重力加速度，单位为 m/s^2。

需要说明的是，当采用减缩质量法实验时，投放高度可以将式（4-25）计算值直接应用；当采用仿升法实验时，为了减小仿升设备作用瞬间的冲击载荷的影响，一般采用仿升力提前作用方法，这样会导致实验件在触台时刻的下沉速度略有减小，常采用略微提高投放高度来解决这一矛盾。

（3）确定仿升力。

通过仿升力理论值和仿升筒活塞面积即可算出仿升力压力值，典型的仿升力典型曲线如图 4-22 所示。

$$P = \frac{F}{nS} \tag{4-26}$$

式中，P 为仿升筒压力，单位为 MPa；F 为仿升力理论值，单位为 kN；n 为仿升筒个数；S 为仿升筒活塞面积，单位为 m^2。

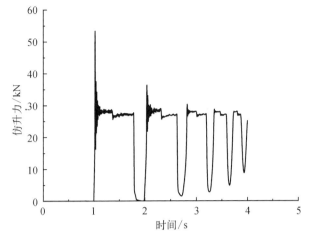

图 4 - 22　仿升力曲线

（4）航向速度。

航向速度可用专门的带转设备进行带转,一般情况下速度误差需在±3%以内。

2）实验加载方法

落震实验是在带有升力模拟装置的落震实验平台上进行,根据自由落体原理,对实验件采用单点起吊和投放的方法[14]。实验进行时,首先检查实验件结构状态和起落架充填参数;根据实验工况需要考核的下沉速度将实验件由起吊装置提升至给定高度;确认实验件高度后,启动飞机航向速度模拟系统,通过航向速度模拟装置将起落架轮胎沿飞机逆航向转动,待机轮转速达到预定值,实验件由快速释放锁瞬间释放,做自由落体运动,实验件下落机轮触及三向测力平台瞬间产生着陆载荷。同时,在实验件触及测力平台瞬间时刻,对实验件施加模拟升力。快速释放锁释放实验件瞬间,实验测量总控系统同步触发各测量子系统和高速摄像设备,记录实验数据。落震实验流程如图 4 - 23 所示。

升力模拟装置采用带储气功能的气体作动气缸形式实现,主要分为储气室、内部气缸、活塞杆三部分。活塞杆外部和机翼连接,内部和内部活塞连接,通过活塞压缩气缸内部压缩

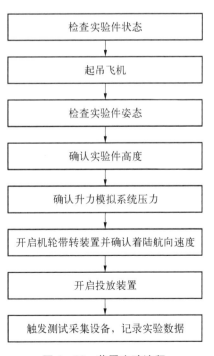

图 4 - 23　落震实验流程

空气提供机翼升力[15]。内部气缸顶端由外部连接管保持和大气连通,保证活塞在受拉力情况下可沿内部气缸运动。储气室和内部气缸通过内部连通孔连通,这样可以达到储气室内部压力由于气缸内部活塞运动而产生的内部压力增大程度尽可能小,杆输出模拟飞机升力保持基本恒定[16]。升力模拟装置结构原理图见图4-24。

图4-25~图4-28为落震实验相关原理及设备,该系统主要由机械设备、带转设备、测量设备等组成。机械设备主要包括:立柱、吊篮、提升释放装置等。立柱主要提供导向作用,吊篮模拟飞机当量质量。目前已发展了1TM、2TM、5TM、10TM、20TM、25TM、35TM、80TM 等不同规格的落震实验台。

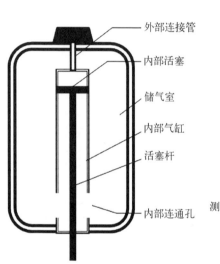

图4-24　升力模拟装置原理图

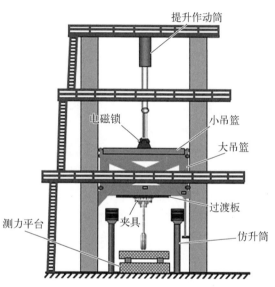

图4-25　落架落震实验原理

图4-26　机轮的硬轴带转图

图4-27　擦轮带转

机轮带转系统用于模拟机轮航向着陆速度,可以满足各种结构起落架的带转要求;主要包括六轮随动式、单轮随动式、单摩擦轮式、双摩擦轮式、四摩擦轮式、抗冲击伺服电机随动式带转系统。主要技术指标:最高带转速度为 400 km/h;精度为 1%F.S.[①]。

图 4 - 28　随动带转

3) 实验测控方法

落震实验中,需要测量的典型物理量包括撞击速度、结构关键位置处动态应变、加速度、地面撞击载荷。同时还需要用高速相机记录结构的动态变形历程。

测量系统传感器种类多,动态特性、供电方式均不一致,数据采集系统有地面安装用于测量结构动态应变和地面撞击载荷的数据采集器,也有安装在实验件内部用于记录加速度响应的抗冲击数据记录仪。同时,为了后续实验/分析,图像数据与结构响应数据必须做到时间同步。数据采集系统网络见图 4 - 29。

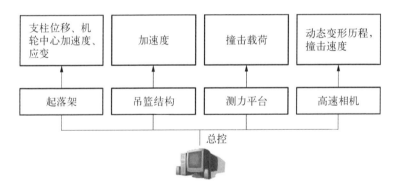

图 4 - 29　测量系统组成

为保证测量系统的同步,所有的测量设备由总控系统触发,触发信号为晶体管-晶体管逻辑(transistor transistor logic,TTL)电平,根据不同测量设备的最低电压设定。结构动态响应、动态应变、测力平台的采样率为 5 kHz,高速相机的采样帧频为 1 000 fps[②]。

三个方向动态载荷通过三向测力平台测得,常用的三向测力平台包括 250 kN、300 kN、360 kN、500 kN 等不同的规格,图 4 - 30 为三向测力平台的照片。

---

① F.S.表示满量程(full scale)。

② fps(frame per second),指画面每秒传输帧数。

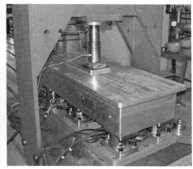

图 4-30　三向测力平台

利用高速摄像数字测量系统可以针对不同飞行器起落架的结构特点,精确测量机轮在动态运动下的空间轨迹、位移和速度等参数,图 4-31 为高速摄像系统位移测量[17]。

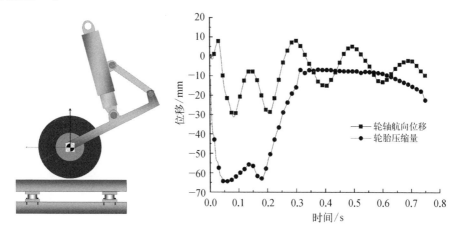

图 4-31　高速摄像系统位移测量

参考文献

[1]　中国人民解放军总装备部.军用飞机结构强度规范 第 8 部分:振动和航空声耐久性:GJB 67.8A—2008[S].北京:国防科工委军标出版发行部,2008.

[2]　国防科学技术工业委员会.舰载飞机强度和刚度规范振动、颤振和发散:GJB 2755—96[S].北京:国防科工委军标出版发行部,1996.

[3]　李仲佑,朱闯锋.基于功能原理的动载荷识别方法[J].国外电子测量技术,2020,39(10):51-54.

[4]　蒋祖国,田丁栓,周占廷.飞机结构载荷/环境谱[M].北京:电子工业出版社,2012.

[5]　冯振宇.运输类飞机适航要求解读:第 2 卷 结构[M].北京:航空工业出版社,2013.

[6]　孙侠生.民用飞机结构强度刚度设计与验证指南(第二册)[M].北京:航空工业出版社,2012.

[7]　中国飞机强度研究所.航空结构强度技术[M].北京:航空工业出版社,2013.

[8]　强宝平.飞机结构强度地面试验[M].北京:航空工业出版社,2014.

[9]　刘小川,周苏枫,马君峰,等.民机客舱下部吸能结构分析与试验相关性研究[J].航空学报,2012,33(12):2202-2210.

[10]　孙侠生.民用飞机结构强度刚度设计与验证指南(第三册)[M].北京:航空工业出版社,2012.

[11]　王亚锋,曹乐,刘继军.某型飞机双联座椅动态适航试验研究[C]//探索 创新 交流(第7集)——第七届中国航空学会青年科技论坛文集(下册),2016.

[12]　杨建波,任佳.起落架落震试验中缓冲系统投放功量修正方法研究[J].应用力学学报,2017,34(2):329-334.

[13]　胡锐,张飞,牟让科.减缩质量法与仿升法落震试验对比研究[J].科学技术创新,2021(28):145-147.

[14]　张欣玥,惠旭龙,刘小川,等.典型金属民机机身结构坠撞特性试验研究[J].航空学报,2022,40:1-14.

[15]　豆清波,杨智春,刘小川,等.舰载机全机落震试验方法[J].航空学报,2017,38(3):1-8.

[16]　豆清波,刘小川,奚杨风光,等.舰载机全机落震试验机翼升力模拟方法研究[J].振动与冲击,2018,37(2):51-56.

[17]　何嘉琦.基于高速摄像的起落架轮胎压缩量测量技术[J].今日制造与升级,2021(4):82-85.

第 5 章
飞行器疲劳载荷

在疲劳问题引起人们重视的初期,疲劳载荷仅是控制结构在使用载荷作用下计算出的应力,并使其低于材料在常幅对称循环($R=-1$)作用下的应力水平,也就是一般机械强度设计所用的持久极限(σ_{-1})判据,并不需要编制载荷谱。显然,这是一种非常保守的疲劳强度分析方法。但至今在一些机械工程和建筑工程中甚至在一些机械零件和标准件的鉴定试验中也还在沿用这种保守的方法。

随着疲劳分析方法和累积损伤理论的发展,以及结构疲劳实验技术的提高,就不再使用一般机械或建筑工程中惯用的疲劳持久极限控制方法。对于重量控制要求很严、可靠性要求很高的飞机结构,特别是自 20 世纪 50 年代彗星号灾难事故发生后,飞机结构的疲劳问题越来越引起人们的重视。随着疲劳分析与疲劳实验方法的发展,疲劳载荷谱的编制技术也就由简单到复杂,日益发展成为一门既具有较高技术含量又带有一定经验技巧在内的专业。它包括有载荷谱实测与统计处理、设计分析载荷谱的编制以及适用于不同实验技术发展阶段的"等幅谱"→"程序块谱"→"飞-续-飞随机谱"的编制技术。

对于民用飞机来说,在每次飞行的历程中,载荷谱的变化不像战斗类军机那么复杂,不一定对每个机型都要进行载荷谱实测,特别是在航线上营运飞行的空中机动谱和地面载荷谱,各种型号的民机基本上都是近似相同的。阵风载荷谱主要是基于全球大气紊流的大量统计数据,按照所设计飞机的飞行性能参数计算出来的。所以说,在民机的设计初期,载荷谱的数据来源不像军机那么困难。但是,如何按照不同疲劳分析方法要求编制疲劳分析应力谱以及如何适应现代实验技术编制能模拟真实飞行受载历程的"飞-续-飞"随机实验载荷谱,还是具有一定的技术难度。多年来,国外在民用飞机的载荷谱编制技术上都进行了大量的理论研究和工程应用研究。到目前为止,美国波音公司和欧洲空客公司的疲劳分析与疲劳试验载荷谱的编制方法,基本上已趋于标准化、程序化,并在其系列飞机上得以成功应用。

5.1　疲劳载荷及载荷谱

5.1.1　疲劳载荷源

载荷谱中应包括所有重要的疲劳载荷源。疲劳载荷源应包括发动机地面开车、功能检查、顶起、牵引、滑行、着陆、机动飞行、大气紊流、操纵系统工作、座舱增压、抖振、地形跟踪飞行和地–空–地循环等[1]。根据飞机的具体使用情况,载荷谱中可略去对结构损伤很小的某些重复载荷源。编制使用载荷谱应考虑并包括所有疲劳载荷源,且不应降低机体使用寿命。

1. 机动载荷

它是由于飞机在机动飞行中,过载的大小和方向改变使飞机承受的气动交变载荷,通常用过载大小和次数来表示。应根据飞机的设计使用方法,参照国内外同类飞机的实测数据编制机动载荷谱。在机动载荷谱中应确定对称和非对称以及稳定和急剧机动的适当比例。最终的载荷谱应考虑有关的变量,例如机动能力、战术和飞行控制律,以反映在设计使用分布之内计划的平均使用和机队 90% 飞机的预计使用能满足使用寿命。

2. 阵风载荷

它是由于飞机在不稳定气流中飞行时,受到不同方向和不同强度的阵风作用使飞机承受的气动交变载荷。阵风载荷应通过对连续紊流分析或离散阵风分析予以确定。

1) 连续紊流分析

连续紊流分析使用频谱方法将大气紊流环境描述成连续随机过程。紊流功率谱密度在频率内表示强迫函数,要求用动态分析确定弹性飞机结构的响应。应将飞机结构的每个任务段功率谱响应量之和与设计包线分析确定的最小规定响应量进行比较。应根据任务分析和设计包线分析中算出的最大载荷进行飞机设计。

2) 离散阵风分析

根据飞机预定的典型任务剖面确定载荷分布以及分布随时间、高度、总重和重心位置的变化。把这些任务剖面分成若干个任务段,分别算出各任务段有关参数的平均值和离散阵风响应参数 R。对于选定的载荷量 Y,用下面的超越次数方程确定阵风载荷谱:

$$N(Y) = \sum t\left[B_1 \exp\left(-\frac{Y - Y_{1g}}{a_1 R} \right) + B_2 \exp\left(-\frac{Y - Y_{1g}}{a_2 R} \right) \right] \qquad (5-1)$$

式中,Y 为任意选定的载荷量;Y_{1g} 为 $1g$ 水平飞行的载荷量;R 为载荷量 Y 的离散阵风响应参数,Y 的量纲是 m/s;a_1、a_2、B_1、B_2 为离散阵风统计参数。

3. 地面载荷

飞机的地面载荷谱主要用于起落架结构的疲劳分析与实验和用于构成飞机机体结构地-空-地循环载荷。地面载荷谱主要包括有牵引、起飞前滑跑、着陆撞击、着陆后滑跑、刹车、转弯等载荷。

1）着陆撞击载荷

着陆撞击载荷谱应考虑飞机预定的使用方法,包括下沉速度、前进速度、飞机姿态、机翼外挂物以及燃油分布等变量。可通过落震实验或缓冲器的性能计算,将各种下沉速度换算成起落架垂直载荷系数。同时应合理地考虑阻力载荷、侧向载荷及其出现频数与垂直载荷的组合作用。

垂直载荷和阻力载荷作用于轮轴中心,侧向载荷作用于轮胎接地面。缓冲支柱(器)压缩量取全行程的 25%~30%。

2）弹射起飞载荷

重量应取最大设计重量。释放装置上的飞机偏心定位的偏心距应取由相关标准中的准则得出的偏心距值的一半。其中半数起飞应在中心线右侧,另外半数起飞应在中心线左侧。每一次起飞载荷施加的顺序和大小应符合下述规定。

（1）缓冲载荷两个循环。每个循环的载荷应从零增至 GJB 67.4A—2008《军用飞机结构强度规范第 4 部分:地面载荷》中规定的释放装置载荷的 80%。每个循环结束时载荷应降到零。

（2）GJB 67.4A—2008 中规定的牵引载荷。

（3）含偏心定位影响的释放载荷。

（4）弹射滑跑期间产生的外载荷和内载荷,应包括发射杆与滑动柱塞之间的偏心距引起的弯矩以及偏心起飞时轮胎转向摩擦所产生的载荷。对占总数 100% 的起飞,牵引力应取相关标准中弹射装置弹射牵引力统计分布 90% 上百分位点对应的力。除此之外,所施加的牵引力应取 GJB 67.4A—2008 中规定的最大弹射牵引力。

3）地面滑行载荷

该情况主要考虑由于跑道和滑行道的不平度造成的损伤,在换算成起落架的载荷时,应考虑飞机刚体运动的影响,并根据飞机结构的具体情况来确定是否考虑起落架动态特性和结构动力响应的影响。缓冲支柱(器)的压缩量取相应重量下停机压缩量或取全行程的 70%~75%,轮胎取相应重量下的停机压缩量。垂直载荷作用于轮轴中心。

飞机也可按在跑道上的起飞和着陆滑跑的条件来设计。采用该计算方法时,应计及飞机全部有显著影响的刚体和弹性模态、起落架动态特性,同时应计入气动力和推力。在每一级跑道不平度水平上滑行使用的次数和机场类型应由订货方规定,滑行时间和速度由承制方按战术技术要求确定。

4）地面操作载荷

（1）按一般参数、特殊设计和构造参数及其合理组合规定刹车要求。刹车设计载荷应以诸如滑行道、跑道和轮胎情况的操作要求为基础。刹车要求应按适当速度确定。使用最大刹车压力的急刹车，在每次全停着陆中应出现 2~2.5 次，使用最大刹车力一半的中等刹车，在每次全停着陆中应出现 5~10 次。在给定任务期内，应包括每次全停着陆，也应把防滑装置的影响包括在内。

（2）转弯载荷。按一般参数、特殊设计和构造参数及其合理组合规定转弯要求。转弯设计载荷应以诸如滑行道、跑道和轮胎情况的操作要求为基础。转弯要求应按适当速度确定，但前落架转向角和有关转弯速度不应超过飞机重心处的侧向载荷系数 0.5 时所要求的值。

每次快速滑行中，等于 0.4 倍飞机重量的总侧向载荷从内侧和外侧交替施加的转弯应出现 5 次。侧向载荷系数的大小和频数应由承制方和订货方商定。

（3）牵引载荷。仅考虑前起落架受力情况。法向载荷取停机载荷。牵引载荷应作用于牵引点并沿牵引杆的方向。牵引载荷的幅值和频数应依各型飞机的实际使用情况制定。

5）起落架放下和收起载荷

（1）起落架快速放下。起落架快速放下的次数应等于着舰复飞和弹射起飞的次数。所施加的载荷应按 GJB 67.4A—2008 中的情况确定。

（2）起落架放下、收起和空中机轮刹车。起落架放下、收起和空中机轮刹车的循环次数应等于地-空-地循环次数。每个操作阶段所施加的载荷应按 GJB 67.4A—2008 中的规定确定。每次循环的顺序：① 起落架处于放下和锁定位置；② 空中机轮刹车；③ 起落架全收上至锁定位置；④ 起落架放下至锁定位置。用正常动力系统驱动。

6）其他地面载荷

其他地面载荷（谱），诸如打地转、最小半径转弯、发动机地面试车、前轮静态操纵等，应按一般参数和特殊参数合理组合规定要求编制，同时应考虑系统故障。

7）载荷作用点

除牵引载荷作用于牵引点外，其他如刹车、转弯、打地转、前轮静态操纵等情况的垂直、阻力和侧向载荷均作用于轮轴中心垂直向下的轮胎接地面。

4. 水面载荷

水上飞机的水面载荷谱应根据设计飞行的战术技术要求和同类飞机的实测数据获得。

在缺少这些实测数据时，可按功率谱方法计算水上飞机所遭遇的水面载荷谱。在计算中，应把飞机的典型任务剖面划分成任务段，对每个任务段计算出飞机对波浪的响应参数 N_0 和超越频数 $N(Y)$。

N_0 为响应特征频率,它是每秒以正斜率穿过零值的次数,或相当于响应量功率谱密度函数围绕零频的旋转半径。N_0 由下式计算:

$$N_0 = \frac{1}{2\pi}\left[\frac{\int_0^{\omega_t} 2\mid H(\omega)\mid^2 S(\omega)\,\mathrm{d}\omega}{\int_0^{\omega_t}\mid H(\omega)\mid^2 S(\omega)\,\mathrm{d}\omega}\right]^{\frac{1}{2}} \tag{5-2}$$

而 $N(Y)$ 为任意选定的载荷量 Y 的每秒超越次数,由下式计算:

$$N(Y) = N_0\exp\left(-\frac{Y^2}{2\int_0^{\omega_t}\mid H(\omega)\mid^2 S(\omega)\,\mathrm{d}\omega}\right) \tag{5-3}$$

在上面两个表达式中,ω_c 为截止圆频率。

计算出各个任务段的各级载荷量超越次数后,根据飞机的战术技术要求,合理地综合各个任务段的 $N(Y)$ 值以给出所要求的水面载荷谱。

海浪谱建议取:

$$S(\omega) = \frac{0.78}{\omega^5}\exp\left(\frac{3.11}{H_{1/3}^2\omega^4}\right) \tag{5-4}$$

式中,$H_{1/3}$ 为海浪的有效浪高,单位是 m;$\mid H(\omega)\mid$ 为反映飞机响应特点的频率响应函数,定义在有意义的频率范围内载荷量 Y 对单位正弦海浪的响应。$\mid H(\omega)\mid$ 可由飞机模型水池实验或结构动态分析方法获得。

5.1.2   飞机疲劳载荷谱及其编制方法

飞机在每次飞行中大致需要经过以下几个过程:起飞滑行—爬升—巡航(及作各种机动飞行)—下降—着陆撞击—滑行。地面滑行载荷、突风载荷、机动载荷和着陆撞击载荷等,都是飞机疲劳载荷的组成部分,并且在每次飞行中,这些载荷的载荷水平各不相同。飞机这种由地面到空中,再由空中到地面的载荷水平的变化历程[2],人们常称为地-空-地载荷循环,如图 5-1 所示。

由于飞机结构的各部件所处的地位不同,所承受的载荷时间历程有异,比如说,机动载荷及气动载荷和地-空-地循环可能是引起机翼结

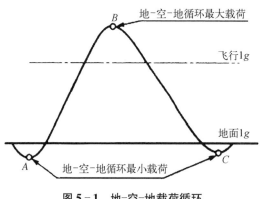

图 5-1   地-空-地载荷循环

构损伤的最主要的载荷;气密机身结构,充压载荷可能起主导作用;起落架结构,地面载荷则是引起损伤的最主要的载荷源;发动机架结构的损伤主要是由于发动机推力、扭矩和惯性载荷引起的;对于尾翼结构不能不考虑其共振引起的载荷增高所造成的结构动载荷下的疲劳破坏;对于发动机及其他噪声源严重区域的结构,应该考虑噪声疲劳问题;油箱结构则不能忽略油液晃动引起的疲劳问题等[3]。

在编制飞机结构载荷谱时,应根据飞机类型和飞机结构的实际情况,具体问题具体处理。

载荷的时间历程分为两大类:单机载荷时间历程和机群载荷时间历程。单机载荷时间历程是描述某架飞机在整个寿命使用期内所经历的载荷和环境的真实时间历程,它是该架飞机从出厂之日起,由安装在飞机上的载荷记录仪实测得到的各种数据,主要用于单机寿命监控。机群载荷谱是一种所有飞机可能经历的载荷和时间历程的统计代表。机群载荷谱可划分为两类:设计使用载荷谱和基准使用载荷谱。设计使用载荷谱用于新设计飞机的研制阶段;基准使用载荷谱是在飞机服役阶段,利用安装在部分或全部飞机上的载荷记录仪,记录它们实际经历的载荷与环境时间历程,然后做统计分析处理而成,用于确定该型飞机的服役使用寿命。

载荷谱型分为常幅谱、程序块谱和飞-续-飞谱。军用规范要求,在飞机结构耐久性和损伤容限分析及实验时,采用飞-续-飞随机(伪随机)载荷谱,如果要用程序块谱时,必须考虑地-空-地循环,特别是军用运输机。

下面重点介绍飞-续-飞随机谱。

在飞机所经历的载荷时间历程中,高低载荷排列顺序对裂纹扩展速率影响较大。由于飞机在地面和空中所经历的载荷有明显的差别。因此,在飞机结构耐久性和损伤容限规范中都要求使用能反映载荷顺序的飞-续-飞谱。飞-续-飞谱是以一次飞行接一次飞行的形式排列飞机所经历的载荷-时间历程,如图 5 - 2 所示。

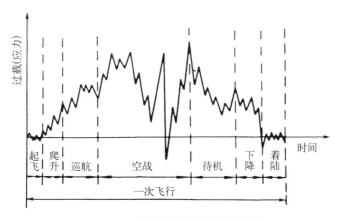

图 5 - 2　歼击机的任务段-任务段谱

每次飞行代表飞机一种特定的典型使用任务。该谱一般以一定的时间作为循环周期,例如100~500 FH。在一个循环周期内,各次飞行之间的载荷时间历程有差别,但它们的总合代表飞机所有典型使用任务。飞机将周而复始地依次重复该周期内的各次飞行,直至飞机的总使用寿命结束为止。

由于飞机在每次飞行中所经历的载荷及其顺序的随机性很大,因此,有多种排列每次飞行中载荷顺序的方法:一种方法是在每次飞行中按低-高-低的顺序排列所有的载荷循环;另一种方法是在每次飞行中,首先按实际情况排列那些可预计的载荷因素、顺序或条件,然后用随机抽样的办法排列那些不可预测的载荷因素、顺序或条件,这样就能较好地反映载荷谱的随机特性,目前国内外许多机种都采用这种方法。

根据主要考虑的可预测载荷顺序的不同,飞-续-飞谱可以分为3类:典型任务剖面谱、任务段-任务段谱和基本机动飞行谱。前两类已广泛使用,后者目前仅在一些新飞机中采用。

(1)典型任务剖面谱是以典型任务剖面为基础的飞-续-飞谱,每次飞行代表一个典型任务剖面,在每个任务剖面内载荷循环随机排列。

(2)任务段-任务段谱是以典型任务剖面为基础的飞-续-飞谱,该谱强调每次飞行中很明显的任务段顺序,即起飞、爬升、各种机动、下降、着陆等。因而必须从飞行实测或规范获得该种飞机各个任务段的载荷谱统计分析资料。在逐次排列的各次飞行中,首先按照可以预测的任务段顺序排列起来,然后,随机地从各任务段对应的载荷谱统计资料中提取和排列可能经受的各种载荷循环。图5-2表示了一种歼击机的任务段-任务段谱。不同类型的飞机(歼击机、轰炸机、运输机等)有不同的任务段,各任务段的载荷值及其变化情况相差也较大,因而它们之间在谱型上有较明显的差别,但编谱的方法是类似的。

(3)基本机动飞行谱是以许多最基本的机动飞行为基础的飞-续-飞谱。该谱主要针对以高机动过载为主的歼击/轰炸型的飞机。由于造成这类飞机结构损伤的最主要因素是各种复杂的机动飞行,因此,该谱强调并仔细划分各种机动飞行的实际执行的载荷循环。基本机动飞行的定义是:对某一典型使用任务和某种机动飞行状态(平衡对称、急剧对称、非对称),从某一可能的最小载荷值到最大载荷值之间一小段连续的飞行时间历程。它可以较为精确地确定在该小段飞行时间中造成飞机主要结构损伤的最大和最小载荷,得到较为精确的载荷循环。因此,这种谱的最大特点是能够充分反映在每个基本机动飞行中,结构各个疲劳关键部位在不同时间点上经历的最大和最小载荷循环。

(4)环境谱:环境包括化学、热和气候。对于歼击/攻击型飞机,主要考虑的环境是温度和腐蚀环境。前者来源于大气温度变化、发动机及气动加热等;后者主要是在沿海地区使用的盐雾以及其他腐蚀介质环境。对于大型飞机(如运输机、轰炸机等),还应当考虑货物和人为污染造成的腐蚀等。

目前在全尺寸结构实验中通常不施加环境谱。对于环境影响比较严重的部位,采用小试件在载荷/环境条件下的加速试验结果对试验结果进行修正。

5.2 基于疲劳过程两阶理论的设计方法

根据疲劳过程的两阶段论(即疲劳过程划分为裂纹形成和裂纹扩展两个阶段,构件在出现某一指定"工程裂纹"以前的寿命称为裂纹形成寿命,从工程裂纹扩展至临界裂纹的寿命为裂纹扩展寿命,全寿命为两者之和),我们将讲述安全寿命设计、损伤容限设计、耐久性设计以及可靠性设计思想和方法,使用这些设计方法,可以精确合理地对工程实际结构进行定量分析与设计[4]。

5.2.1 安全寿命设计

飞机结构破坏实际上是指飞机结构的关键部位发生了疲劳破坏,所以飞机结构关键部件的疲劳寿命就代表了飞机结构的疲劳寿命[5]。目前对于疲劳寿命有多种定义,如无裂纹寿命、裂纹扩展寿命、全寿命、安全寿命、使用寿命和经济寿命等。安全寿命和使用寿命等概念是考虑了安全系数和疲劳寿命的分散性以后的,无裂纹寿命或者全寿命的安全指标。经济寿命则指结构实际使用的寿命,结构使用一段时间后会产生疲劳破损,需进行修复,但到一定寿命后,修复的成本过于高昂,此即为经济寿命。

估算疲劳寿命的方法可分为名义应力法和局部应力-应变法。名义应力法有时称为当量应力集中系数法。应力严重系数法也是一种名义应力估算方法,它是一种专门用于连接件疲劳寿命估算的方法。

1. 名义应力法

飞机结构的安全寿命主要由各零部件的寿命决定。对构件进行安全寿命估算的基本步骤是:① 分析构件的疲劳应力谱;② 采用局部模拟实验测定构件的疲劳性能 S-N 曲线;③ 按照积累损伤理论估算构件的安全寿命。

通常通过实验的手段将危险区特征用小实验件表达出来,进行这种局部模拟实验应该满足的条件是,使小型模拟试样与实际构件在危险区这一局部的应力与应变尽可能一致。具体来说,要满足以下几个条件:① 模拟试样和实际构件的材料及工艺性应该一致;② 两者在危险区受力方式(拉压、弯曲等)相同;③ 两者的应力比 R 相同;④ 两者在危险区局部的尺寸基本相同,相差不宜过大;⑤ 两者在危险区局部的应力场应相同。为了做到这一点,首先要使理论应力集中系数 K 相同,并且尽可能地还要使截面上的应力分布规律相同,同时使截面上的应力梯度、残余应力与次级应力基本一样。在实际进行局部模拟实验时,前 4 个条件与第 5 个条件中的理论应力集中系数一致比较容易满足,第 5 个条件的其他因素,特别是应力梯度与次级应力的模拟比较困难。为此,除了需要进行细致的力学分析外,还要通过实验总结这方面的经验。当不能更好地做到模拟试样与实际构件在危险区局部的应力场相同时,至少要保证有相同的理论应力集中系数。

　　还要着重指出,在进行某一构件的局部模拟实验时,为检验模拟实验对实际构件的模拟是否合理,必须要和少量实际构件进行对比实验。如果这少量实际构件的实验结果和用来模拟它们的模拟试样的实验结果接近,则模拟试样的全部实验结果就可以代表实际构件的疲劳性能。如果实际构件的实验结果与对应的模拟试样的实验结果相差较大,则需要对模拟条件加以检查,以改进模拟试样。

　　下面仍以民机机翼大梁为例说明局部模拟实验。对于民用机机翼来说,梁是其主要受力构件,机翼的寿命常常取决于翼梁的疲劳强度。而对翼梁来说,承受拉应力的下突缘上的铆钉孔附近常常是其疲劳破坏的危险区。假如翼梁采用图 5-3(a)所示的工字型,那么进行局部模拟实验可以采用图 5-3(b)所示的小试样。下面就对这样的模拟试样和实际翼梁加以比较分析。

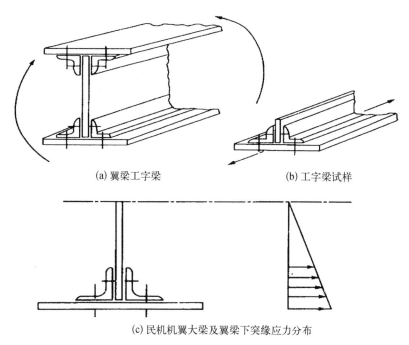

(a) 翼梁工字梁　　　　　　　　　　(b) 工字梁试样

(c) 民机机翼大梁及翼梁下突缘应力分布

图 5-3　民机翼梁结构示意及应力分布

　　(1) 两者的材料及工艺性可以做到一致。
　　(2) 翼梁弯曲时在下突缘上受到拉力,在模拟试样的两端也施加同样大小的拉伸载荷。

（3）实验中可以保证两者所加的交变应力的应力比相同。

（4）模拟试样与实际翼梁在危险区：下突缘部分尺寸相同。

（5）关于危险区局部的应力场：① 当模拟试样的外形和尺寸与翼梁危险区部分一致时，可以做到两者的理论应力集中系数相同；② 关于应力分布规律。模拟试样在截面上应力是均布的，翼梁下突缘上的正应力分布严格地说是线性分布，如图 5 - 3（c）所示，但是，由于下突缘的厚度和整个翼梁的高度相比要小得多，所以应力可近似认为是均布的，也就是说，近似认为两者分布规律是相同的。这种近似对于下蒙皮来说比较精确，而对角材部分则有一定的差异；③ 由于铆接工艺性得到保证，所以残余应力的情况基本相同；④ 由于局部结构的一致，所以两者的应力梯度与次级应力的情况也基本一致；⑤ 翼梁下突缘的上部承受腹板传递的剪力作用，而小试样上部是自由表面，因此，小试样在上表面的边界条件与真实翼梁有所不同。

从上面的分析可见，模拟试样还是相当好地模拟了翼梁。如果模拟实验与翼梁的对比实验结果基本一致，那么，用模拟试样在疲劳实验机上进行实验所得到的 S - N 曲线，即可作为翼梁的安全寿命估算的依据。

2. 其他疲劳设计方法

飞机结构是由成千上万的零件，通过铆钉、螺栓等紧固件连接而成，所以连接件的寿命估算是飞机结构疲劳寿命估算的一个重要课题。应力严重系数法也是一种名义应力法，主要用于连接件的疲劳寿命估算。经过细节应力分析，知道了各孔的传递载荷和旁路载荷，就可以计算各元件上孔的应力严重系数，再结合材料的疲劳特性 S - N 曲线和等寿命图，就可进行寿命估算。

常规疲劳设计法是以名义应力为基本设计参数，按名义应力进行抗疲劳设计。目前仍然广泛应用的评价飞机结构疲劳强度的名义应力法存在着某些缺点，其主要不足表现在以下三个方面。

方面一，采用名义应力法计算结构的疲劳寿命时，都采用由缺口或光滑试样得到的 S - N 曲线。现有研究证明，具有相同应力集中系数的元件，在缺口根部不一定会有相同的应力，这已被许多事实所证明。

方面二，名义应力法所算的寿命，传统的说法是指到破坏时的寿命。根据安全寿命的概念，这里所说的"破坏"是指出现可检裂纹的寿命，但是，计算中所采用的 S - N 数据往往都是由小尺寸试样得到的，而小尺寸试样的寿命又都是到"断裂"时的寿命，这样，小试样的断裂寿命中包括了裂纹扩展部分。通常，这部分寿命占的比例很小，但对于板状的试样，这部分寿命就占较大的比例，因此，计算结构元件的疲劳寿命与小试样的疲劳寿命相比较就比较困难。

以上两个缺点概括起来就是一句话：结构与小试样的疲劳特性之间不存在真正的当量关系。

方面三,由于应力集中的原因,局部区域的应力常常会超过屈服极限,而使材料进入塑性状态。

峰值载荷和缺口根部塑性变形产生的残余应力的情况,可由图5-4加以说明。该图的左半部分代表相应于一个载荷谱的名义应力顺序。在图中,试样的左半部分代表加载和卸载的净截面的应变分布。当名义应力已恢复到零时,缺口根部仍然存在着较大的应变。试样的右半部分表明加载和卸载的应力状态,缺口根部应力超过了材料的屈服强度。当名义应力已经恢复到零时,缺口附近还存在着一个自成平衡的应力状态,缺口根部有残余压应力。图中右半部分表明对应于名义应力顺序的缺口根部的真实应力顺序。名义应力顺序中一个大载荷发生后,较小载荷循环的平均应力则有所改变,而一个负的峰值载荷又会消除(或部分消除)这一改变。

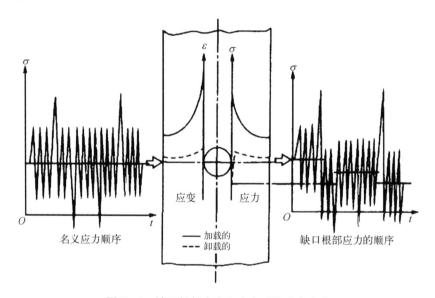

图5-4 缺口根部应力和应变以及残余应力

在疲劳寿命估算中,如果采用应力集中区附近的局部应力和应变代替名义应力,就可以克服前面所说的一些主要缺点。实际上,决定零件疲劳强度和寿命的是应变集中(或应力集中)处的最大局部应力和应变,因此,近代在应变分析和低周疲劳的基础上,提出了一种新的疲劳寿命估算方法:局部应力-应变法。采用某些方法计算疲劳危险部位的局部应力-应变历程,再结合材料相应的疲劳特性曲线进行寿命估算的方法称为"局部应力-应变法"。

局部应力-应变法具有以下特点:① 由于应变是可以测量的,而且已被证明是一个与低周疲劳相关的极好参数,根据应变分析的方法,就可以将高低周疲劳寿命的估算方法统一起来;② 使用这种方法时,只需知道应变集中部位的局部应力或局部应变和基本的材料疲劳性能数据,就可以估算零件的裂纹形成寿命,避免了大量的结构疲劳实验;③ 这种方法可以考虑载荷顺序对局部应力或局部应变的影响,特别适用于随机载荷下的寿命估算。另外,这种方法易于与计数法结合起来,可以利用计算机进行复杂的计算[6]。

名义应力有限寿命设计法估算出的是总寿命,而局部应力-应变法估算出的是裂纹形成寿命。这种方法常常与断裂力学方法联合使用,用这种方法估算出裂纹形成寿命以后,再用断裂力学方法估算出裂纹扩展寿命,两阶段寿命之和即为零件的总寿命[7]。局部应力-应变法虽然有很多优点,但它并不能取代名义应力法。

5.2.2　损伤容限设计

我国早期飞机都是按静强度准则设计,在 20 世纪 60 年代初期才接触到疲劳问题,通过部件和全机疲劳实验确定其疲劳寿命,并以其出现宏观可检裂纹算作疲劳寿命的终点。但实际上,从裂纹形成到断裂还有相当长的寿命,部件或全机的总寿命应是裂纹形成寿命与裂纹扩展寿命之和[8]。在常规的"安全寿命"设计中,是以光滑试样测得的 S-N 曲线为依据,进行疲劳设计。对某些重要的承力构件,即使根据疲劳强度极限给予安全系数进行设计,构件在使用过程中,有时仍会过早地发生意外破坏,这是由于测定材料疲劳特性所用试样与实际构件间有着根本的差别所致。构件在加工制造和使用过程中,会因锻造缺陷、焊接裂纹、表面划痕和腐蚀坑等而造成表面或内部裂纹。带裂纹构件在承受交变载荷作用时,裂纹发生扩展,从而导致构件突然断裂,因此,承认构件存在裂纹这一客观事实,并考虑裂纹在交变载荷作用下的扩展特性,将是疲劳设计的发展途径和补充。

随着飞机、火箭、船舶等运载工具制造业的迅速发展,并且由于疲劳破坏而导致脆性断裂事故的大量出现,对结构设计的要求越来越高。为此,损伤容限设计进入了人们的视线,这种方法建立在安全寿命设计基础上,损伤容限设计的核心思想为:允许飞机构件在使用期间出现疲劳裂纹,但是必须保证裂纹的扩展速度很低,当结构出现裂纹时,缓慢的裂纹扩展能够保证飞机安全运行至下次检修时。这样,就会遇到一个问题,即如何正确地、适当地选择构件材料,采取止裂措施和确定飞机检修周期,以保证构件正常地工作[9]。为此,对裂纹扩展速率的研究,以及对材料抵抗裂纹快速扩展能力的探讨必不可少,这就给断裂力学研究提出了新课题。

1. 线弹性断裂力学

断裂力学是一门研究材料及结构断裂强度的力学。它是怎样提出和发展起来的呢? 我们知道,在强度计算中,检验构件是否发生断裂的强度条件是

$$\sigma < \sigma_b$$

式中, σ_b 是材料的强度极限,它就作为材料断裂的主要指标。按照这种观点,哪种材料 σ_b 高,哪种材料抵抗断裂的能力就强;在工程实际中,特别是在飞机设计中,为了以较轻的重量承受较大的载荷,需要强度高的材料。于是过去人们在相当长的一段时间里,致力于提高材料的强度极限。随着冶炼技术的进步,新材料新工艺的快速发展,一大批高强度材料不断涌现,并用于航空工业,有些材料的 σ_b 可达到 2 000 MPa 以上。高强度材料的广泛应用,带来了新的问题,即在工程实践中不断出现了一些低应力下断裂的严重事故,也就是说,在应力远小于 σ_b 时构件就发生了断裂。这是为什么呢? 通过对实验观察和分析,发现结构的破坏过程不是应力达到 σ_b 而破坏,而是在低于 σ_b 的应力下微小裂纹扩展而造成的断裂。这种低应力下的断裂现象是由于实际构件中存在着微小裂纹而产生。断裂力学的产生来自生产实际的需要,它正随着生产实践的发展而不断发展。断裂力学在飞机疲劳设计中的应用,更给断裂力学的发展以很大的推动。

带裂纹构件,按其受力变形方式可分为三种基本类型,即张开型、滑开型和撕开型,也称为第 I 型、第 II 型和第 III 型(图 5 - 5) [10]。

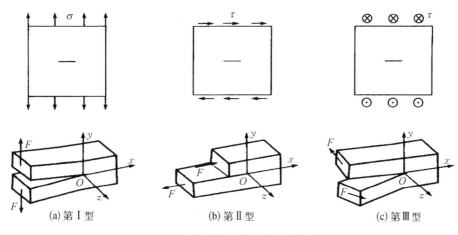

(a) 第 I 型   (b) 第 II 型   (c) 第 III 型

图 5 - 5　裂纹的三种基本类型

(1) 在垂直于裂纹面的拉应力 σ 作用下,裂纹张开,称为"张开型",标作 I 型。

(2) 在平行于裂纹面且垂直于裂纹尖端的剪应力 τ 作用下,裂纹平面内错开,称为"错开型",标作 II 型。

(3) 在平行于裂纹面且平行于裂纹尖端的剪应力 τ 的作用下,裂纹被撕开,称为"撕开型",标作 III 型。

图 5 - 5 所示的是从上表面贯穿到下表面的裂纹,这样的裂纹称为穿透性裂纹。在这三种受力情况与扩展型式中,由于第 I 型(张开型)加载是最常见的,也是引起脆性破坏最危险的情况,因此对第 I 型加载研究最多,下面主要讨论穿透型裂

纹的第 I 型受力情况与扩展形式。为了后文讲述的需要,要区分两种不同的平面状态。一般情况下,可认为裂纹尖端的塑性区域非常微小,从而可用线弹性力学来分析裂纹的行为,裂纹尖端附近区域的应力应变场皆可由一个参量 K 来表征,它标志着裂纹尖端附近区域应力场强弱的程度,称为应力强度因子。

接下来我们将分别对平面应力状态和平面应变状态下的强度因子进行讨论。

1) 平面应变状态下的应力强度因子 K_I 与断裂因子 K_{IC}

在均匀拉应力 σ 作用下的平板,板内有一垂于拉应力方向的穿透裂纹(图 5-6),其长度 $2a$ 远比板的长度和宽度小,并且板的上下边缘距裂纹较远时,此板可以看作“无限大”板。板厚足够大,可以看成平面应变状态。

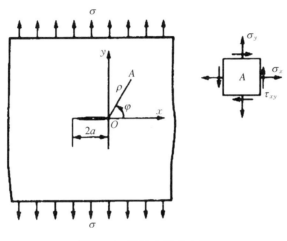

图 5-6　裂纹尖端应力场

用线弹性力学的方法,对裂纹尖端附近区域应变场进行分析,得出在该区域内任一点(其极坐标为 ρ、φ,如图 5-6 所示)应力分量 σ_x、σ_y、τ_{xy} 的表达式为

$$\sigma_x = \frac{K_I}{\sqrt{2\pi\rho}}\cos\frac{\varphi}{2}\left(1 - \sin\frac{\varphi}{2}\sin\frac{3\varphi}{2}\right)$$

$$\sigma_y = \frac{K_I}{\sqrt{2\pi\rho}}\cos\frac{\varphi}{2}\left(1 + \sin\frac{\varphi}{2}\sin\frac{3\varphi}{2}\right) \qquad (5-5)$$

$$\tau_{xy} = \frac{K_I}{\sqrt{2\pi\rho}}\sin\frac{\varphi}{2}\cos\frac{\varphi}{2}\cos\frac{3\varphi}{2}$$

$$K_I = \sigma\sqrt{\pi a} \qquad (5-6)$$

式(5-6)略去了 ρ 的高阶项,所以式(5-6)仅适用于裂纹尖端很小的范围,即

在 ρ 远比裂尖长度小的范围内,式(5-6)才是较好的表达式,它给出了裂纹尖端附近的应力分布情况,在裂纹尖端附近处于裂纹延长线上,即裂纹尖端点 O 距离为 ρ 处的应力 σ_y 的公式为

$$\sigma_y = \sqrt{\frac{a}{2\rho}} \cdot \sigma$$

由此式及式(5-4)可以看出,裂纹尖端附近区域的整个应力场的强弱程度取决于参量 K_{I},K_{I} 称为应力强度因子,它是名义应力 σ 和裂纹几何参量 a 的函数。

既然应力强度因子 K_{I} 的大小决定裂纹尖端附近区域的应力场强弱程度,根据材料脆性断裂的统计强度理论的观点,构件最大应力区足够大体积内的应力都达到了材料特定的临界值时,即发生脆性断裂,因此,应力强度因子可以用来作为构件脆性断裂的判据,即

$$K_{\mathrm{I}} = K_{\mathrm{IC}} \tag{5-7}$$

式中,K_{IC} 是构件在静载荷作用下裂纹开始失稳扩展时的 K_{I} 值,即 K_{I} 的临界值。它是材料在三向拉伸应力状态下的裂纹扩展抗力,称为材料的平面应变断裂韧性。

这里要强调一下,从物理意义上来说,K_{I} 是描述裂纹尖端应力或应变场的参数,代表带裂纹构件的工作状态,而 K_{IC} 则是材料本身的性质。由式(5-7)可知,在一般环境和静载荷作用条件下,要使带裂纹构件能安全使用,就需将其工作时的应力强度因子 K_{I} 限制在临界值 K_{IC} 之下。应该指出,式(5-6)是根据理想线弹性条件推导出的,当实际构件裂纹尖端附近存在屈服区时,按理就不服从线弹性规律;但如果屈服区很微小,则经过适当修正,仍可以用该式进行计算。

2)平面应力状态下的应力强度因子 $\overline{K_{\mathrm{I}}}$ 与断裂韧性 K_{C}

根据弹性力学的分析,平面应力状态下的应力公式和平面应变状态下相同。因此,在裂纹尖端附近处于裂纹延线上,距裂纹尖端点 O 距离为 ρ 处的应力 σ_y 的公式为

$$\sigma_y = \sqrt{\frac{a}{2\rho}} \cdot \sigma \tag{5-8}$$

引入平面应力状态下,无限大平板的 I 型应力强度因子:

$$\overline{K_{\mathrm{I}}} = \sqrt{\pi a} \cdot \sigma$$

因此,在平面应力状态下,带裂纹构件不发生断裂的强度条件可类似写成:

$$\overline{K_{\mathrm{I}}} < K_{\mathrm{C}} \tag{5-9}$$

式中,K_{C} 叫做材料的平面应力断裂韧性。

2. 疲劳裂纹扩展速率

损伤容限设计原则允许构件在使用寿命中出现裂纹,发生破损,但在下次检修前,要保持一定的剩余强度,这个"一定的剩余强度"用破损安全载荷来衡量。如果说,在无裂纹时构件要求承受极限载荷,那么在出现裂纹后,仍要保证能承受规定的破损安全载荷。根据不同用途飞机的不同要求,破损安全载荷一般取极限载荷的 60%~80%。

当构件无裂纹时,可承受极限载荷值(图 5–7),对于一个含有表面初始裂纹 a_0 的构件,在承受静荷(通常环境)时,只有其应力水平达到临界应力 σ_c 时,即裂纹尖端的应力强度因子达到临界值 K_{IC} (或 K_C) 时,才会立即发生脆性断裂(图 5–7)。若将静应力水平降低到 σ_0,则构件不会发生破坏,但如构件承受一个与静应力 σ_0 大小相等的脉动循环的交变应力(图 5–8 左侧)作用,则当构件出现初始裂纹 a_0 后,裂纹将缓慢地扩展,其所能承受的载荷值下降,当它达到临界裂纹尺寸 a_C 时,同样地会发生脆性破坏。此时对应于破损安全

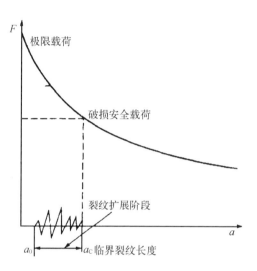

图 5–7　裂纹扩展 F–a 曲线

载荷的裂纹长度 a_C 称为临界裂纹长度。裂纹在交变应力作用下,由初始值 a_0 到临界值这一段扩展过程,称为疲劳裂纹的亚临界扩展。裂纹由可检长度 a_0 扩展到临界裂纹长度 a_C 所需的时间称为"裂纹扩展寿命"。为确保构件的安全工作,要求构件的裂纹扩展寿命必须大于飞机的检修周期,因此,对构件进行损伤容限设计的一个重要问题,就是确定构件在疲劳载荷谱作用下的裂纹扩展寿命[11]。

为了得到疲劳裂纹扩展寿命,需要确定裂纹扩展速率、可检裂纹长度 a_0 和临界裂纹长度 a_C 的数值。a_0 一般取作有关检测技术所能达到的裂纹大小,常取 1.0 mm 左右,而临界裂纹长度 a_C 的确定,则需要首先得到如图 5–7 所示的 F–a 曲线。一般说来,图 5–7 中的 F–a 曲线是利用具有不同裂纹长度 a 的一组模拟试样,进行静力破坏实验得到,但完全用模拟试样得到 F–a 曲线既不经济,也费时间,为此,可以用断裂力学的知识作为实验的指导和依据。在上节中,曾给出了带裂纹构件的断裂条件为

$$\overline{K}_I = K_C$$

而

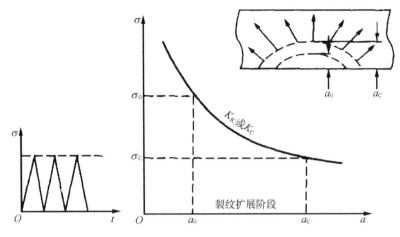

图 5 - 8   临界裂纹长度和亚临界裂纹扩展

$$\overline{K}_\mathrm{I} = \sqrt{\pi a_1} \cdot \sigma \cdot \alpha = \sqrt{\pi k a} \cdot \sigma \cdot \alpha = (\sqrt{\pi k} \cdot \alpha)\sigma \cdot \sqrt{a}$$

于是

$$(\sqrt{\pi k} \cdot \alpha)\sigma \cdot \sqrt{a} = K_\mathrm{C}$$

$$\sigma = \frac{K_\mathrm{C}}{\sqrt{\pi k} \cdot a} \cdot \frac{1}{\sqrt{a}} \qquad (5-10)$$

式(5-10)给出了一条 σ-a 曲线,稍加变换就能得到 F-a 曲线。

3. 断裂控制

飞机主要结构的严重破坏,不少是由于存在漏检的缺陷或裂纹而引起的,为了减少这些灾难性事件,确保飞机结构的安全与耐久,就必须应用断裂力学概念,从飞机结构的完整性(强度、刚度与使用寿命)方面进行合理的控制,这就是断裂控制的意义。在现代飞机设计中,飞机结构中那些对飞机完整性与人身安全起关键作用的主要结构,必须进行损伤容限设计。所谓损伤容限设计就是按断裂控制的要求进行设计。断裂控制包含着丰富的实际内容,其主要内容包括: 精心选择和使用结构材料;设计和使用具有高度开敞性、可检性的损伤容限结构布局;制定合理的检验程序;控制安全工作应力。按照这四方面要求进行设计就是损伤容限设计。

5.2.3   耐久性设计

在前两节内容中,分别介绍了飞行器结构设计用的安全寿命设计和损伤容限设计。安全寿命设计认为结构使用前完好无损,并且期望结构在使用寿命期间内不会形成裂纹,据此,能够确定一个零部件或整机在飞-续-飞谱作用下的安全使用寿命。而损伤容限设计则承认结构在使用前存在初始缺陷(一条或几条主裂纹)，并且裂纹较长，一般在 1 mm 以上，通过估算初始裂纹至临界裂纹的扩展寿命，能够确定一个零部件在飞-续-飞谱作用下的检修周期。

多年来，机械制造业一直将安全寿命设计与损伤容限设计有机地结合起来，以安全寿命设计定寿，以损伤容限设计保障安全，取得了良好的效果，并得到更加广泛的应用。但目前，工程裂纹尺寸的选取尚无统一规定，且同一疲劳过程的工程裂纹形成前后，所采用的设计方法和理论体系迥然不同，难以统一。

20 世纪 70 年代末 80 年代初，经济维修性要求促进了耐久性设计的发展，并最先在美国 F－16 飞机设计中得到应用。耐久性是指在规定期限内，飞机结构抵抗疲劳开裂(包括应力腐蚀和氢引起的开裂)、腐蚀、热退化、剥离、磨损和外来损伤作用的能力。耐久性设计认为所有的材料和零构件在使用前都存在初始缺陷或裂纹，那么，依据断裂力学原理和小裂纹扩展速率方程，就能估算出结构细节由微小的初始缺陷扩展至一个相对较小的宏观裂纹尺寸(对紧固孔，以 0.4~1.2 mm 为宜)所经历的寿命，确定经济修理极限，并制定检修周期。可见，耐久性设计的思路和方法，与损伤容限设计相近，并接近统一。此外，耐久性设计的基础——初始缺陷尺寸是由结构全部细节的裂纹群(主要在 1 mm 以下的较小的亚临界裂纹)的耐久性实验数据得到的，因此，耐久性设计可以定量地确定全部细节的裂纹尺寸，并提供其"损伤度"的定量描述。

至于耐久性设计中经常提到的经济寿命和经济修理极限，并不是耐久性设计独有的新概念和新名词，其实在安全寿命设计中就包含这些概念。所谓经济寿命是指结构实际使用的寿命，结构使用到一定寿命而破损较严重后，不修不能用，再修不经济，此寿命即为经济寿命，此时所对应的裂纹尺寸即为经济修理极限。耐久性设计通常采用概率断裂力学方法、确定性裂纹扩展方法和裂纹萌生方法。下面就分述这 3 种方法。

1. 概率断裂力学方法

概率断裂力学方法(probabilistic fracture mechanics approach, PFMA)认为，结构某细节的整体原始疲劳质量(initial fatigue quality, IFQ)，可以用一个随机变量——当量初始裂纹尺寸(equivalent initial flaw size, EIFS)表示，结合 EIFS 和裂纹扩展方程，就可确定指定使用时间下裂纹尺寸超越指定参考裂纹尺寸的结构细节数，从而确定损伤度。为确定 EIFS，通常对结构细节的试样进行几种不同应力水平的指定载荷谱下的疲劳实验，由实验结果和断口判读数据，得到试样的裂纹形成时间(time to crack initiation, TTCI)分布，通过裂纹扩展控制曲线，可由 TTCI 及其分布推算出 EIFS 及其分布。PFMA 方法的具体步骤为:

(1) 确定耐久性分析对象和范围;

(2) 对各细节群进行应力区划分，即对损伤度评定范围内结构确定高、中、低

三种应力水平,各应力区中的各细节处的名义应力认为基本相同(一般控制在 5% 左右);

(3) 确定各个应力水平区内结构细节原始疲劳质量(IFQ)或当量初始缺陷尺寸(EIFS)及其分布;

(4) 确定各应力区的使用期裂纹扩展控制曲线(service crack growth master curve, SCGMC);

(5) 确定各应力区的裂纹超越数概率和裂纹超越数,从而确定各细节群的裂纹超越数和结构的裂纹超越数;

(6) 评估结构损伤度并预测经济寿命。首先进行修理前(结构初始状态)的损伤度评估与经济寿命预测:如果不进行修理,经济寿命达不到指定的使用寿命要求时,则应提出合理的修理方案,并给出相应修理后的损伤度评估及经济寿命预测;

(7) 给出合理的结构修理大纲及相应的结构经济寿命,判断其是否可以达到结构的设计使用寿命。

需要特别指出的是: 在耐久性设计的 PFMA 方法中,由于结构细节的裂纹长度均相当小,因此在统计上可将各裂纹均视为互相独立的随机变量。

2. 确定性裂纹增长方法

确定性裂纹增长法(deterministic crack growth approach, DCGA)是用断裂力学原理对结构进行耐久性分析的一种方法。采用该方法可节省大量实验费用,在典型元件的实验基础上,可对各种载荷谱下,复杂几何形状结构进行耐久性分析,并且可以使耐久性分析与损伤容限分析工作协调进行。

由于结构典型细节的初始质量 IFQ 主要决定于材料、加工、检测的水平和质量,并且与结构的几何形状有关,但与载荷谱与应力水平无关,故 DCGA 在确定 IFQ 时,只采用恒幅载荷和某一级应力水平,进行典型细节的裂纹形成和扩展实验,测定出裂纹扩展到裂纹参考尺寸 a_t 的 TTCI 分布,TTCI 分布仍服从三参数 Weibull 分布。

DCGA 还采用恒幅和恒定应力比(与 TTCI 实验取相同值)下的小裂纹扩展方程,作为 EIFS 控制曲线。EIFS 控制曲线采用下列形式:

$$\frac{\mathrm{d}a}{\mathrm{d}N} = C[a(N)]^m \tag{5-11}$$

式中,C 和 m 为材料常数,由 TTCI 实验数据拟合得到。EIFS 控制曲线和使用期裂纹扩展控制曲线(SCGMC)形式相同,指数 m 均采用该材料的 Walker 裂纹扩展速率表达式的指数 m,而材料常数 C 则由实验数据拟合获得。利用 EIFS 控制曲线[式(5-11)],由 TTCI 分布反推得到 EIFS 分布,由此可知 TTCI 和 EIFS 分布均与载荷谱形式和应力水平无关,是通用分布。它与 PFMA 不同之处是,采用某一级应力水平的恒幅载荷谱进行耐久性实验,故 EIFS 不包含应力水平和载荷谱的影响。

耐久性分析的裂纹尺寸范围较小,因此需选择适合于较小裂纹扩展的超载迟滞模型,如闭合模型等。采用 Walker 裂纹扩展方程,在给定应力水平的载荷谱作用下,计算从当量初始裂纹尺寸扩展到经济修理极限过程中,裂纹长度 a 与循环次数 N 的关系曲线(a-N 曲线),将此谱载荷下小裂纹扩展曲线作为 SCGMC。显然,它考虑小裂纹扩展特点,以及载荷顺序、应力水平、材料和几何特性的影响,因此适用于各种细节和载荷谱。为了与 EIFS 控制曲线相容,SCGMC 仍采用 EIFS 控制曲线[式(5-11)]相同的形式,其指数 m 与 EIFS 控制曲线的指数相同,根据不同应力水平得到相应的 C 值。

DCGA 在确定裂纹扩展超越数、经济寿命预测和损伤度评定等方面均与 PFMA 相同。在结构耐久性分析时已有 PFMA 分析方法和计算程序,此时可将典型元件得到的 TTCI 分布,采用裂纹扩展速率方程(如 Walker 方程)和超载迟滞模型(如改进的 Willenborg 模型或适用于小裂纹扩展的闭合模型),转化为不同应力水平(高、中、低三种应力水平)和不同谱载荷下 TTCI 分布。其他计算方法和程序均相同,因此可减少大量实验工作量。

3. 裂纹萌生方法

如前面所述,耐久性分析的概率断裂力学方法(PFMA)必须有描述结构细节的原始疲劳质量(IFQ)的通用 EIFS 分布,而 EIFS 分布与载荷谱形式有一定的关系,需由接近于使用谱的飞-续-飞随机谱,或多级块谱下的模拟试样的耐久性实验得到,实验时选取 3 种应力水平。确定性裂纹增长法(DCGA)也必须有较小裂纹的 da/dN,以及对应于所选用的裂纹扩展解析程序的过载迟滞模型参数作为基础,这些数据尚缺乏必要的积累,实验测定也有相当的工作量,而且 DCGA 不能给出全部细节损伤度随时间的变化函数。常规疲劳分析方法(conventional fatigue approach, CFA)经过多年的发展,有较完整的理论和方法,并有相当多的材料疲劳特性实验数据的积累(如 P-S-N 曲线等);它无需通用 EIFS 分布,因而适应于任意变化的载荷谱,具有较大的通用性。但是,CFA 不能定量地确定全部细节的裂纹尺寸,无法对作为时间函数的"损伤度"提供定量的描述。耐久性分析的裂纹萌生方法(crack initiation approach, CIA)是在常规疲劳分析方法基础上发展而来的耐久性分析方法,保留了不需要通用 EIFS 分布、适应于任意载荷谱的优点,同时,只要进行一(或二)组模拟试样的恒幅裂纹萌生寿命实验,即可达到评估结构损伤度和预测经济寿命的目的,是一种行之有效的耐久性分析方法,该方法已成功地应用于我国若干飞机结构的研制及定寿中的耐久性评定。

5.2.4　可靠性设计

高周疲劳通常是指构件承受的应力水平较低且应力循环数很高的问题,此时结构的设计原则为无限寿命设计,主要在校核中考虑应力因素。当构件在高应力水平作用下工作状态处于低周疲劳占主导地位时(如飞机结构、重型机械部件等),则应进行有限寿命设计,其安全性由寿命控制[1]。

进行无限寿命设计时,通常采用应力-强度干涉模型。美国波音飞机公司最先采用一维应力-强度干涉模型对直升机部件进行可靠性评定。此处,一维应力-强度指的是:对施加于构件上的疲劳应力和构件对疲劳的抗力(疲劳强度),只考虑其幅值的随机变化,而将均值视为恒定的,且疲劳应力和疲劳强度保持相同的平均应力。本节介绍一维应力-强度干涉模型的基本原理。

设疲劳应力和疲劳极限为两个互相独立的正态变量 X_1 和 X_2,其正态概率密度函数分别为

$$f(x_1) = \frac{1}{\sigma_1\sqrt{2\pi}} e^{-\frac{(x_1-\mu_1)^2}{2\sigma_1^2}} \tag{5-12}$$

$$g(x_2) = \frac{1}{\sigma_2\sqrt{2\pi}} e^{-\frac{(x_2-\mu_2)^2}{2\sigma_2^2}} \tag{5-13}$$

式中, σ_1 和 σ_2 分别表示疲劳应力和疲劳极限的母体标准差,并假定疲劳应力母体平均值 μ_1 小于疲劳极限母体平均值 μ_2。正态概率密度曲线绘于图 5-9 中。

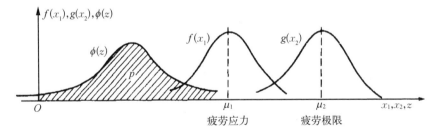

图 5-9   一维应力-强度干涉模型

构件的可靠度 p 等于 X_2 大于 X_1 的概率,令 $\zeta = X_2 - X_1$,于是

$$p = P(X_2 > X_1) = P(X_2 - X_1 > 0) = P(\zeta > 0) \tag{5-14}$$

于是 ζ 的概率密度函数为

$$\phi(z) = \frac{1}{\sqrt{\sigma_2^2 + \sigma_1^2}\sqrt{2\pi}} \exp\left\{-\frac{[z - (\mu_2 - \mu_1)]^2}{2(\sigma_2^2 + \sigma_1^2)}\right\} \tag{5-15}$$

已知 ζ 的概率密度函数后,根据式(5-14)即可求出可靠度:

$$p = P(\zeta > 0) = \int_0^\infty \phi(z)\mathrm{d}z \qquad (5-16)$$

可见 p 等于纵坐标轴以右曲线 $\phi(z)$ 与横坐标轴所包围的面积(图 5-9 中阴影面积)。因为 $z_p = 0$,故有

$$u_p = \frac{z_p - \mu}{\sigma} = -\frac{\mu}{\sigma}$$

$$-u_p = \frac{\mu_2 - \mu_1}{\sqrt{\sigma_1^2 + \sigma_2^2}} \qquad (5-17)$$

式(5-17)称为"联接方程"或"耦合方程"。它以概率方法综合考虑了疲劳应力、疲劳极限和可靠度之间的关系。在实际应用中,母体参数 μ_1、μ_2、σ_1、σ_2 均以具有一定置信度 γ 的估计量代替。当满足公式(5-17)时,可保证构件以可靠度 p 和置信度 γ 在无限长的使用期间不出现疲劳裂纹。此处所谓"无限长",只在理论上有意义。实际上,很多意外的损伤如冲撞、腐蚀、磨损、冲蚀、微动磨损等均未计及,因此,仍必须进行定期的检验和维修[12]。

为了进行无限寿命可靠性设计,一般利用图解法以及数据转化法解决实际构件疲劳极限的概率分布问题,本书对此不做展开。

5.3 特殊环境下的疲劳问题

5.3.1 腐蚀疲劳

对于水上使用的飞机,因为在海水或水蒸气的腐蚀环境下工作,故应考虑"腐蚀疲劳"问题。受腐蚀疲劳破坏较多的情况是飞机螺旋桨和喷气发动机叶片。腐蚀疲劳一般分为两种情况:① 金属在承受交变载荷之前受到腐蚀,而在交变应力作用时,不受腐蚀;② 金属在交变应力作用下,同时受到腐蚀。在第二种情况下,腐蚀影响最严重,可使疲劳强度大大降低,其降低量高达 70% ~ 80%。

金属受到腐蚀而使疲劳强度降低的原因,主要是腐蚀使金属表面产生无数应力集中点,促使了疲劳裂纹的形成。应当指出,在腐蚀情况下,即使对于钢材,S-N 曲线一般也没有水平直线部分,破坏应力总是随着循环数的增加而降低。这是因为在应力循环的过程中,腐蚀的损伤作用也在不断地进行,从而造成了疲劳强度继续降低。

腐蚀疲劳强度与应力循环的频率有关,当应力频率很高时,在一定的循环数下,所经历的时间就较短,腐蚀的作用也就小,所以,疲劳强度随着应力循环频率的增加而提高。

腐蚀对表面光洁度高的试样影响较大,因为光洁度差的试样表面上已有了很

多应力集中点。试样经腐蚀后,有两种可能:一方面使应力集中点增多;另一方面将已有的应力集中点腐蚀掉了。这两种发展的趋势有相互抵消的作用,所以,表面光洁度较差的试样受影响较小。

铜、铜合金及钛合金的抗腐蚀性能是比较好的,但铝合金和镁合金的疲劳强度会因腐蚀作用大大降低,而且高强度的铝锌合金比铝铜合金情况更差。如果在这些合金表面包有铝层的话,则会有所改善,例如,对包铝层的铝铜合金,在大气中就不受到明显腐蚀的影响。

为了提高材料的抗腐蚀能力,可以进行表面保护或强化处理,例如对零构件表面进行喷丸或液压处理,都可以达到提高腐蚀疲劳强度的效果。实践经验指出,对表层进行氮化处理是提高抗腐蚀能力最有效的方法。

5.3.2　擦伤疲劳

当两个互相接触的固体表面具有微小的相对运动时,则表面会受到损伤,这就是所谓的"擦伤腐蚀"。腐蚀常常发生在限制相对运动的连接件中,如螺栓接头、镰钉接头等处。在擦伤的表面常常堆积有细微的氧化物颗粒,在钢材中为氧化铁(Fe_2O_3),呈红棕色;而在铝镁合金中,这些细微的氧化物颗粒是黑色的。受到擦伤的表面,因产生腐蚀斑点而导致疲劳强度显著降低。

擦伤腐蚀的机理,目前尚不十分清楚,但擦伤的过程,可以看成是局部的磨损,如果此时伴随有腐蚀发生的话,就会大大加剧这种磨损的作用。

擦伤腐蚀与相对位移的大小、擦伤面之间的压力及周围环境等有关。只要有很小的相对位移(千分之几毫米,甚至更小)就会造成擦伤;相对位移量增加时,损伤也增加,但达到一定值时就不再增加。一般来说,擦伤面之间的压力加大时,损伤加剧;但当这种压力足够大时,则又可以起到限制位移量的作用,从而减少损伤。

对于连接件,如采用干涉配合或预紧力方法,可防止擦伤腐蚀的发生。一些现代飞机的连接件,常常在两个贴合面之间,使用塑料垫片或多层纯铝箔胶合而成的垫片,在耳孔内使用干涉配合的不锈钢衬套,这些都是防擦伤腐蚀的有效措施。

5.3.3　高温疲劳和低温疲劳

根据疲劳实验结果,在高温情况下,一般钢材 S-N 曲线也都没有水平直线部分,亦即不存在有疲劳极限。图5-10给出了旋转弯曲的疲劳实验结果,其纵坐标表示在 10^7 循环下的弯曲疲劳强度(单位是 MPa),由图可以看出,铝合金在 20~150℃的范围内,基本上不受温度影响,温度再升高时,它的疲劳强度降低很快,在350℃以上,就只有很低的强度了。由图还可以看出,碳钢(0.17%C)有一种特殊的高温疲劳性能,碳钢在 20~150℃内,疲劳强度没有什么变化(在 100℃时比室温

20℃时稍低);当温度超过150℃后,疲劳强度随温度升高而增加,并在350℃时达到最大值,此后温度再增加,疲劳强度则迅速降低。镍铬钼合金钢在400℃以下,疲劳强度几乎不变,而温度再升高时,疲劳强度迅速地降低。

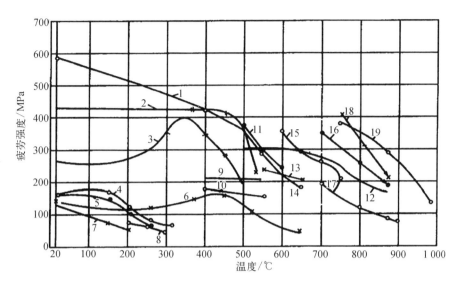

图 5 - 10　高温下旋转弯曲的疲劳实验结果

根据低温疲劳实验结果,当温度在-40℃、-78℃、-186~-196℃时,碳钢、合金钢、铸造合金钢、不锈钢、铝合金、钛合金等的疲劳强度,都随温度的降低而增加,对缺口试样也是如此。不过缺口试样疲劳强度的增加比光滑试样要小,这是因为在低温时材料对应力集中敏感性较大的缘故。由于在低温情况下,疲劳强度普遍增加,使用时偏于安全,故在这方面的研究较少。

5.3.4　声疲劳

声疲劳是飞机和火箭等飞行器的金属结构在声频交变负载的反复作用下产生裂纹或断裂的现象。声疲劳是声和附面层压力起伏引起飞行器结构部件共振(或者是噪声强迫飞行器结构部件发生激振)而产生的。声疲劳现象同其他由于随机载荷而产生的疲劳没有本质上的区别。疲劳破坏的过程有裂纹源的形成、疲劳累积(微观裂纹扩展)、疲劳损伤(裂纹扩展)和疲劳断裂四个阶段。裂纹源通常产生在应力集中的地方,它和局部的最大应力、表面处理、部件结构形式、材料内部缺陷、材料表面腐蚀和剥伤等情况有关。疲劳裂纹是从局部向外扩展的,当加载而产生的裂纹扩展断裂力不足以平衡外力时,便造成突然断裂。从疲劳断裂过程来看,疲劳寿命包括前三个阶段。一般而言,材料的塑性越高,裂纹扩展阶段所占的时间的比例越长。

声疲劳试验是利用气流声源(如旋笛、气流扬声器等)在行波管或混响室中产生 165~175 分贝的无规声场。试验时声波可以用正向入射、掠入射或无规入射的方式激发金属薄板振动。同时应用传声器监视声压级,用应变仪、加速度计或涡流测振仪测量金属薄板的振动。裂纹的产生和扩展,可以通过观察窗直接观察。

5.3.5　热疲劳

构件在交变的热应力作用下引起的破坏称为"热疲劳",这种热应力主要来自两个方面:① 由温度分布不均匀所引起的;② 由限制金属自由膨胀所引起的。热疲劳破坏,常常表现为金属表面细微裂纹网络的形成,此种现象称为"龟裂"。对于遭受热疲劳毁坏的零构件,有时可在表面上观察到这种纹迹。对于喷气发动机燃气涡轮,热疲劳是一个非常严重的问题,例如,经常发现由热疲劳引起的裂纹。这是由于发动机每次的起动和停车,使叶片受到骤然的加热和冷却,引起了热应力;多次重复的起动和停车的结果导致叶片受到交变热应力作用。如以上所述,根据使用情况模拟实验,可直接提供零构件的热疲劳性能,但是,由于受到多种因素的影响,在实验室内模拟使用条件很困难,并且消费很大。因此,通常的方法是,针对一些对热疲劳起主要作用的因素,来提供热疲劳性能资料。研究结果指出,对热疲劳起主要作用的因素有:① 热膨胀系数;② 热导率;③ 对交变应力的抗力。以下分别加以说明。

各种材料温度每升高 1℃时,所引起的单位长度的变化,就叫做该材料的热膨胀系数(线膨胀系数),在一定的温度下,由温度所引起的热应变,与热膨胀系数成正比。也就是说,材料的热膨胀系数越大,它的热应变就越大。这时,如果热应变受到限制,则就会产生较大的热应力,可见,大的热膨胀系数对热疲劳强度不利。

热膨胀系数和热导率都是材料的物理性质,与交变应变的生成直接相关,而力学性能主要表现在对交变应变的抗力。如上节所述,在低周情况下,材料对交变应变的抗力,主要取决于材料的塑性性质,实际上,零构件的热疲劳破坏,通常是在低周情况下发生,因此要求材料有较好的塑性性质。像陶瓷一类的脆性材料,塑性性质很差,热疲劳的抗力也就很小,所以,在温度剧烈变化的环境下,都限制使用这种材料。

5.4　疲劳实验载荷模拟

5.4.1　实验载荷处理方法

1. 实验载荷处理原则

疲劳实验载荷处理方法与静力实验基本一致,但也有所不同,因为在疲劳实验中只可能用一套加载装置完成整个疲劳实验过程。经过多个飞机疲劳实验设计的研究和完善,总结了一套成熟的包括载荷分区、确定典型载荷状态的载荷处理及优化方法。

疲劳实验载荷的处理过程中,需要考虑的因素很多,如载荷分布规律、载荷的水平、实验件的结构、实验设备等限制。一次把所有的因素都考虑进去并进行优化计算是不可能的。因此将整个处理过程分解为载荷分区、确定分布、整体平衡和误差评估四个主要相对独立的子过程,并与其他辅助过程一起形成一个大的、闭合的优化循环过程。具体处理基本原则如下:

(1)实验载荷的处理首先是飞机结构加载点布置优化,保证在各构型下所有主要考核切面都能够最大程度得到考核;

(2)有限元节点载荷按照对弯矩等效的原则转化为相应加载点载荷,将多种有效实验工况节点载荷计算弯矩、剪力和扭矩作为载荷处理前后误差分析基准;

(3)处理前后的载荷压心和大小不变;

(4)不影响局部结构强度考核,也不能使非考核部位产生破坏。

2. 载荷谱简化

在实验载荷谱中实际飞行载荷谱非常复杂,一般每次飞行都是多级载荷循环,其中的小载荷循环所占比例很大,这些载荷对结构造成的损伤与其他载荷级,如地-空-地载荷相比所占比例很小,可将这部分载荷直接删除,称为载荷谱简化的"低载截除"技术。

还可根据 Miner 线性累计损伤理论将谱中小载荷等损伤折算到高一级别的载荷循环上,减少载荷谱的循环数,称为载荷谱简化的"低载折算"技术。

载荷谱的简化技术在实测谱转为实验谱时就进行了应用。但在具体实验的过程中,还有可简化的空间。

载荷谱的简化虽然理论简单,但在实际处理的过程中还是有不同的方法,下面介绍几种不同的简化及适用范围。

1)低载截除

低载截除是载荷谱处理中常用的一种方法,但截除的标准要根据不同的谱选择合适的标准。一般按一次循环损伤小于给定值,就将该循环删除的方法实现,但是损伤较小的循环往往次数众多,其总损伤不容忽视,因此要慎重。

2)高载截取

对于疲劳载荷谱中的少数高载可能会产生迟滞效应使寿命延长,为使实验结果偏保守,可以将疲劳实验谱的最大载荷截取到合适的值,一般取一个寿命期累积出现 10 次的那级载荷水平。

3)低载折算

这种方法的思想与低载截除类似,但这种方法处理时是以某个细节的应力谱为基础进行的,在加载点众多的全机疲劳实验中,不同细节处理后的谱是不同的

（每级载荷的循环次数或是总循环数都不同），因此处理后的谱变得难以实施。因此可在只有一个加载点且只考虑一个危险细节的部件实验中应用。

4）简化为常幅谱

简化为常幅谱是简化最重的简化结果。在只有一个加载点且考虑一个危险细节的裂纹扩展实验中可用均方根法将随机谱简化为常幅谱，虽然总循环次数不减少，但变为常幅谱后，实验加载频率可得到有效提高。

3. 载荷谱加重

载荷谱加重技术是指将谱中的所有载荷统一放大一定的倍数，这样做可以减少加载循环数，从而缩短实验周期，来实现疲劳实验加速。根据适航条例及相关咨询通报，对于民用运输类飞机的疲劳实验，"可以用实验载荷级别升高或降低的相关数据，来证明对实验循环数的调整是正当的"。

载荷谱加重技术在实施的过程中对各级载荷有如下三种处理方法。

1）载荷谱的等比例加重技术

载荷谱的等比例加重技术在载荷谱的处理时比较简单，只需给各级载荷乘以相应的加重系数。但是加重后最大载荷比原谱中的最大载荷大，有些部位会进入屈服；个别以前不危险的部位会成为新的危险点，因此加重比例不宜过大，实验前需对结构进行重新分析。还需明确加重前后两者间寿命的关系，预估新的疲劳实验周期，尤其对裂纹扩展实验，载荷谱加重直接导致临界裂纹缩短，因此在裂纹扩展实验后期，应提前注意。

2）地-空-地不变的载荷谱加重技术

地-空-地不变的载荷谱加重技术是在载荷谱的等比例加重的过程中，如果加重后的载荷级比原谱中的最大载荷级（即地-空-地载荷）大，那么保持该载荷级不加重或是取原谱的最大载荷级代替，这样的加重方法称为地-空-地不变的加重方法。这样处理后的谱与原谱的损伤关系需要重新评估。

3）对平均应力或应力幅值的加重

由于疲劳寿命的评估都是在具体细节应力谱的环境下进行的，寿命的计算公式中包含平均应力或应力幅值，因此可采用直接加重平均应力或应力幅值的方法，研究其对寿命的影响。通过研究加重平均应力而应力幅值保持不变、加重应力幅值而平均应力保持不变、平均应力和应力幅值都加重同一倍数（即等比例加重），发现只加重平均应力而应力幅值保持不变对寿命的影响不大，而加重应力幅值但平均应力保持不变则对寿命影响较大。等比例加重对寿命的影响与只加重应力幅值对寿命的影响比较接近。

5.4.2 载荷施加方法

在飞机结构疲劳实验中，结构承受的载荷施加方法与静强度实验施加方法基本一致,但也有所不同,具体介绍如下。

1. 胶布带-杠杆系统

在疲劳实验中使用该系统应选取合适的安全系数;采取措施防止铝管从胶布带耳中脱落;尽量不用钢丝绳;避免使用螺纹受拉的连接件以提高胶布带-杠杆系统的寿命;采用专用杠杆以减轻重量。

2. 卡板

对双梁式布局的翼面疲劳实验,通常采用卡板方式加载,这种加载方法的优点是可以拉、压双向加载,节省加载设备。

3. 作动筒直接加载

发动机推力、惯性力、起落架载荷可用作动筒直接施加在假件上。

4. 杠杆直接加载

通常对货(座)舱地板用杠杆系统直接加载,采用专用杠杆以减轻重量;对通往气密舱外的拉杆需采取耐久性好的密封措施。

5. 拉压垫加载

在疲劳实验中使用拉压垫加载应取合适的安全系数,对于连接多个垫块的杠杆系统,应保证各级之间静定传力,尽量少用受拉螺栓;拉压垫系统适用于变形较小的结构部位。

6. 气压加载

机身内部增压载荷、油箱增压载荷通过压缩空气施加。控制压缩空气的充气台需具有高的控制精度,还要求具备快速的放气功能以缩短实验周期。

5.4.3 实验控制方法

疲劳实验与静力实验控制原理和方法基本一致,一般对于静力实验要求控制精度小于等于1%F.S.,疲劳实验要求控制精度小于等于2%F.S.。疲劳随机谱波峰波谷的快速转化,需要设备在速度与加载精度间做出协调,在保证加载精度前提下,尽量提高加载速率。

5.4.4 实验测量方法

疲劳实验测量方法与静力实验一致,但对测量系统提出更高的要求,由于疲劳实验周期长,过程将产生大量后台测量数据。测量系统需满足响应速度要求,保证一定加载频率下,可捕获足够多的数据,为后台实时分析提供支持。

5.4.5 无损检测方法

飞机结构疲劳实验是检验飞机结构设计和产品质量,发现薄弱部位,提供飞机使用寿命、检修方法和检修周期的最重要方法。对于无损检测方法的可靠性,及时发现裂纹是保证实验成功的关键技术之一。在实验中只有及时发现裂纹,才可能采用正确的维修措施,才可能成功地进行裂纹扩展和剩余强度实验。飞机服役过程中安全性是最重要的要求之一。对于民机而言,适航控制就是为了保证飞行安全。对于军机而言,安全本身又是飞机持续战斗力的重要保证。保证安全的重要手段之一就是无损检测技术。结构中出现裂纹是难以避免的,关键是要能及时发现裂纹。及时发现裂纹,才能控制裂纹,使结构避免灾难性破坏,才能判断结构是需要维修还是退役。由此可见,无损检测技术,在飞机结构设计、实验和使用中占有非常重要的地位。目前飞机结构疲劳实验过程中常见的无损检测方法有:目视检测、渗透检测、磁粉检测、涡流检测、射线检测、超声检测等。

1. 目视检测

目视检测是直接或借助放大镜用眼睛检查裂纹的方法。在飞机的外场使用和结构实验中,目视检测是应用最广泛、效率最高的检测方法。只要眼睛能够看到的任何结构的表面都可用目视检测方法检测。由于目视检测的可靠性比较低,有时候对于把握性不大的地方,利用其他更先进的方法对检测结果予以补充验证。

2. 渗透检测

液体渗透检验是一种有效的无损检验方法,它的原理是利用渗透液的润湿作用和毛细现象使渗透液进入工件表面或开口缺陷(裂纹)中,随后被吸附并使其显像来检测缺陷(裂纹),也就是利用液体渗入试件表面来寻找试件缺陷(裂纹)的方法。适用于表面非疏松性的各种材料、各种形状、简单和复杂的构件。通常用于飞机局部表面检测。特别是着色渗透检测法,既不要特殊设备,又不受场地限制,适用于任何场合的局部表面缺陷(裂纹)检测。工程上一般用于检测铸件、锻件、轧制和冲压件表面的裂纹、气孔、分层,金属构件由于疲劳、应力腐蚀和淬火及其他原因形成的裂纹,机翼、机身外表面所有敞开部位均可使用这种方法检测裂纹。

3. 磁粉检测

磁粉检测是利用铁磁性材料和缺陷、裂纹之间的磁导率变化而堆积磁粉来发现缺陷、裂纹的。它可以检验铁磁性金属构件表面或近表面裂纹和其他缺陷。具有显示直观、灵敏度高,设备简单和操作方便等优点。但是,这种检测方法仅适用于铁磁性材料,只能发现表面和近表面缺陷。广泛用于锻钢结构和铸钢结构制造过程、结构件焊接加工过程、设备使用和检修过程中的裂纹检测。在飞机结构中常用于起落架、发动机架焊缝、连接螺栓、机翼大梁连接耳片等钢件的裂纹检测。

4. 涡流检测

涡流检测是以电磁感应原理为基础,它利用在交变磁场作用下不同材料会产生不同振幅和相位的涡流,缺陷或裂纹也能改变涡流的振幅和相位来检测铁磁性和非铁磁性材料性能、缺陷和结构情况的差异。涡流检测适用于导体,只能检测表面和近表面缺陷,也可以检测隔层下(隔层不能太厚)的缺陷,使用方便。工程上一般用于测电导率、磁导率、工件几何尺寸、涂层厚度、分选不同金属材料、检验材料或工件的缺陷、裂纹、折叠、夹杂物等。飞机结构中涡流检测可用于检查机身与机翼钉孔边的裂纹、机翼梁缘条(隔蒙皮)孔边缺陷、机翼壁板下的长桁孔边缺陷、桁条孔边缺陷、连接螺栓孔壁裂纹、孔外缘的裂纹等。

5. 射线检测

射线检测是利用 X 射线易于穿透物体,但在穿透物体过程中受到吸收和散射而衰减的性质,在感光材料上获得与材料内部结构和缺陷相对应的黑度不同的图像,从而检测出物体内部缺陷的种类、大小、分布状况并做出评价。这种检测方法直观、易保存。射线检测法适用于检出材料或构件的内部缺陷。一般来说射线检测法对三维体积型缺陷比较灵敏,而对平面状二维缺陷不敏感,只有当射线入射方向与裂纹平面相一致时,裂纹类缺陷的检出概率较高。工程上,一般用于检测各种材料的铸件与焊缝、塑料、蜂窝结构以及碳纤维材料的内部缺陷。在飞机结构中,一般用于不拆卸机翼的中外翼齿型垫板、中外翼及外翼长桁头梳状件等的检测,不能分离的多层结构内部螺栓孔边损伤的检查等。

6. 超声检测

超声检测是一种利用机械波在介质中传播,传播过程发生折射、透射、反射,用接收回波的大小、位置来判断有无缺陷及缺陷的严重程度的检测方法。超声波检测既可检表面缺陷也可检内部缺陷(选用不同探头),适用于多种材料。对于裂纹、叠层、分层等平面状缺陷具有较强的检出能力,与射线检测法相反,对体积型缺陷不敏感,但对材料组织敏感。适用于检查几何形状较简单的工件。工程上一般用于检测钢铁、有色金属和非金属制成的各种零构件、电站设备、船体、锅炉、压力和化工容器等,可测厚度、晶粒度、残余应力和胶接强度等。在飞机结构中,可用于检测大梁螺栓孔(不用拆螺栓)、机翼、机身蒙皮下的连接型材、机翼大梁连接螺栓(不用拆下螺栓,在螺栓头上可检螺杆上裂纹)的裂纹等。

参考文献

[1]　中国人民解放军总装备部.军用飞机结构强度规范　第 6 部分:重复载荷、耐久性和损伤容限:GJB 67.6A—2008[S].北京:国防科工委军标出版发行部,2008.

[2]　陈跃良,郁大照.飞机载荷/环境谱编制研究及应用[J].海军航空工程学院学报,2007,22(1):114-118.

[3]　中国航空研究院.军用飞机疲劳·损伤容限·耐久性设计手册[M].北京:航空工业出版社,1994.

[4]　熊峻江.飞行器结构疲劳与寿命设计[M].北京:北京航空航天大学出版社,2004.

[5]　杨成美.BDG-Ⅰ型便携式内燃捣固机的研制[D].镇江:江苏大学,2004.

[6]　周志兵,张海,余继华,等.直升机齿轮减速器零部件疲劳定寿方法[C]//中国航空学会第十二届机械动力传输学术研讨会暨湖南省航空学会机械动力传输学术年会论文

集,2005.

[7] 魏春源.高等内燃机学[M].北京：北京理工大学出版社,2001.

[8] 程凤.基于 ANSYS 的岸边集装箱桥式起重机参数化仿真及疲劳分析[D].武汉：武汉理工
大学,2007.

[9] 王辰,胡丹.飞机结构设计思想变迁(五)[J].航空世界,2012(12)：70-71.

[10] 曾本银,熊峻江,樊建峰,等.一种复合材料 II 型开裂门槛值与 S－N 曲线测定方法：
201210563048[P].2012-12-21.

[11] 张妮.高频疲劳试验机动态特性的研究[D].杭州：浙江工业大学,2009.

[12] 孙志刚.航空发动机载荷谱模型与仿真研究[D].南京：南京航空航天大学,2002.

第6章
飞行器热环境

飞行器的热环境是指飞行器在大气层内高速飞行时与周围空气剧烈摩擦和高速碰撞而产生的气动加热环境。气动热在高超声速($Ma>5$)阶段尤为明显,最早的气动热研究主要集中在导弹、飞船和航天飞机领域。近年来随着飞行马赫数的增加,飞行器气动热载荷呈几何级数增大,导致气动热载荷对飞行器影响越来越大[1],已成为影响飞行器结构安全的重要因素之一。本章主要介绍飞行器热环境的基础理论、计算和设计方法,包括如何进行飞行器热防护、热管理和热实验载荷模拟等内容。

6.1 热环境基础理论

飞行器的热环境与飞行器几何外形、飞行弹道、表面材料特性等密切相关。一般情况下,飞行器表面热流 q_w 符合以下规律:

$$q_w = \rho_\infty^N v_\infty^M C \tag{6-1}$$

式中,q_w 为表面热流,单位为 kW/m²;ρ_∞ 为自由来流密度,单位为 kg/m³;v_∞ 为飞行速度,单位为 kg/m³;C 为形状因子,与半径 R 的$-1/2$方成正比;N、M 为密度和速度方次,根据外形、速度和流态等分别取不同值。

根据飞行器表面热流公式,可以得到如下定性认识:① 飞行器表面热流随飞行速度快速增长(驻点热流约为速度的 3 次方),因此飞行器设计中,气动加热问题尤为突出;② 表面热流随大气密度增加而增加(正比于密度的 0.5~0.8 次方)[2],同样的飞行速度下,飞行高度越高(密度越低)气动热越小;③ 飞行器驻点热流与头部半径的 1/2 次方成反比,头部半径越大,热流越小,因此头部可以采用较大的头部半径,以减小驻点热流;④ 飞行器再入低空稠密大气层时,飞行器表面的流态变为紊流,将导致气动热成倍增加。

以上简单说明了气动加热的主要影响因素,实际问题要更为复杂。当飞行器再入穿越大气层时,从高空到低空将依次经历散逸层、热层、中间层、平流层和对流层,其气动加热机理和计算方法也有很大差别。此外,在飞行器表面,高雷诺数气流可引起边界层转捩,而转捩后的湍流加热与层流加热有很大差别。对于钝头体绕流,需要考虑弓形激波引起的熵层效应。

飞行器所受气动加热与飞行速度以及飞行的大气环境密切相关。飞行器防热设计不仅关心热流峰值,同时也关心飞行历程的总加热量。峰值热流直接影响材料选择,而总加热量关系到防热层厚度和结构设计。因此,防热层既要能承受峰值加热,又要能承受总加热量[3]。

对新一代飞行器,由于采用升力体外形,尖化翼舵前缘、外形结构的突变等将引发复杂的激波与激波、激波与边界层和熵层干扰现象,最大热流可达当地无干扰情况下热流的 10 倍甚至数十倍,因而对热环境预测精度提出了更为苛刻的要求。若继续采用基于气动热环境粗放式预测的保守设计方法,将使飞行器的航程、有效载荷、机动飞行性能和落点精度等受到严重制约。因此,气动热环境的精细预测问题已成为制约飞行器气动外形、影响飞行器总体性能,甚至决定飞行器方案能否实现的先决条件,是制约高速飞行器提高技术水平和能力的主要技术瓶颈之一。

目前,飞行器热环境主要通过以下 3 种手段获得:① 通过地面风洞实验进行测量;② 通过求解 N-S 方程(Navier-Stokes equations)进行数值模拟;③ 采用基于理论分析+实验数据的工程方法进行估算。地面实验受设备模拟能力限制,尚不能完全覆盖和再现真实飞行条件下的飞行器力/热环境,对局部复杂干扰区的测量模拟也存在问题;数值模拟在精确计算摩阻和热流方面还存在一些问题,特别是局部复杂干扰流动、物理模型、湍流模型、转捩准则、化学反应、网格和离散格式等对计算结果影响较大;气动热工程计算方法建立在对物理现象作较大简化的基础之上,因而处理复杂问题的能力有限。当前,对于飞行器大面积热环境的预测精度可以达到 10%~20%,但是对于局部干扰严重的区域,热环境预测精度在 20%~30%,部分点甚至大于 30%,难以满足现代高超声速飞行器的发展。

飞行器热安全是一个多学科交叉的复杂问题,涉及飞行器的空气动力学、传热学、飞行器结构、高温材料以及热管理等诸多学科,而且还会随着飞行器发展而带来更复杂的问题。

现阶段影响飞行器热安全的有 4 个主要因素:热环境、热防护、热管理、热布局。本章针对以上问题,介绍了飞行器热安全所涉及的热环境、热防护、热管理、热布局等方面的技术进展和应用。

6.2   热分布

6.2.1   热分布工程计算方法

1. 流态划分准则

地球大气层中空气密度从地面往高空是逐渐降低的,大气密度随海拔的升高基本呈指数下降。飞行器发射升空和再入返回时都要穿过大气层,经历自由分子流和连续流等不同类型流域。

钱学森最早采用 Knudsen 数来划分流动区域,Knudsen 数越大,稀薄气体效应越明显。Knudsen 数的定义式为 $Kn = \lambda/L$,其中 λ 和 L 分别为流体分子平均自由程和飞行器特征尺度。与大气密度随高度变化相对应,分子平均自由程由海平面的约 $0.07\ \mu m$ 增加到 85 km 处的约 1 cm,稀薄气体效应逐渐显著。同时,还可以看出,如果特征尺寸减小,稀薄效应会在更低的高度出现,因此对于尖化前缘,即使在低空也可能出现稀薄气体效应。

在气动热分布计算时,工程上通常进一步选用如下准则划分流态:

$$Kn = \frac{Ma_\infty}{(Z_e Re_{\infty L})^{0.5}} \qquad (6-2)$$

式中,Ma_∞ 为来流马赫数;$Re_{\infty L}$ 为基于特征长度的来流雷诺数;Z_e 为正激波后气体的压缩因子。

当 $Kn \geq 3.0$ 时,为自由分子流;当 $0.05 < Kn < 3.0$ 时,为稀薄过渡流;当 $Kn \leq 0.05$ 时,为连续流。

2. 稀薄流区气动加热

随着临近空间飞行器的发展,高空稀薄大气的气动加热逐渐被人们所重视。对于极稀薄状态的自由分子流区域,理论较为简单。对于中等稀薄的过渡区流动,目前尚无简单通用的分析方法,人们曾经试图求解控制流动规律的玻耳兹曼方程,但困难较大。还有一种方法是基于连续流理论向低雷诺数方向延拓,但这只能解决近连续流区域的流动,随着稀薄程度的增大,理论与实际相差越来越远[4]。近年来蒙特卡罗方法已经得到令人满意的结果,但是这种方法需要大容量、高速度的计算机,存在耗时太多,不便于工程应用的缺点。鉴于理论计算中出现的困难,人们常常依靠实验,借助工程计算方法来处理问题,对典型简单外形,使用相应的高空气动加热计算方法,在此不做详述。

3. 飞行器绕流的流场特性

为了计算飞行器表面的热分布,首先需要确定飞行器边界层外缘的流动参数,这些参数包括压力、焓值、密度、速度、熵和气体的物性参数等,它们的计算涉及高温气体的热力学和输运特性、头激波形状、表面压力分布、边界层厚度以及边界层转捩等诸多内容。

6.2.2 热分布数值计算方法

飞行器的气动热分布原则上可以通过数值求解三维可压缩 N-S 方程获得,但在其早期发展阶段,受限于当时计算机条件和数值模拟方法发展水平,只能求解边界层方程。先是针对二维问题,通过相似变换,发展了有限差分法、积分关系式法、积分-矩阵方法等,后来过渡到数值求解三维边界层方程。

进入 20 世纪 80 年代,随着计算机速度的提高,又进一步发展了黏性激波层方程(viscous shock layer equation, VSL)、抛物化 N-S 方程(parabolic N-S equation, PNS)和完全 N-S 方程的数值求解方法。近年来,随着计算机技术和计算方法的飞速发展,复杂流场的数值计算方法得到了很大发展。运用多块对接网格技术、高阶格式和封闭式湍流模型[BL(Baldwin-Lonax)模型、SA(Spatart-Allmaras)模型、SST(Menter's Shear Stress Transport)模型等],对统计平均 N-S 方程,可以求解复杂外形带有复杂干扰和复杂化学反应的流动问题,美国航空航天局(National Aeronautics and Space Administration, NASA)开发了 LAURA、GASP 和 GIANTS 等流场数值计算软件,并在 X-43 等高超声速飞行器的计算中得到应用。目前,利用数值模拟手段对气动热问题进行研究,并与地面实验互为验证补充已经成为一种共识。近年来,作者团队也开展了大量研究,数值方法本身的内容相当丰富,这方面的专著和可查阅的文献资料很多,在此不做展开介绍。

此外,地面风洞实验是确定飞行器热分布的主要手段之一。有多种测热手段(热电偶、薄膜电阻温度计、热图、红外等)和多种风洞(高超声速风洞、炮风洞、激波风洞等)都可被用来预测缩比模型在某些飞行状态下的热分布。但气动加热率的大小不仅与风洞来流条件有关,还取决于模型本身的局部流动条件。即使在完全相同的实验条件下,不同几何缩比模型的测热实验结果也是不同的。因此,在地面风洞小模型上测出的热流数据是不能直接用于实际飞行器防热系统设计的,必须进行天地换算。

随着飞行器外形日趋复杂,局部气动加热干扰日益严重,湍流、分离再附现象愈发突出,稀薄和高温气体效应耦合作用日渐凸显,单纯的理论计算和地面风洞实验都难以满足飞行器研制的需求,亟待从理论研究、数值方法、测量技术等方面实现突破。通过飞行实验验证,发展飞行器气动热的综合分析预测方法,以提高气动热预测精准度。

此外,局部复杂干扰区往往同时包含了激波与激波、激波与黏性层、激波与流涡等复杂干扰,会出现分离与再附、边界层转换与湍流、高温热化学非平衡、稀薄过渡流等多物理现象,问题极为复杂。因此,需要各种手段相互配合,以加强复杂局部干扰区热分布研究,弄清加热机理,获得准确的气动热分布。

6.3   热防护

6.3.1   飞行器结构传热及温度场计算

在进行飞行器结构热防护问题研究时,结构温度场计算是飞行器防热结构设计和结构热安全评估的重要前提,而飞行器结构温度场计算不仅取决于气动加热,更与结构材料的特性密不可分。因此,开展热防护结构传热特性的数值模拟和实验研究,分析总结防热结构的传热机理和规律,对于飞行器热防护设计十分重要。在计算预测方面,国内外在防热结构温度场的预测方面开展了大量的研究和应用工作,并形成了相应的商业软件和专门软件用于防热结构的设计和评估。

由于真实热防护结构的复杂性以及外形的非规则性,难以生成高质量的结构网格,给数值模拟带来了极大的困难和挑战。而非结构网格具有优越的几何灵活性,适用于模拟真实复杂外形,同时数据结构有利于进行网格自适应,因此非结构网格有限体积传热计算方法得到了长足发展和广泛应用。在此基础上发展而来的三维各向同性材料传热的有限体积计算方法以及正交各向异性材料传热的有限体积计算方法等得到广泛运用。

航天飞行器的飞速发展对防隔热材料和结构的性能要求不断提高。一些高效轻质的新型隔热材料和结构得到了广泛应用,如蜂窝结构、气凝胶和纤维类等隔热材料。这些隔热结构和材料存在固体/气体导热、空腔或空隙间的自然对流换热以及固体表面之间的辐射换热等多种传热方式,仅考虑单纯的导热已不能满足传热特性的精细化预测与防热结构的设计需求。这给热防护数值模拟带来了新的挑战,需要弄清真实热防护结构的传热机理和传热规律,为其传热特性研究提供支持。对此也发展出了气凝胶和纤维类隔热材料的传热计算方法、蜂窝结构传热计算方法等,用以解决上述问题。

6.3.2　飞行器结构热应力与变形

飞行器在临近空间长时间高超声速飞行时,严酷的气动加热有充足的时间向内部结构传导,引起内部结构产生温度梯度和不匹配变形,对热结构的安全提出了挑战。热结构的安全应重点考虑:结构内部温度不超过材料工作温度,舱内温度维持在载荷(乘员或战斗部)需求的工作温度范围内;结构温度升高后依然能保持足够的强度,不发生结构破坏;结构位移变形保持在允许范围内,变形不影响活动部件(全动尾翼、活动舱盖等)的正常工作;静/动气动弹性分析中必须考虑温度效应的影响。

要保证高机动性下的飞行器结构完整性,在设计上常采取承力与防/隔热于一体的思想。防热结构由于受温度高、梯度大、多材料搭接,界面高温度梯度间断等因素影响,热变形和热应力问题都十分突出,设计中必须加以综合考虑,否则会严重影响飞行器的热安全。以成功突破“热障”的美国 SR-71“黑鸟”战略侦察机为例,巡航时飞机表面最高温度可达到 920 K,因高温膨胀,全机长度增加 7.4 cm,宽度增加 3.8 cm。其机翼表面采用皱纹钛制蒙皮设计,以防止热膨胀造成的蒙皮撕裂或曲卷。油箱也采用预设有缝隙的特殊“漏油”设计,飞行时受高温膨胀油箱缝隙闭合。这些都是常规飞行器所没有的因气动加热带来的改变。

数值模拟在飞行器热安全分析中扮演了重要角色。根据理论方法的不同主要分为静强度分析和动强度分析。静强度分析目前已经发展得较为成熟,并发展形成了多种商用软件和型号专用软件,热气动弹性分析则是动强度分析的重要内容。考虑气动加热因素后,气弹问题的复杂程度大幅提升,需把气动力/热环境、结构传热、结构热应力/热变形和结构动力响应等耦合起来进行求解,涉及多个学科领域。因此,热气动弹性分析成为飞行器结构热安全研究领域中的热点问题。

根据飞行器的各类形式和特点,并结合飞行器发展趋势,可以发现热防护结构可以归纳为以下几种典型对象。

1) 头部区域

头部区域气动加热非常严重,该区域材料的抗烧蚀性考核要在风洞内进行,而其结构传热温度场和热应力也呈现出强烈的三维特点,需要重点关注。模型一般可分为钝头、尖头、扁平楔体等几种类型,头部内可以是带空腔的结构(通过空腔内表面热辐射平衡驻点附近温度),也可以是其他实心或带配重的尖锐楔体防热结构。

2) 身部大面积区域

按照具体加热特性,可分为迎风面大热流区和背风面小热流区两种不同的防热类型。在大面积平缓区域,不同位置的加热和防热特征都较为相似,基本都由多层功能材料组成,要求以轻质和隔热为主。因此,从大面积平缓区域取出一小块典型区域进行考核与验证,其对整个大面积区域的特性预测是适用的。

3) 窗结构

窗结构是各种飞行器的重要部分,包括舱门或光学窗口等部件。窗结构上通常带有防热石英玻璃、承压及密封用玻璃,是多层玻璃结构。此外,还有支撑这些玻璃的相关隔热材料和金属结构。因此,窗结构也是由多种材料组成、形状十分复杂的局部防热结构。其材料之间的搭接、热变形与热匹配特性,是评价该类结构需要重点关注的。

4) 前缘热结构

对于有控高超声速飞行器,通常有翼、舵等控制面,这些部件的前缘区是受热比较严重的地方,通常采用防/隔热与承力于一体的模式。对这类前缘防热结构,通常可简化为展向无限长的二维模型。

5) 平面凸起物

当头激波打在凸起物表面,其与机身的结合部位通常存在复杂的干扰波系。此外,部分飞行器有可能存在头激波打在发动机唇口的情况,激波干扰加热及其干扰区的热效应,比无干扰情况有明显的不同。

上述 5 类对象基本概括了飞行器防热结构的各个重要部位及主要特征,实际飞行器防热结构可能会有所侧重。因此,防热结构热安全评价的地面实验和计算分析对比也通常以这 5 类典型对象为主,对其研究及技术储备可以满足未来航天器防热结构的设计、评价和考核验证需要。

最后,现代飞行器防热设计在思想上趋于集承力与防/隔热于一体,多选用包括各向异性材料在内的不同功能材料。由于其长时间飞行的需求,防热结构温度差异非常明显,温度梯度很大,众多物理性能各异的材料搭接使得材料搭接处应力集中现象明显。常规的热安全分析包括如下方面。

(1) 结构完整性评价。为避免影响活动部件的操控和结构超越强度极限,存在对热位移和热应力限制的要求。

(2) 静/动态的热气动弹性力学分析。主要是研究结构弹性变形对飞行器升力及其分布的影响和稳定性问题,避免操纵失效、反效、振动发散或颤振等危险。

(3) 地面风洞的考核验证。通常风洞模拟主要是实现驻点部位总加热量对天上飞行实际的模拟,以检验材料表面抗氧化烧蚀的能力,以及结构温升与热应力的情况。

对于飞行器热安全的分析,随着计算机硬件的不断进步与完善,理论与数值分析方面可实现针对全机(全弹)外形的线弹性计算和校核。但在地面风洞实验验证方面,受实验设备条件限制,目前实验主要围绕飞行器主要典型部件进行研究。

本节介绍了飞行器结构热应力/热变形计算方法、热气弹计算方法和地面热结构实验的相似理论,就典型飞行器的热安全分析提出了 5 类典型对象,介绍了飞行器典型部件与全机的结构热强度分析技术及其相关应用。

6.4　热管理

高效的热管理是降低飞行器结构温度梯度及结构热疲劳,有效排出舱内废热,阻止外界恶劣环境对飞行器舱内热、湿环境的影响,从而保障飞行器结构、乘员安全及仪器设备正常工作的重要基础。随着新一代飞行器长航时、远航程的发展趋势,以及高能密度仪器设备的大量使用,飞行器热管理涉及的能量以约 5 年增加 1 倍的速度增长,从而给飞行器的热安全带来了前所未有的挑战。在严酷的舱内/外热环境条件下,如何保证飞行器整体热安全,已成为飞行器研制急需解决的重要问题之一。

飞行器舱内大功率电子设备在飞行器上的使用,也影响着飞行器舱内热环境及整体热安全。飞行器热管理主要包含舱内外的热量收集、储存、耗散等过程,是涉及流体力学、热力学、传热传质等学科的复杂物理过程。

鉴于舱内热分析技术对热控制与热管理系统设计的重要作用,在 20 世纪 60 年代,NASA 便开始了飞行器热分析方法及工具的研究开发,并逐步形成了以有限差分方法和集总参数理论为基础,基于"节点"和"连接"思想的热控制系统分析软件——SINDA,目前,基于电-热比拟关系建立起来的节点网络(包括热网络和流体网络)法是目前实现系统热分析的主要方法,国际上已开发研制了 SINDA/FLUINT、SIND//G、SINTAS、VITMIAC、TMG、TRASYS 等较为成熟的热分析商用及专用软件,这些软件不但在卫星、飞船和空间站等空间飞行器的热控制系统研究和设计中发挥了重要作用,也在航天飞机的热管理系统设计中得到了广泛应用。

随着飞行器热安全要求的不断提高,对防热与热管理一体化设计提出了更高的需求,热管理技术将往以下几个方向发展。

(1)系统设计的精细化。随着临近空间飞行器内、外热载荷的提高,气、液、固多相态共存,导热、对流、辐射、相变多机制复合的先进热管理模式得到了越来越广泛的关注。因此,对热管理系统特性的精细化预测与评估,及在此基础上的设计与优化提出了越来越高的要求。

(2)系统热分析的集成化。随着临近空间飞行器一体化设计技术的发展,对发展局部精细化预测与系统级仿真相结合的集成分析技术也提出了紧迫需求。因此,发展计算流体动力学(computational fluid dynamics,CFD)与节点网络法结合的集成分析方法,建立低冗余、高效能的飞行器一体化热管理系统设计体系受到了越来越广泛的关注。

(3)热安全评估的综合化。随着飞行器设计精度要求的提高,对发展热管理系统与防热系统、机体结构、推进系统耦合的飞行器综合仿真技术,建立从局部热安全到整体热安全性能预测与评估的综合研究手段提出了紧迫需求。

6.5　热布局

气动布局设计是实现飞行梦想的第一步,概念设计、初步设计、详细设计等主要设计阶段的任务目的各不相同。传统的飞行器气动布局设计过程:首先,开展考虑气动力特性需求的气动布局设计及优化,获得飞行轨道规划对应的气动热环境;然后在给定气动热环境条件下设计热防护材料及结构,增加表面对外辐射热量、减小结构内温度梯度等,最后通过反复迭代获得最终外形。该设计过程是按照直觉、经验、有限元分析和测量顺序进行的,不仅研制周期长、效率低、成本高,而且设计质量严重依赖于设计师的专门知识和经验,很难实现飞行器气动力和气动热的综合性能最优,设计过程中常出现颠覆性问题。

随着优化理论的发展应用,飞行器设计已由直觉、经验设计逐步向理性设计转变,并向多学科设计优化发展。近年来,国内外研制了大量包含有多学科设计优化功能的商用软件,如 iSIGHT、LMS OPTIMUS、OINTER、FIDO、AML 等。数字化、集成化、虚拟化已成为飞行器研制的重要发展方向。

在飞行器气动布局概念设计之初就综合考虑气动力、气动热等多个学科的需求,通过参数化布局设计、气动力/热快速预测、弹道规划及优化技术等多学科性能分析及优化方法是气动力/气动热耦合的飞行器力/热气动布局设计优化方法的主要特点[5],该方法提高飞行器的气动效率,抑制气动加热,在气动布局概念设计的闭环设计中引入飞行器机动能力、气动热环境/热防护与飞行器的总体技术需求,使飞行器综合性能达到较优状态。

6.5.1　基本设计要求与主要布局形式

飞行器布局设计要求涉及多个方面,包括总体指标、气动力、气动热、飞行轨迹、动力系统等。与飞行器空气动力学密切相关的设计要素主要包括飞行器质量、基本尺寸、结构利用率、有效载荷、飞行轨迹、飞行时间、控制方案等。一般而言,实现机动飞行的飞行器在总体设计时应遵循和考虑以下几个方面的原则和内容[6]:

(1) 较大的机动能力,即较大的配平升力和配平升阻比,升力线斜率大,零升阻力小;

(2) 可调的落地速度,即可以通过控制升力/阻力实现对速度的控制;

(3) 非机动状态下具备适当的静稳定度;

(4) 偏航及滚转方向是稳定的,或者可以进行有效控制;

(5) 配平状态下俯仰、偏航、滚转 3 个方向应具备良好的动态稳定性;

(6) 操纵控制方式简单,配平控制效率高;

(7) 相对良好的气动热环境,满足防热要求;

(8) 较大的内部装填容积及容积利用率;

(9) 各部件几何参数分配合理,质心布置容易实现,结构质量小、易于使用维护等。

事实上,上述各项工作是互相制约、互相影响的。作为一个复杂的系统工程,飞行器的气动设计需要综合考虑各方面的因素,在总的技战术指标要求下,进行一体化设计。

6.5.2　气动布局设计优化方法

当前,飞行器气动外形的单目标和多目标优化设计问题进展明显,并正在向多学科设计优化层面发展。虚拟产品数字样机技术、稳健设计技术、一体化设计方法以及性能综合评估方法等,将逐渐成为气动布局设计过程中的重要方法与技术。

合理建立气动布局优化设计模型十分重要,它决定了优化设计的效率与结果。飞行器气动布局优化设计模型一般包括三部分:① 设计变量,一般选取飞行器外形的主要几何参数作为设计变量,如头锥半径、机身直径、机翼展长、后掠角等,对飞行器气动外形进行合理有效的参数化是其重要环节;② 目标函数,表征飞行器气动特性或机动性能的重要参数,如升阻比、容积利用率、最大热流、总加热量,舵面效率及铰链力矩等[7];③ 约束条件,设计中必须满足的一些条件,如容积大小、升力大小、几何尺寸限制、控制舵极限偏转角等限制。主要包括升阻比、压心、稳定性与操纵性等气动设计目标。此外,气动布局设计优化还往往会涉及某种程度上表征结构质量的表面积、表征容积使用效率的容积利用率、表征舵机额定功率的铰链力矩、表征内部安排的飞行器分段尺寸,以及表征机动性的法向过载和横向机动飞行距离等。上述性能在优化设计模型中,或者作为优化设计目标出现,或者作为约束条件出现,建立优化设计模型必须综合考虑这些主要因素及相互关系。

随着飞行器的更新换代及计算技术的发展,多学科融合的趋势更加明显。空气动力学在飞行器研制中不再是以一个独立分系统的形式存在,而是与总体、飞行力学、控制、结构、动力等多学科、多系统交叉融合,贯穿于研制的全过程。当前,飞行器气动布局设计面临的主要困难是如何提出并优化获得在飞行器总体约束框架下满足飞行安全和热安全需求的优良气动布局形式。这就要求在气动布局概念设计阶段采用多学科设计优化方法,将气动力、气动热环境和飞行力学三者进行有效融合,充分发挥各学科作用,一体化地开展气动布局设计和优化,最终获得满足总体、防热、操稳等各种约束条件要求的先进气动布局。

6.6   热强度实验载荷模拟

飞行器在飞行中受到的气动加热是一个时变过程,实验室模拟气动热载荷的最终目的是为了复现飞行器结构在服役状态下真实的热流场和温度场,考察飞行器结构的热响应特性。飞行器结构温度场既是时间的函数,又是空间的函数[8]。由于飞行器结构各部位的气动加热状态不同,不同部位表面所吸收的热量不相同,飞行器结构温度场呈现非均匀分布状态。要在大面积区域上产生非均匀分布的温度场,最有效的方法是把加热区域进行离散化处理并独立控制,即把飞行器结构表面吸收的热量相近的区域分区,每个区域都采用独立控制加热形式,这些独立的加热控制区域即为温区。

依据飞行器结构的实际尺寸及其表面的温度场分布特征,可以将飞行器结构受热区域分为不同的温区。实验时根据温区的面积和曲面特征选择合适的加热方式,目前对于大尺寸结构件热实验,一般采用的是辐射加热。辐射加热能灵活实现分区加热和时变加热,特别适用于飞行器大尺寸结构热强度实验加热。辐射加热主要有石英灯辐射和石墨辐射加热两种形式。对于飞行器进气道和发动机燃烧室及尾喷管,由于形状复杂,加之空间狭小,难以布置加热元件,通常采用对流加热方式实现热环境模拟,对流加热方式主要有高温空气加热和燃气加热,对于短时间的热实验加热需求,还有高温电弧风洞的加热方式。对于发动机机匣等同时承受压力和热载荷的热实验,通常采用热传导的加热方式,也称为接触式加热,主要有电热毯和陶瓷板两种加热方式。

6.6.1　实验热载荷处理

在瞬态气动热载荷作用下,热结构表面的温度场通常存在一定的梯度分布,并且随时间不断变化。热实验中将实验件表面吸收热流相近或温度相差不大的区域划分为一个温区进行控制。温区划分得越多,对实验件表面的温度梯度和热载荷分布模拟得越好,越接近于实验件真实服役环境下的表面受热状况,因此在可能的条件下应当遵循"区小域多"的原则[9]。但是温区划分数量过多,一方面由于加热元件的尺寸限制,会造成实验不便于实施;另一方面,温区划分过细,彼此之间的热耦合效应会十分明显,带来控制上的不便。同时由于加热"死区"的存在,温区的划分并不是越小越好。另外,温区数量的增多也会相应地增加对调功设备和控制通道数量的需求。

实际温区划分时,应综合考虑加热元件尺寸、温度场/热流场计算结果以及控制通道数量,通过合并温区、简化温区边界等措施对温区数量进行控制。为减少不同温区之间的热耦合效应,除了保证温区的大小外,通常在相邻温区之间加装防扰效果良好的格栅,如图 6-1 所示。

(a) 温区格栅一　　　　　　　　　　　　　　(b) 温区格栅二

图 6-1　典型热实验相邻温区之间的格栅

实验件温区划分基本原则与方法如下:

(1) 根据热结构及热防护结构表面气动加热载荷/温度场预估结果,初步确定结构温区形状、大小和数量;

(2) 对于热载荷梯度较大的区域,温区尽可能细划,对于热载荷梯度较小的区域,温区可以粗划,一般相邻温区之间温差为 30~50℃;

(3) 根据热实验系统硬件条件(控制通道数量和可控硅等功率设备情况),进一步确定结构表面温区划分方案,如果初步划分的温区数量超过了控制通道及功

率设备允许数量,需要根据控制通道数量及功率设备允许数量进行调整;

（4）确定加热温区之间加热死区的大小,以及加热死区与加热区的面积比例,加热死区与加热区的面积比以不超过5%为宜;

（5）相邻温区之间采用耐高温材料作为隔板,减小相邻温区之间的辐射影响。

6.6.2　实验载荷施加方法

1. 辐射加热

1）石英灯辐射加热器

辐射加热方式中以石英管灯加热技术发展最为完善。石英灯热惯性小,电控性能良好,适合飞行器气动加热的时变特点。石英灯管体积小,功率大,可以拼装成不同尺寸和形状的加热阵面。对于外形及结构复杂的实验件,有较好的适应能力,既适用于各种尺寸结构热强度实验,可以满足大部分飞行器结构热强度实验需求。

石英灯主要由灯丝、石英玻璃管和灯头组成,其结构如图6-2所示。灯头是用来给灯丝供电同时也可以用作固定,灯丝是石英灯加热的发热体,石英玻璃管为灯丝提供了一个惰性的气体环境,通常石英灯的玻璃管外还刷涂半圈反射涂层,可以将热量反射到加热目标面上。

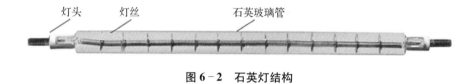

图6-2　石英灯结构

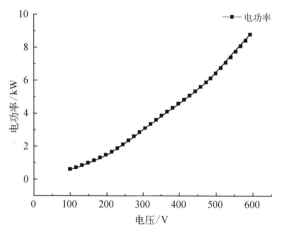

图6-3　石英灯功率特性

石英灯的额定电压一般为220 V,实验中可以超压使用,经验表明石英灯的实际工作电压U若为额定电压U_0的2倍,则其实际电功率P可达到额定功率P_0的3倍,如图6-3所示。

2）石英灯加热器设计方法

石英灯加热器主要结构由石英灯阵、反射屏和连接支撑结构三大部分组成,如图6-4所示。石英灯为加热元件,反射屏为聚光元件,连接支撑结构主要包含灯头座、绝缘端子、铜电极和导流条等器件,其功能是将石英灯阵和反射屏连成整体,同时还承担为石英灯供电的功能。

石英灯工作时可以看作发光的柱体,面对实验件一侧产生的热辐射大部分投射到实验件表面,其余部分热辐射到实验件以外的空间。热反射屏可以将部分热辐射反射回实验件表面。石英灯阵面与实验件表面几何相似,石英灯管的排列间隔取决于对输出功率密度的要求,功率密度低时,如果石英灯

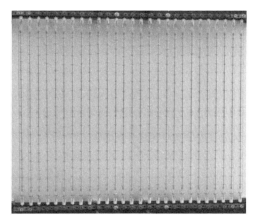

图 6-4　石英灯加热器结构

间隔距离太大,在一定的加热距离内会造成温度场不均匀,此时减小石英灯管的间隔距离,或增大灯管与实验件之间的距离。对飞行器的头锥和翼面前缘等热流密度很高的部位,可用大功率灯管密集排列或采用双层灯管交错排列的方式,以提高功率密度。

为了满足飞行器结构的热边界模拟要求,应对热边界布局采取必要的补偿措施。最简单有效的办法是在设计石英灯加热器时,将石英灯管全部覆盖并超出实验件边界,保证边界热流密度达到石英灯阵面中心部位热流值的80%以上。

飞行器结构热场的不连续性和辐射加热时温区之间的相互辐射干扰,特别是存在于热流密度梯度大的相邻温区之间,如翼前缘与翼平面之间,头锥的端头与锥面过渡段之间。消除温区间干扰的有效措施是在温区交界处加装不透明耐热材料,阻挡辐射干扰。

3）石墨加热器

石英灯管加热的极限为 1 300℃,高超声速飞行器动辄超过 1 300℃的热环境无法采用石英灯管实现,模拟超高温环境目前国际上普遍采用石墨加热器。石墨加热器采用石墨作为发热体,加热器结构如图 6-5 所示,由石墨加热元件、反射屏、电极等结构组成[10]。加热元件根据石墨的电特性和加热需要进行设计。反射屏为金属中空水冷结构,其反射面镀高发射率金属并抛光成镜面,用于提升加热效率。石墨发热体超过 300℃时,在大气环境中将快速氧化,所以石墨加热器通常需要在真空环境中使用。

2. 对流加热

针对飞行器的进气道和发动机机匣等复杂结构狭小的空间,其热环境通常采用对流加热的方式进行模拟。对流加热是借助于热介质(高温空气或燃气)与实

图 6 - 5   石墨加热器

验件热交换来实现模拟热环境的目的。如热结构风洞就是基于对流加热的典型气动加热环境地面模拟实验装置。但是热风洞的实验成本较高,而且对实验件尺寸有较大的限制,同时还存在实验时间较短等缺点。近年来,国内逐步发展了加热时间长、加热成本低的高温燃气/空气对流加热技术,以满足具有复杂形状的腔体结构件的实验需求。

1) 高温燃气加热

高温燃气加热装置包括气源系统、燃气发生器、供油系统、实验段、实验件支持结构、排气系统、监视及安全防护系统和测控系统[11],如图 6 - 6 所示。燃气发生器可产生 1 800℃左右高温燃气,可模拟飞行器头锥、翼前缘等实验件的驻点区域超高温热环境。高温燃气工作原理为:首先,实验件安装固定在实验段内;然后,由燃气发生器产生亚声速高温燃气,并引射常温常压空气,并形成混合热气流对实验件进行加热;最后,对实验件后方的空气/燃气混合气流进行降温降噪后排入大气中。实验段的流场和温度场及实验件表面温度场可以通过改变燃气喷口的形状和大小、燃气流速和温度以及实验件与燃气喷口之间的距离进行调节。

2) 高温空气加热

高温空气加热采用电加热器加热空气,将高温空气引射到实验件表面实现加热的目的,目前电加热高温空气加热方式最高温度为 800℃。高温空气加热系统由空气电加热器和控制系统两部分组成。空气加热器分为预热段、中温段和高温段。预热段、中温段是由管状电加热元件、筒体、导流板等部分组成;高温段为耐高温辐射管电加热器。

图 6 - 6　高温燃气加热系统

3. 接触式加热器

接触式加热器利用高温加热体与实验件表面紧密贴合时的导热效应,把热量以热传导的方式传递给实验件。接触式加热器的最大优点是在结构热强度实验过程中可以把均布的力学载荷施加到实验件上,同时施加力载荷和热载荷,从而实现了加热与加力的一体化施加,解决了加热与加力的相互干涉的问题。接触式加热器的加热体一般由电热丝(或电热片)和外部耐热材料组成。电热丝和电热片通电后,把热量传递给外部耐热材料,最终由外部耐热材料把热量传递给实验件。

接触式加热器按照使用温度高低可以划分为低温接触式加热器、中温接触式加热器、高温接触式加热器。低温接触式加热器的使用温度<500℃,中温接触式加热器使用温度<1 000℃,高温接触式加热器的使用温度>1 000℃;按照加热器外形适应能力又可以分为柔性接触式加热器和刚性接触式加热器。其中柔性加热器可以拼接、弯曲、缠绕紧贴实验件加热,具有适用范围广、热利用率高、操作方便等特点,而刚性接触式加热器一般要根据实验件外形进行加工,加工完成后通常不能改变外形。目前应用较为广泛的柔性接触式加热器是:电热毯和履带式陶瓷加热器,如图 6 - 7 所示。

柔性接触式加热器一般情况下电热丝处于裸露状态,直接接触外界空气,高温下容易产生氧化破坏现象,因此柔性接触式加热器通常用于中低温情况下。国外近年来发展了一种刚性陶瓷加热器,如图 6 - 8 所示,其电热丝严密地布置于陶瓷材料内部,与外界空气不接触,因此加热温度较高,可以达到 1 200℃左右。

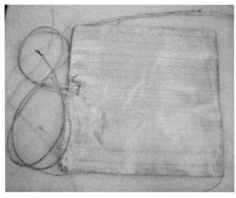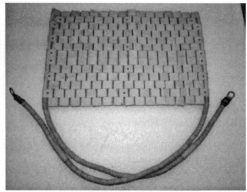

(a) 电热毯   (b) 履带式陶瓷加热器

图 6‑7　典型的柔性接触式加热器

图 6‑8　刚性陶瓷加热器

6.6.3　热环境控制技术

无论哪种加热方式，热环境的控制通常都是由控制系统闭环控制实现的。热环境控制原理如图 6‑9 所示，控制系统根据传感器的反馈信号与控制命令值之间

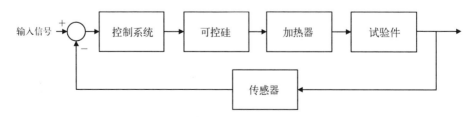

图 6‑9　热环境控制原理

的差值进行控制,功率设备(可控硅)按照控制系统的信号输出电压至加热器,加热器在给定电压下产生热量对实验件加热,最后由温度或热流密度传感器将实验件受热情况反馈给控制系统,形成闭环控制。

热环境控制根据热载荷的类型不同一般分为温度控制、热流密度控制以及全方程热流密度控制。

1. 温度控制

温度控制以温度反馈信号作为控制基准,一般可分为开关控制和一般的 PIDF 控制。

1) 开关控制

开关控制由控制的逻辑算法通过控制固态继电器通断来完成的。这点与其他控制方式有较大不同,其控制原理如图 6-10 所示。

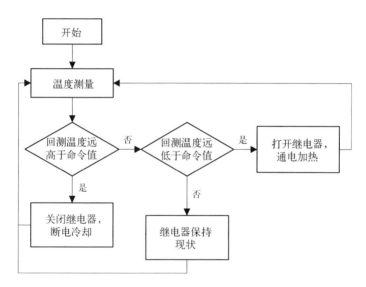

图 6-10　开关控制加热原理

这种加热方式依靠逻辑算法进行,属于误差带控制。按照实验要求的规定设置误差带,当控制命令与回测的温度误差大于规定的误差带时,控制系统打开继电器,对加热器进行通电加热。反之,当控制命令与回测的温度误差小于规定的误差带时,控制系统关闭继电器,对加热器断电;当控制命令与回测的温度误差在误差带之间时,继电器保持现有动作。

2) PIDF 控制

PIDF 控制中通过热电偶或者热电阻测量温度与控制命令进行比较,根据差值选择合适的比例、积分、微分环节进行运算,输出控制指令到功率设备,实现闭环控制。此种控制方式不是简单的通断开关控制,而是根据差值输出相应大小的命令,能更快速、精准地控制功率设备输出。

2. 热流控制

密度控制的被控量为热流密度,热流密度是单位时间单位面积的功率,由热流密度传感器来测量。从控制方法上来说与温度控制在理论上没有本质区别。由于热流响应与加热器功率之间有近似的线性关系,所以控制系统中有比例环节,因此,与温度控制相比,热流密度控制的效果更佳。

3. 全方程热流密度控制

全方程热流密度控制根据结构表面的温度实时响应和气动加热方程计算该温度对应的热流值,以计算的热流值和实际测量实验件表面热流的差值为控制信号进行功率设备控制,进而实现控制加热的目的。该控制方法可以模拟气动加热与结构热响应的耦合效应,以及材料的高温热力学参数随温度的变化。飞行器在高速飞行时受热状况的地面实验模拟精度,主要取决于实验中所控制的物理量及控制方法。温度控制和热流密度控制的共同点是需要预先给定温度或热流密度的控制曲线,而温度或热流密度控制曲线一般是根据气动加热参数和结构件简单的一维热分析模型计算得到的,无法考虑气动加热与结构热响应的耦合效应,此外,由于缺乏某些材料的高温热力学参数,使计算得到的温度或热流密度载荷谱与结构表面所承受的真实热载荷有比较大的差别。

参考文献

[1] 孙智.飞机热管理与座舱热舒适性研究[D].南京:南京航空航天大学,2017.

[2] 张庆峰.嵌入式大气数据系统与飞行器结构热防护模拟计算[D].南京:南京航空航天大学,2007.

[3] 李会萍.高超声速飞行器气动加热特性及其计算方法研究[D].上海:上海交通大学,2010.

[4] 孙伟.真实气体效应影响下的高超声速气动加热计算方法[D].南京:南京航空航天大学,2013.

[5] 桂业伟,唐伟,杜雁霞,等.临近空间飞行器热安全[M].北京:国防工业出版社,2019.

[6] 唐伟,张勇,马强,等.带控制舵椭圆截面飞行器的气动设计[J].空气动力学学报,2006(2):223 – 226.

[7] 张鲁民.航天飞机空气动力学分析[M].北京:国防工业出版社,2009.

[8] 强宝平.飞机结构强度地面试验[M].北京:航空工业出版社,2014.

[9] 张钰.结构热试验技术[M].北京:宇航出版社,1993.

[10] 孔凡金,张伟,吴振强,等.结构热试验石英灯电热特性研究[J].强度与环境,2012,39(4):1 – 6.

[11] 董素君,齐玢,李志杰,等. 低速高温燃气流热模拟试验方法和设备[J].航空动力学报,2012,27(5):961 – 968.

第7章
飞行器声环境

　　飞行器声环境是指飞行器在飞行过程中机体主要噪声源发出的噪声在飞机机体结构周边及舱内所形成的声场分布。自飞行器诞生以来,飞行器噪声就随之产生,随着航空技术的发展,人们越来越重视飞行器噪声的影响,在飞行器的设计和研制过程中,噪声是不可忽视的重要问题之一。当前,快捷的航空运输大大缩短了远距离旅行及运输的时间,满足了人们商业出行和外出旅行的需求。随着国际民机型号的竞争日趋激烈以及乘客对舱室声学品质的要求越来越高,势必会对民航客机的舱内声环境提出更高的要求;此外随着先进军用飞机对飞行速度、高机动等性能指标的要求越来越高,使得军用飞行器噪声问题越发凸显。当前,噪声已成为影响民机适航性、舒适性、环保性的重要指标,也是军用飞行器安全性和可靠性必须考虑的重要动载荷之一。本章主要介绍飞行器主要噪声源、气动噪声的产生原理,以及不同飞行器的噪声源组成及其主要频谱特性,最后简要介绍在飞行器领域具有广阔应用前景的主动控制等噪声抑制措施。

7.1　气动噪声原理

　　气动噪声是飞行器运行过程中产生噪声的根本原因之一,其产生原因如下:气体内部的脉动质量源发生改变,导致作用力的空间梯度以及应力张量产生变化,进而产生了气动噪声。有别于经典声学,气动噪声或流动噪声所讨论问题的一个显著特点是运动的流体介质对声音的产生和传播都有不可忽略的影响。气体作为声扰动传播的介质,许多情况下都具有流体形式的黏弹性和惯性。黏弹性使得气体在面对环境变化时具有反抗压缩的属性,而惯性则表现了"动者恒动"的特性。由于气体的黏弹性和惯性,在气体内部发生的压力脉动会传播给周围的介质,进一步通过脉动源继续传播。我们目前所研究的大部分扰动中,空气的黏性和热传导性很小,空间梯度均不会大过扰动本身。所以当扰动的传播距离较短时,可通过无黏的动量方程进行研究。

7.1.1　声波方程
　　声波是发声体的振动在空气或其他介质中的传播,声波是弹性介质中压力振动所产生的一种纵波,借助各种介质向四面八方传播,但声波在固体介质中传播时,声波可以以纵波和横波的形式同时存在。

首先考虑静止介质的情况。连续方程是

$$\frac{\partial \rho}{\partial t} + \nabla \cdot (\rho u) = 0 \qquad (7-1)$$

式中,$\nabla = i\frac{\partial}{\partial x} + j\frac{\partial}{\partial y} + k\frac{\partial}{\partial z}$ 为哈密尔顿算子。

将式(7-1)展开,可以得到:

$$\frac{\partial \rho}{\partial t} + \rho \cdot \nabla u + u \cdot \nabla \rho = 0 \qquad (7-2)$$

在静止介质中 u 较小,$u \cdot \nabla \rho$ 可以略去。故式(7-2)可以简化为

$$\frac{\partial \rho}{\partial t} + \rho \cdot \nabla u = 0 \qquad (7-3)$$

动量方程为

$$\frac{\partial u}{\partial t} + u \cdot \nabla u = -\frac{1}{\rho}\nabla p \qquad (7-4)$$

式(7-4)中略去 $u \cdot \nabla u$,可得

$$\rho\frac{\partial u}{\partial t} + \nabla p = 0 \qquad (7-5)$$

结合式(7-3)及式(7-5),可得

$$\frac{\partial^2 \rho}{\partial t^2} - \nabla^2 p = 0 \qquad (7-6)$$

代入声速项,$a^2 = \frac{\partial p}{\partial \rho}$,可得

$$\frac{\partial^2 \rho}{\partial t^2} - a^2\nabla^2 p = 0 \qquad (7-7)$$

在笛卡儿坐标系中:

$$\nabla^2 = \frac{\partial^2}{\partial x^2} + \frac{\partial^2}{\partial y^2} + \frac{\partial^2}{\partial z^2} \qquad (7-8)$$

在圆柱坐标中:

$$\nabla^2 = \frac{\partial^2}{\partial r^2} + \frac{1}{r}\frac{\partial}{\partial r} + \frac{1}{r^2}\frac{\partial^2}{\partial \theta^2} + \frac{\partial^2}{\partial x^2} \qquad (7-9)$$

7.1.2　声源方程

方程(7-9)描述声波在静止介质中的传播,但是不包含任何有关声源的信息。现在假定在域中有质量源 Q,单位为 kg/(m³·s),则连续方程变为

$$\frac{\partial \rho}{\partial t} + \rho \cdot \nabla v = Q \qquad (7-10)$$

假设在微元体上作用有力 F,单位为 N/m³,微元表面上作用有压力 p 和广义应力张量 T_{ij},则动量方程可写为:

$$\rho \frac{\partial v}{\partial t} + \nabla \cdot p = -\frac{\partial}{\partial x_i}(T_{ij}) + F \qquad (7-11)$$

将式(7-10)对 t 微分,将式(7-11)对 x 微分,然后两式相减得

$$\frac{\partial^2 \rho}{\partial t^2} - \nabla^2 p = \frac{\partial Q}{\partial t} + \frac{\partial^2(T_{ij})}{\partial x_i \partial x_j} - \frac{\partial F}{\partial x_i} \qquad (7-12)$$

或

$$\frac{1}{a^2}\frac{\partial^2 \rho}{\partial t^2} - \nabla^2 p = \frac{\partial Q}{\partial t} + \frac{\partial^2(T_{ij})}{\partial x_i \partial x_j} - \frac{\partial F}{\partial x_i} \qquad (7-13)$$

这就是声源的通用方程。方程右边诸项可理解为"源"项。由于它们的存在,才造成声场内压力波(或密度波)的传播。

$\frac{\partial Q}{\partial t}$ 为声场中随时间变化的质量源,或称脉冲质量源。如果声源方程右边只有该项存在,则为单极子声源。

若 $\frac{\partial F}{\partial x_i} \neq 0$,表明在流体运动的某一方向存在外力 F 作用的梯度。由此引起的扰动称偶极子声源。

下面分别讨论这三种典型声源。

1. 单极子源

如果在无边界的静止介质中只存在脉冲质量源 $\frac{\partial Q}{\partial t}$,则声源方程缩减为

$$\frac{1}{a^2}\frac{\partial^2 p}{\partial t^2} - \nabla^2 p = \frac{\partial Q}{\partial t} \qquad (7-14)$$

其解为

$$p(x,\ t) = \frac{1}{4\pi} \int_y \frac{\partial Q}{\partial t}\left(y,\ t - \frac{r}{a}\right) \frac{\mathrm{d}y}{r} \qquad (7-15)$$

积分号里的时间 $t - \dfrac{r}{a}$ 表明，声源 y 在时刻 $t - \dfrac{r}{a}$ 产生的声音，要在时刻 t 才传到观察点 r。$t - \dfrac{r}{a}$ 被称为延迟时间。

对简谐振动的单极子，声压还可表示为

$$p = \frac{-\rho\omega^2 r_a^2 \delta r_a}{r} \mathrm{e}^{\mathrm{i}\omega(t-r/a)} \qquad (7-16)$$

单极子源具有各向均等的指向性。在一个无边界的声场中形成球面波峰。工程中的例子有：油气的爆燃；周期性的空气喷射；一个活塞的运动以及运动中一个物体的厚度或位移等。它们都属于单极子声源。

2. 偶极子源

如果只考虑一个作用于原点的单位体积脉动力 F，单位为 $\mathrm{N/cm^3}$，选择 F 在坐标 x_1 的方向，则声源方程为

$$\frac{1}{a^2} \frac{\partial^2 p}{\partial t^2} - \frac{\partial^2 p}{\partial x_1} = -\frac{\partial F}{\partial x_1} \qquad (7-17)$$

声压：

$$p = -\frac{1}{4\pi} \int_r \frac{\partial}{\partial x_1}\left[\frac{F\left(y,\ t - \dfrac{r}{a}\right)}{r}\right] \mathrm{d}y \qquad (7-18)$$

或表示成：

$$p = -\frac{1}{4\pi} \frac{\partial}{\partial x_1}\left[\frac{f\left(y,\ t - \dfrac{r}{a}\right)}{r}\right] \qquad (7-19)$$

式中，$f = \int_r F \mathrm{d}y$，为脉动力。

假定 f 作简谐振荡，频率为 ω，对于其他随机的宽频带扰动，经频谱分析后，可以考虑是频率为 ω 的某一成分，它们都具有 $f = \hat{f}\mathrm{e}^{\mathrm{i}\omega t}$ 的形式。这时声压为

$$p = -\frac{\hat{f}}{4\pi}\left\{\frac{-\mathrm{e}^{\mathrm{i}\omega(t-r/a)}}{r^2} \frac{x_1}{r} - \frac{\mathrm{e}^{\mathrm{i}\omega(t-r/a)}}{r^2} \frac{\mathrm{i}\omega}{a} \frac{x_1}{r}\right\} = \frac{\hat{f}}{4\pi}\frac{\cos\alpha}{r}\left\{\frac{1}{r} + \mathrm{i}\frac{\omega}{a}\right\}\mathrm{e}^{\mathrm{i}\omega(t-r/a)}$$

$$(7-20)$$

式中,α 为矢径 r 与力的方向的夹角(图 7 - 1)。

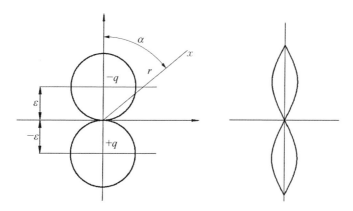

图 7 - 1 偶极子简图

在远场情况下($kr \gg 1$),大括弧内第一项可忽略。远场声压为

$$p = \frac{\cos \alpha}{4\pi r} \frac{\mathrm{i}\omega}{a}[f]_{t-r/a} \qquad (7-21)$$

即声压与频率成正比,与距离成反比。虚数 i 表示相位差 $\dfrac{\pi}{2}$。

在近场情况下:

$$p = \frac{\cos \alpha}{4\pi r}[f]_{t-r/a} \qquad (7-22)$$

3. 四极子源

两个相距为 d 的大小相等、相位相反的偶极子,就存在应力项 p_{ij}(图 7 - 2)。按广义理解,也就有了应力张量 T_{ij}。于是形成四极子声源,如图 7 - 2 所示。其声源方程为

$$\frac{1}{a^2}\frac{\partial^2 p}{\partial t^2} - \nabla^2 p = \frac{\partial^2}{\partial x_i \partial x_j}(T_{ij}) \qquad (7-23)$$

方程(7 - 23)的解为

$$p = \frac{1}{4\pi}\frac{\partial^2}{\partial x_i \partial x_j}\left(\frac{[T_{ij}]_{t-r/a}}{r}\right) \qquad (7-24)$$

式中,$T_{ij} = \int_y T_{ij}\mathrm{d}y$。

由于 $r = \left[\sum (x_i - y_i)^2\right]^{1/2}$,经微分运算后得

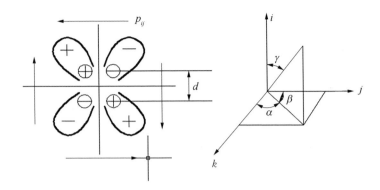

图 7 - 2　四极子声源

$$p = - \frac{(x_i - y_i)}{4\pi} \frac{\partial}{\partial x_i}\left\{\frac{[T_{ij}]}{r^3} + \frac{1}{ar^2}\frac{\partial[T_{ij}]}{\partial t}\right\}$$
$$= \frac{1}{4\pi r}\frac{(x_i - y_i)}{r}\frac{(x_j - y_j)}{r}[T_{ij}]\left\{j^2 k^2 + \frac{3jk}{r} + \frac{3}{r^2}\right\} \qquad (7-25)$$

式中, $k = \dfrac{\omega}{a}$ 为波数。

为简化起见,将坐标原点放在声源 y 上,则:

$$\frac{x_i - y_i}{r} = \cos\gamma, \quad \frac{x_j - y_j}{r} = \cos\beta \qquad (7-26)$$

式(7-25)可改写为

$$p = \frac{1}{4\pi r}\cos\gamma\cos\beta[T_{ij}]\left\{j^2 k^2 + \frac{3jk}{r} + \frac{3}{r^2}\right\} \qquad (7-27)$$

上式大括号中第一项为远场声压,它与波数(或频率)成正比,与距离成反比,具有由两个余弦项给出的四叶交叉的指向性(图 7 - 2)。也可以把四个单极布置在一个方向上,这时具有同性的两叶指向性(图 7 - 2)。

喷气流、尾迹和严重的分离流等紊流类型的流动就属于四极子声源。另外,对于固体表面,例如叶片,当流动马赫数接近声速时,四极子也是主要的噪声源[1]。

应该指出,无界静止介质的声源分析,与涡轮机中的情况不大相同。叶片周围的流动速度与声速是一个量级,无法忽略,叶片之间以及叶片与环壁之间靠得很近,不是无界空间;叶片的弦长与声波波长差不多,点声源假设不准确,声源理论仅仅给出声压的机理性简单表达式。

从气动声学角度,在远场(距离声源的距离远远大于相应的声波波长)看来,所有气动声源都可以看作四极子、偶极子和单极子的组合分布。通过求解非齐次的波动方程,人们可以得到 FW‐H 方程的积分解,得到远场噪声分布,其中偶极子和单极子对应于面积分,四极子对应于体积分运算。

7.2　飞行器噪声源

飞机在飞行过程中,存在着许多不同的噪声源,这些噪声源的声辐射之和就是飞机噪声。飞行器的噪声来源分为两种,一种是推进系统的噪声,另一种是空气动力噪声。推进系统的噪声,也就是发动机的噪声,包含风扇噪声、螺旋桨噪声、压气机噪声等。空气动力噪声,又叫机体噪声,它是由气流在机身上流动时所造成的气流压力扰动所造成的。在飞机降落阶段,发动机处于低功率状态,增升装置和起落架全部打开的情况下,推进系统的噪声与空气动力噪声相近,空气动力噪声甚至更大。

在飞行器总体噪声中,各种噪声源所占的比例是不同的。螺旋桨飞行器的主要噪声来源是螺旋桨所发出的噪声,经各种途径进入机舱内;而喷气式飞行器的主要噪声来源为喷流噪声,其主要的噪声来源是尾喷口,经尾喷管辐射到飞机尾部区域,再经机身进入机舱内;而涡扇飞行器的噪声来源为风扇的转子与静子的相互作用。现代大型涡扇飞行器的机体噪声是飞机重要的噪声来源。

7.2.1　机体噪声

机体噪声是飞机噪声的主要来源,因此如何降低机体噪声显得十分重要。特别是在飞机进场的过程中,机体噪声在整体飞机噪声中占主导地位。

当物体高速通过空气时,气体的黏度会在物体表面形成湍流层。此时,气体将不断在湍流层中形成和衰变,并沿流动方向摆动。经过不断的运动,气体会沿着运动物体的轨迹产生波动的压力场。当空气沿着飞机表面流经机身时,所流经的机身尺寸大小是不同的,例如驾驶舱窗口边缘的大小、机翼弦长的大小和机身的长度,也就是说,它可以在几厘米至几十米的量级范围变化。宽频带的湍流扰动信号在远场表现为一种宽频带噪声信号,其噪声强度随飞机基本结构尺寸和气流流速的变化而变化。

早在 20 世纪 70 年代,国外对机体的噪声已经进行了广泛的研究,在机体噪声的产生等方面进行了大量的实验工作。通过对典型的机体噪声产生的频谱进行实验测量得到的数据如图 7‐3 所示。从图 7‐3 中可以看出,飞行器在飞行过程中放下起落架,较良好气动外形飞行器的机体噪声,会整体增加 10 dB 以上。从图 7‐4 中可以看出,机翼+起落架与机翼+襟翼和缝翼所产生的噪声不同。和襟翼相比较,着陆装置会产生更强的噪声,它使机体噪声量级大约增加了 7~10 dB,且总噪声源的指向特性近似球形。以上数据是对于某一特定飞机所做的实验测量,机体噪声频谱和噪声信号与实际飞机的机体设计有关,且随着飞行速度的变化而变化。

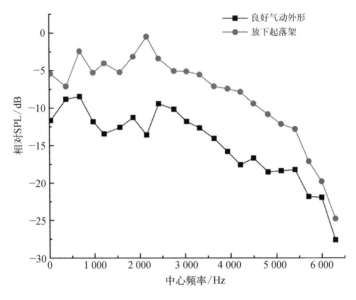

图 7‐3   机体噪声频谱

如要清楚了解飞机机体噪声,就必须对其特定机体部件产生噪声的机理和特征进行具体分析。国外 20 世纪 70 年代对机体部件噪声进行系统的实验分析研究获得如下主要结论[2]:

(1) 具有良好气动外形的机体是一个宽带噪声源,噪声特性随飞机的结构尺寸和飞行速度发生变化;

(2) 最主要的噪声源是机翼与起落架;

(3) 具有良好气动外形的机体还会产生较强的单音,主要是由于机翼尾缘旋涡的脱落造成;

(4) 机体噪声源强度与飞机速度成 5~6 次方的关系,但实际测量表明机体噪声源强度与飞机速度的关系具有较低次方;

(5) 增升装置(尾缘襟翼和前缘缝翼)和着陆装置产生的宽带噪声远比具有良好气动外形的机体产生的噪声大。在着陆过程中由增升装置和着陆装置产生的噪声使飞机机体噪声大约增加 10 dB。

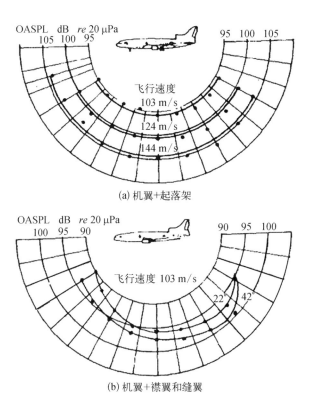

(a) 机翼+起落架

(b) 机翼+襟翼和缝翼

图 7 - 4　机体噪声指向特征

本节将以 Fink 的方法为基础,从气动声学机理、声强大小、指向性和频谱特性四个方面对机体噪声进行分析。

(1) 总声压级。机翼和尾翼噪声是由于通过其尾缘的湍流边界层对流所产生的。气动声学理论对尾缘噪声辐射特征已进行了深入的研究,其远场声压表达式为

$$\bar{p}^2 \propto \alpha^2(\delta b/r^2)v^5\cos^2\Lambda_{TK}\cos^2\Phi\cos(\theta/2) \tag{7-28}$$

式中, α 和 δ 分别是边界层湍流强度和特征尺寸; Φ 和 θ 分别是观察点到飞机的侧方向角和极方向角; Λ_{TK} 是机翼或尾翼后掠角; r 是观察点到声源的距离; v 是飞行速度; b 是翼展。

由式(7-28)知,在 $\Phi = 0°$ 的飞行过顶平面内声压最大,在过顶平面中。飞行高度 h 为

$$h = r\sin\theta \tag{7-29}$$

对大部分飞机机翼 Λ_{TK} ,是一个小角度 $\cos\Lambda_{TK} \approx 1$,因而过顶平面的声压可表

示为

$$\bar{p}^2 \propto \alpha^2(\delta b/r^2)v^5\sin^2\theta\cos(\theta/2) \qquad (7-30)$$

由式(7-30)可得出,当 $\theta \approx 71°$ 时飞机(机翼和尾翼)产生的噪声最大。因为 θ 是定义为声发射时刻飞机到观察点的极方向角,因而根据飞行马赫数的不同,当观察点感受到最大声压时飞机的位置既可能在观察点顶空前方,也可能在顶空后方。这个结论与实验数据是一致的。

对一般典型的飞机机翼,湍流边界层内的湍流强度近似与 Re 无关。而与边界层厚度与弦长的 0.8 次方和速度的-0.2 次方成比例。因而由式(7-30)可知,最大均方声压近似与机翼弦长和翼展成正比,与高度平方成反比,并随飞行速度的 5 次方规律变化。Fink 通过对实验数据的整理,并按湍流边界层厚度 δ_w 和翼展 b_w,重新整理公式,湍流边界层厚度应用下式计算:

$$\delta_w = 0.37(S_w/b_w)(vS_w/b_w\nu)^{-0.2} \qquad (7-31)$$

式中,S_w 是机翼面积;ν 是气体运动黏性系数。

最后得到机翼尾缘噪声最大总声压级的表达式为:

$$OASPL = 50\lg(v/100) + 10\lg(\delta_w b_w/h^2) + K \qquad (7-32)$$

其中,常数 K 对于传统的低速飞机以及喷气式飞机取 107.5,对于高性能的滑翔飞机取 101.5,飞行速度 v 的单位用节(kn)。

(2)频谱特性。1775 年 Fink 曾通过对襟翼尾缘噪声的研究给出尾缘噪声规范化频谱密度的半经验公式[3]:

$$SPL_{1/3} - OASPL = 10\lg\{0.613(f/f_{max})^4[(f/f_{max})^{3/2} + 0.5]^{-4}\} \qquad (7-33)$$

这一公式中的规范化频谱密度函数已用相对于总声压级的 1/3 倍频声压级代替,斯特劳哈尔(Strouhal)数已用相对于峰值声压级中心频率 f_{max} 的 1/3 倍频程中心频率代替,与实验数据的比较发现,在高频范围应用式(7-33)计算的值衰减偏慢。雷维尔(Revell)引用修正因子对公式(7-33)进行了改进,修正因子为[4]

$$\Delta SPL_{1/3} = -0.02|(f/f_{max} - 1)|^{3/2}\lg e \qquad (7-34)$$

如果式(7-33)再加上 3.5 倍的式(7-34),则预测结果与实验数据的一致性就得到改善,即机体噪声(机翼和尾翼噪声)的频谱为

$$SPL_{1/3} - OASPL = 10\lg\{0.613(f/f_{max})^4[(f/f_{max})^{3/2} + 0.5]^{-4}\}$$
$$- 0.03|(f/f_{max} - 1)|^{3/2} \qquad (7-35)$$

应用试凑的方法可以发现,最大峰值声压级频率取为 0.1 倍的速度与边界层厚度的比值,则应用式(7-35)计算的机翼和尾翼噪声频谱与测量值一致。

7.2.2　螺旋桨噪声

螺旋桨噪声是叠加在宽频噪声上的一系列离散噪声。螺旋桨噪声可进一步分为旋转噪声(离散单音)和宽频噪声。

旋转噪声又可分为厚度噪声、负载噪声和非线性(四极子)噪声。厚度噪声是由旋转叶片附近空气的周期性横向填充现象引起的。它与桨叶叶片的物理容积有关。当叶片旋转时,叶片排出空气,每转一圈都会产生压力脉动,形成周期性离散单音,其频率为叶片通过频率的整数倍。作为升力和阻力噪声的组合,负荷噪声来自叶片运动周围的压力场分布,该压力场随螺旋桨旋转,构成螺旋桨噪声谱的周期分量。四极子噪声包括非线性噪声源(莱特希尔应力项)和非线性传播效应,它是以叶片通过频率为基频的周期性单音噪声。四极子噪声只有在叶尖工作在跨声速条件下才显出其重要性。螺旋桨宽频噪声是叶片上随机脉动力作用的结果。

在螺旋桨噪声中,旋转噪声是螺旋桨的主要噪声源,其中又以厚度噪声和负荷噪声为主。故对螺旋桨及桨扇的噪声分析主要通过对旋转噪声的数值预测来展开。

1. 螺旋桨的噪声

由叶片负荷和叶片厚度引起的旋转噪声是螺旋桨最突出的噪声源。在 20 世纪 30 年代,Gutin[5]首次成功地发展了一种螺旋桨噪声预测理论,他把叶片作用在流体上的力用分布在螺旋桨旋转面内的振荡力来代替,根据稳定振荡力产生声场的计算结果,应用叠加原理,得到了计算负荷噪声的谐波分析公式,但这种方法未计及厚度噪声。Ernsthausen[6]和 Deming[7]首次认识到厚度噪声的重要性,Ernsthausen 定性地描述了这种噪声产生的机理及特征,Deming 则把旋转叶片对流体的扰动分解为叶片每一小段在旋转平面产生的周期性扰动,应用傅里叶分析和叠加原理等,得到了远场厚度噪声的计算公式。Garrick 等[8]把 Gutin 理论推广到飞机飞行的情况中,把螺旋桨噪声源看作是分布在整个旋转平面内,而旋转面内的每一个声源做直线移动,故可用一个简单的几何关系来确定声场计算中要求的声源位置以及声源与观察点相对关系等。在 20 世纪 50 年代中期,Arnoldi 发展了一种分析厚度噪声的"紧致声源"方法。

20 世纪 60 年代初期,Vooren 等[9]得到了一个在螺旋运动中点源声场的解,他们应用这种解计算了螺旋桨在飞行中的厚度噪声和负荷噪声,然而这种方法并未得到足够的关注。

从 20 世纪 60 年代开始,随着高速数字计算机的发展,研究人员简化了寻找声学波动方程解的过程,一个成功的应用就是 Lowson 对一个运动点源声场的解[10],它的结果体现了许多典型的数学结论。

2. 先进螺旋桨/桨扇的噪声

20 世纪 70 年代石油危机背景下出现的桨扇推进器,与一般螺旋桨类似,有相似的噪声谱特征以及噪声产生机理。作为新一代的推进装置,为提高其竞争能力,就需要有效地降低声源的强度,设计合理的桨叶厚度及压力分布。而 70 年代之前的类似工作恰恰不能满足这些要求[10~12]。

在过去几十年的研究过程中,气动声学理论取得了巨大的进展。1969 年,Ffowcs Williams 和 Hawkings 采用广义函数将运动固壁的边界条件写入控制方程,从而给出了 Lighthill 声比拟方程即 FW－H 方程(FfowcsWilliams-Hawkingsequation)[11],从物理机制上清晰解释了旋翼发声的三个气动声源:湍流声源(四极子)、旋翼表面脉动力声源(偶极子)和旋翼运动造成的气动声源(单极子),这三者又与湍流、脉动力和旋翼厚度有一一对应。基于 FW－H 方程,已发展了许多种开式转子旋转噪声计算方法。Farassat 对于应用 FW－H 方程的常用方法已给出了很好的综述[13, 14]。

目前,对于桨扇和螺旋桨的离散噪声广泛应用的两种方法,即 Farassat 的时域法[15-17] 和 Hanson 的频域法[18-22]。若使用时域法求解 FW－H 方程,首选的便是 Farassat 的求解方法,Nyatrom 和 Farassat[16] 在此基础上给出的开式转子噪声的计算方法,目前已经得到广泛的应用。

7.2.3   风扇噪声

当代飞机广泛使用的涡轮风扇发动机有四个主要声源,即风扇/压气机噪声源、燃烧噪声源、涡轮噪声源和排气噪声源。其中风扇/压气机噪声和排气噪声是涡轮风扇发动机的主要噪声源。随着涡轮风扇发动机涵道比的不断提高,发动机排气速度减小,排气噪声也逐渐减小。

理论和实验研究表明,对于低速运转的叶片机,如轴流通风机,宽频噪声是主要的声源(图 7－5),而对于高速旋转的风扇/压气机,离散噪声占主导地位。

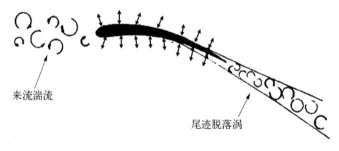

来流湍流

尾迹脱落涡

图 7－5   宽频噪声产生机理

超声速转子叶片前缘激波的存在导致了多重单音噪声的产生,所以简称激波噪声。对于理想的叶片二维叶栅,假定各叶片完全相同,叶片间距相等,来流也完全均匀,当超声速转子旋转时,在每个叶片前缘产生一道外伸激波,外伸激波沿来流马赫锥方向向前传播形成声压场,图 7 - 6 右边的曲线表示在叶片前部由麦克风感受到的激波压力场的时间历程。但是对于实际的风扇/压气机,由于叶片之间和叶片间距离之间的差异以及来流的随机脉动,引起各叶片前缘外伸激波强度和方向的差异,因此在传播过程中出现激波的追赶、相交和归并现象,激波数逐渐减少,导致了频谱图与压力时间历程的改变,如图 7 - 6 所示。进一步的分析发现,上述的声压在转子每一次转动时都重复出现,而且在每个叶片叶尖前缘部分产生一道激波,是有序的,但声压的主频分布存在随机性,通常发生在轴通过频率及其倍频处。因此这种噪声是以轴通过频率的特征出现,通常称为多重单音噪声(multiple pure tone noise)、组合单音噪声(combination tone noise)或蜂鸣噪声(buzz noise)。

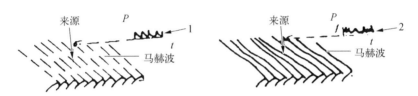

图 7 - 6　多重单音噪声产生机理

7.2.4　其他噪声源

1. 燃烧噪声和核心噪声

对燃烧噪声的注意远远迟于对其他部件噪声的注意。随着高涵道比涡轮风扇发动机的广泛使用,喷流噪声相对减小,燃烧噪声才变得重要起来。此外,随着对喷流噪声的深入研究,人们才注意到燃烧噪声是发动机噪声的一个重要成分。如在全台发动机低功率状态下的排气噪声明显地偏离八次方定律,而在消除了上游湍流扰动的喷管装置上的实验证明了八次方定律的合理性。这时人们才认识到发动机的排气噪声中含有其他内部噪声源产生的噪声分量,除了人们已经发现的高频涡轮噪声之外,这些内部声源可能包括燃烧噪声、内部障碍物周围的流动噪声、管壁的摩擦噪声等,通常称为发动机核心噪声[23]。

由于核心噪声辐射要通过喷流混合区的剪切层,核心噪声辐射要被折射,使得最大的噪声值出现在相对于进口轴线的 110°~120°之间[23],图 7 - 7 表示典型的涡扇发动机核心噪声指向特性,从峰值噪声点开始,噪声级首先随指向角减小并迅速衰减,最后当指向角继续增大,噪声级基本维持不变。

核心噪声主要是由燃烧过程产生的。燃烧噪声分为直接燃烧噪声和间接燃烧噪声。直接燃烧噪声就是由于燃烧过程中强烈的湍流流动过程产生的,虽然当流场流经涡轮导向器时其湍流度会降低,但依然有大部分由燃烧过程产生的

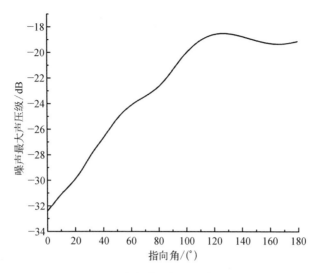

图 7 - 7   涡扇发动机核心噪声指向特性

噪声从尾喷口辐射出来而从而构成了发动机噪声的主要部分之一；间接燃烧噪声是由于燃烧室中的燃气温度的脉动和位于靠后位置的部件的干涉产生的。

2. 推力反向器噪声

推力反向器是一种在飞机着陆后引导喷气流向前喷射的装置，用于增大飞机阻力以便安全停机。Stone 对推力反向器产生噪声的机理进行了较为深入的研究，指出靶式推力反向器产生噪声的主要原因是由于喷气与飞机机体之间的相互干涉，喷气本身产生的噪声不是主要的噪声源[24]。而对叶栅式推力反向器，它所产生的噪声除了喷气与机体的干涉噪声外，喷气本身产生的噪声也是重要的噪声源，一般叶栅式推力反向器产生的噪声比靶式推力反向器产生的噪声小。

3. 声爆

超声速商业飞机的出现给环境带来了新的噪声污染-轰声（sonic boom，也称声爆）。虽然轰声的持续时间非常短（大约 300 ms），但它具有高的声级（约 130 dB），并辐射到飞行的超声速飞机下方的广大地区，因此，把飞机噪声问题带到了远离机场的广大地区，而在这些地区，亚声速飞机一般不再有噪声问题[25, 26]。

7.3　飞行器噪声控制

飞机噪声造成机场环境污染、飞机构件声疲劳及客机座舱内乘客的烦恼，因而随着空运的迅速发展和环境保护要求的不断提高，飞机噪声控制技术受到普遍重视。

一个声学系统包括声源、传播途径和接收者三个主要环节。与之对应，噪声控制也应从以上三个环节进行考虑,即声源控制、传播过程降噪和受者保护。对于飞机噪声,主要声源由两个部分组成,一个部分为动力装置噪声,另一个部分为飞机部件气动噪声(机体噪声)。飞机噪声控制分为主动噪声控制及被动噪声控制,其中被动噪声控制技术在现有飞机降噪中得到了较为成熟的应用[27]。

7.3.1　噪声主动控制的原理

主动消声又称为有源消声,它是通过加入一个大小相等相位相反的复制源的办法达到声音的对消。噪声主动控制的物理原理很早就为人所知,但作为一种消声方法是由德国人 Lueg 于 1933 年首先提出并于 1934 年取得美国专利。Lueg 的贡献是,他所发展的开式空间中单频和复合波形的对消思想,构成了现在研究主动消声的基础。20 世纪 80 年代以来数字计算机的发展,使主动消声作为噪声控制的一种方法更加接近实际。因为计算速度障碍的突破,使建立一个主动控制所需的高精度声源模型成为可能。主动消声的主要物理原理是两个声波的相消干涉。这就要求在适当位置和正确时间产生一个符合要求的干涉信号。

1. 姚氏(Young's)原理

姚氏相干原理(图 7-8)是噪声主动控制的基础。其简单表述是,一个在空间内传播的压力波可通过加入一个移相 180° 的相同波形对消。为了有效地消除一个波形,必须沿其传播途径的每一点准确加以耦合。由于任一声源有其自身的辐射特征,实际上难以完全准确地耦合。

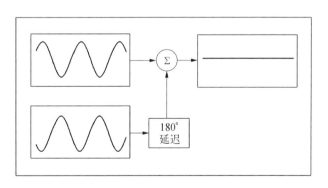

图 7-8　姚氏原理

2. 惠更斯(Huygen's)原理

惠更斯原理(图 7-9)基于姚氏原理,但提供了一个更为现实的方法。他考虑一个用封闭表面同一组声源完全隔开的域。惠更斯指出,外面声源产生的域内任一点的声场,可由分布在表面上的一组次声源精确地再现。惠更斯原理应用如下。

(1)围绕一个区域由惠更斯原理得出,如果次声源引起表面上信号投射的反相信号产生,则表面内每一点的声音可被减为零。因此通过次声源的适当分布,可在封闭边界内得到一个"无声区"。

(2)围绕一组声源用惠更斯表面来封闭声源并通过在表面上产生反相信号来衰减声辐射。这一方法是沿惠更斯表面的声源周围安排一组次声源来消除一个复杂的相对致密声源的噪声,如发动机的噪声。

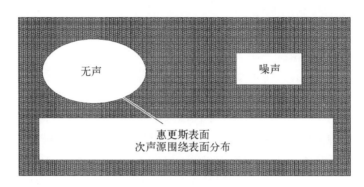

图 7-9　惠更斯原理

由于惠更斯原理依赖于惠更斯表面上的无数理想点源,实际上不可能实现。然而,沿表面安排有限数目的离散声源,可给出合理的近似。如果各声源相距足够地近,等于所消最高频率的半波长,就能有效地消声[28]。

7.3.2　噪声主动控制系统组成

飞机主动控制系统主要由四部分组成,主要包括参考传声器、误差传感器、主动噪声控制器及次级声源。

1. 参考传声器

为控制器提供飞机舱内降噪区域噪声相关的参考信号,通过参考传感器测得的噪声数据与误差传感器的测量数据比对,输入控制器中,实现控制次级声源的发声,以达到控制飞机舱内噪声的目的。

2. 误差传感器

用于实时监测飞机舱内噪声,为控制器提供输入。通常为实现较大区域的噪声控制,误差传感器通常设置多个。

3. 主动噪声控制器

主动控制系统的核心,用于接收来自参考传声器及误差传声器的信号,根据控制目标和控制算法生成驱动信号,驱动次级声源发声,控制飞机舱内噪声。

4. 次级声源

主动控制系统的执行器,一般为扬声器,通过控制器的驱动信号的接收,次级声源发声,与飞机舱内噪声发生相消干涉,从而达到控制飞机舱内噪声的目的。为实现较大区域的噪声控制目的,往往需要布置多个次级声源。

7.3.3　噪声主动控制系统的应用

1. 螺旋桨激起的机舱噪声的消减

噪声主动控制技术特别适用于消减低频的周期声和准周期声。频率限制是根据噪声数据的采样处理速度确定的;对于周期声和准周期声,通过同步技术可以准确地预测第二个周期的噪声信号,一旦第二个周期已知,反相和消声就不难了。另外,封闭体是惠更斯原理的自然应用,因此,防止封闭体外声音的侵入或者防止封闭体内噪声的对外辐射都为主动控制技术提供了有效应用的实例。

根据噪声主动控制技术的上述适用特点,在飞机噪声控制方面最具有工程前景的应用方向是消减螺旋桨激起的机舱噪声。

2. 风扇噪声消减

风扇产生具有叶片通过频率的单音以及增压空气流产生的宽频噪声。离心风扇主动噪声控制的实验证明,采用该方法,可使叶片通过频率上有 10~20 dB 的降噪效果。在小轴流风扇上完成的实验表明,声级衰减超过 10 dB。

7.4　噪声实验载荷模拟

众所周知,突出的噪声问题不仅严重影响民机的舒适性、环保性、适航性,对于军机而言,强噪声还可能诱发结构声疲劳破坏等安全性问题,而对一些新型飞行器,例如高超声速飞机,当其在高马赫数下进行飞行时表面还将承受极端严酷的气动噪声、气动热、气动力等综合载荷作用,这种综合载荷环境下的飞行器结构声振疲劳强度问题更为突出。我国民机适航条例、军机强度规范、军用装备环境试方法(GJB 150.17A—2009《军用装备实验室环境试验方法 第 17 部分:噪声试验》)等相关文件都明确规定了飞行器相关的噪声实验要求及实验方法。

7.4.1　实验载荷处理方法

噪声作为影响飞行器安全性、舒适性、适航性、环保性的重要指标,一直备受科学界和工程界的关注。事实上,随着飞行器构型、动力、速度的不同,其主要噪声源以及关注的噪声问题也有所不同,例如对于军用涡扇类飞机而言,发动机噪声及机身表面气动噪声占主导地位,其声疲劳安全性需重点考虑;对于民用涡桨类飞机而言,螺旋桨噪声其主要声源、飞机的舱内噪声舒适性和适航性是重点关注的问题。对于航天器而言,推进噪声和内部声振环境是需要重点考虑的问题。

　　飞行器噪声实验中,声载荷数据来源主要包括实测数据、风洞实验数据甚至仿真分析数据等。通常需要对各种数据进行归纳和处理,以功率谱密度(power spectral density, PSD)或者倍频/三分之一倍频程声压级谱的形式给出实验中可施加和控制的载荷谱。

　　飞机结构声疲劳载荷谱应根据结构所经受的噪声载荷值与对应的频率范围,以及声载荷作用所经历的时间进行编制。在条件允许的情况下,应根据各飞行任务剖面噪声环境测量数据,依次得到"飞行状态—时间"谱、"飞行状态—声载荷"谱、"声载荷—时间"谱,再综合得到声载荷频谱图,即声载荷谱。条件不允许时,在设计阶段则可参照同类飞机噪声环境测量结果和噪声载荷谱,或采用工程预计方法进行声疲劳载荷谱编制。表 7-1 给出了一架使用寿命估计为 4 000 h 的空中优势战斗机典型的声暴露时间。

　　目前我国使用的声疲劳载荷谱编制方法为"状态-区域包线法",该法在某型飞机座舱盖声疲劳验证实验、某型飞机鱼鳞片高温声疲劳定寿实验、某型飞机进气道典型结构声疲劳验证实验中被采用。

表 7-1　对空中优势战斗机估算的暴露时间

飞行状态	时　间	
	百分比/%	小时/h
地面助跑	5	200
起　飞	5	195
爬　升	8	300
巡　航	51	2 065
加　速	4	170
格　斗	6	275
下　降	8	300
不定高度巡航	8	300
着　陆	5	195

　　由于声疲劳实验成本高、周期长,通常使用加速方法进行飞机结构的声疲劳验证实验。此时需要确定加速的声疲劳载荷谱(即最终的结构声疲劳实验载荷谱),加速的声疲劳载荷谱按照等损伤原则,由声疲劳载荷谱和典型结构的声疲劳特性确定。图 7-10 给出了典型噪声谱。

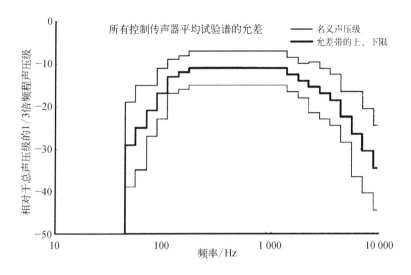

图 7 - 10　GJB 150.17A—2009 中给出的典型噪声谱

7.4.2　实验载荷加载方法

1. 主要噪声实验设施

1）全消声室

全消声室[图 7 - 11(a)]模拟的是一个声波在向外传播过程中无反射现象的自由声场,主要用来开展无声反射干扰的噪声实验。

在消声室进行对自由声场的鉴定应该包括测量空间内的本底噪声,以及与理想声场之间的近似程度等。在自由声场的声源传播与辐射过程中,其声压与传播距离之间为反比关系,相应的,声强与传播距离的平方成反比,即距离增加一倍,声压级相应减小 6dB,这也是检验消声室性能的评价指标之一。一个消声室如果想要拥有优越的声学性能,其自由声场半径应涵盖从室内中心点至离尖劈一米的范围。

2）半消声室

如果想要将消声室改造为一个半消声室[图 7 - 11(b)],可以根据镜面反射原理,具体操作是在消声室内五个面上铺设吸声尖劈,以地面作为反射镜面,其在结构上相当于全消声室的一半。对于飞行器而言,该实验室可用来开展舱室噪声测量、噪声指向性、噪声控制、声学鉴定及声学环境模拟等实验,此外,该实验室还可与混响室结合,开展飞机壁板隔声测量等实验。

3）混响室

混响室[图 7 - 11(c)]模拟的是一个声压级分布均匀、声能密度分布均匀的混响声场。主要用于测量材料的吸声系数、设备声功率级、机载外挂及设备的噪声环境适应性等。混响室可为受试对象提供宽带随机激励并形成规定的频谱,测量的主要是声场的衰减曲线。

在混响室内声压的基本方程为

$$\overline{p^2} = \frac{4\rho_0 c W_c}{4mV + S\bar{\alpha}} \qquad (7-36)$$

其中,p 为混响室声压,单位为 Pa;ρ_0 为声源系统工作介质的密度;c 为环境中的声速,单位为 m/s;W_c 为混响室内声功率,单位为 W;m 为气体中声传播的声强衰减常数,单位为 m^{-1};V 为混响室容积,单位为 m^3;$\bar{\alpha}$ 为混响室各表面的平均吸声系数;S 为混响室内表面总面积,单位为 m^2。对于混响室而言,要求上式中 $\bar{\alpha}$ 值尽可能小。

4) 行波管

对于高量级噪声输入应考虑使用掠入射噪声进行实验。行波管[图 7-11(d)]就是模拟掠入射噪声的专用声学设施。行波管构造简单,一端为声源,另一端为消声管道,以保证声场为行波场,且符合平面波条件。行波管内高频干扰来自横向驻波,测量频率必须低于管子的介质频率以防止出现横向驻波,在设计中应充分考虑行波管实验段的模态频率及截止频率。该设施主要用来开展 140 dB 以上噪声激励下的飞行器结构/部件声疲劳实验,例如空腔共鸣实验[图 7-11(e)]。

行波实验段声场应符合平面波条件,以矩形截面行波管为例,其模态频率为

$$f = \frac{c_n}{2}\left[\left(\frac{n_x}{l_x}\right)^2 + \left(\frac{n_y}{l_y}\right)^2\right]^{\frac{1}{2}} \qquad (7-37)$$

式中,f 为行波管实验段模态频率,单位为 Hz;l_x、l_y 为行波实验段横向尺寸,单位为 m;n_x、n_y 为整数,$n = 0, 1, 2, \cdots, N$;c_n 为介质声速,单位为 m/s。

设 $l_y > l_x$,则行波管的截止频率 $f = c/(2l_y)$。当行波实验段的频率小于该频率时,管中声波为平面波;否则,会出现横向驻波。

为满足行波管中声压级沿纵向可变,其横截面积应作相应改变。遵循的规律是:声压平方与截面乘积保持为常数。但管截面不宜突变,以防止声波反射。考虑到声在传播过程中的能量损失,在扬声器喇叭和行波管实验段之间的连接应采取隔振和密封措施,各个部分与地面固定时也需要采取隔振或减振措施。

行波实验装置实验段声压级的估算公式如下所示:

$$L_P = 10\lg\frac{W}{S} + 114 \qquad (7-38)$$

式中,W 为扬声器的声功率,单位为 W;S 为行波管的横截面积,单位为 m^2。

根据上式可进行扬声器的选择及行波管横截面积等的确定。

5) 声学风洞

声学风洞[图 7-11(f)]主要由风机间、气流/声源混合间、实验管道等共同组成,如图 7-11 所示为当前主要的噪声实验设施。可用于对飞机进气道吸声衬层、突出结构、空腔结构、消声器/道结构等在有气流条件下的声学特性进行研究。

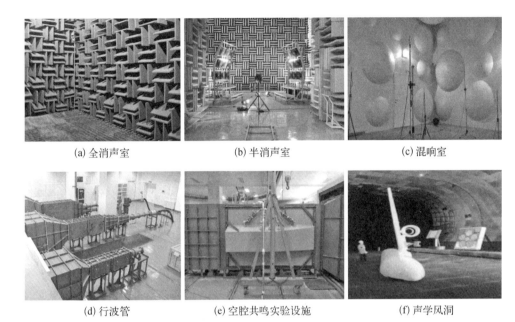

(a) 全消声室　　　　　　　　(b) 半消声室　　　　　　　　(c) 混响室

(d) 行波管　　　　　　(e) 空腔共鸣实验设施　　　　　　(f) 声学风洞

图 7-11　主要噪声实验设施

2. 噪声实验载荷加载方法

一般而言,采用上一节介绍的噪声实验设施就可以开展飞行器的大部分噪声实验。对于大多数飞行器内部机载仪器设备而言,考虑飞行器内部声场特性,混响室是主要的实验手段。对于导弹外挂、飞行器表面结构等对象,通常采用行波管来进行相关实验。从模拟的角度来分析,附面层内的脉动压力(气动噪声)采用混响室比较好。对"点声源"如发动机的喷气流产生的噪声或某些局部凸起引起的气动噪声(激波振荡引起的),则采用行波管较好[29]。

扩散场噪声一般在混响室中产生,提供给定谱形的宽带随机激励。在高强度声源的噪声场中工作或者安装的设备或结构适合进行该实验。实验能诱发 100 Hz 以上的振动,可利用噪声激励内部安装的装备的动力学响应,用于补充机械振动实验。此外,该实验也适用于各类飞机外挂装备[29]。

除了进行声响应测量外,对于长时间处于噪声环境中的结构或设备需要进行声疲劳实验,声疲劳是在声载荷的作用下,由脉动压力引起结构中的快速交变应力,导致的结构动态疲劳现象。对于可能存在声疲劳问题的结构需要进行抗声疲劳设计。

7.4.3   实验载荷测控方法

噪声的测量是定量地测量确定噪声特性的过程。噪声测量系统中测量仪器的配置方案很多,一般主要由传声器、采集器、频率分析仪等设备构成。典型的噪声实验测量系统如图 7‑12 所示。当前主流的噪声测量设备能够实现多通道噪声信号波形的并行采集与存储,同时能够对声信号进行时域和频域处理。噪声载荷的测量对于采样率和采样时间都有着特殊要求,一般声学系统的采样频率需大于分析频率的 2.56 倍。可以采用线性谱平均等方法对测量数据进行处理,给出各测量通道噪声信号的倍频程或 1/3 倍频程谱。

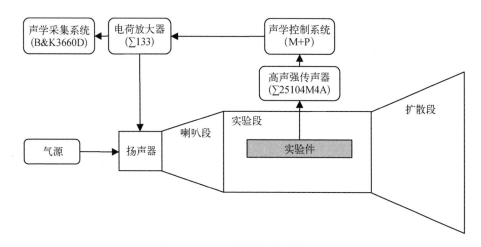

图 7‑12   典型测量及控制原理图

控制方式一般采用开环的或者闭环的形式进行。具有单一噪声源的小型混响室和行波管以及多个噪声源(这些声源覆盖实验频率范围内的不同频段)的大型混响室可以根据具体情况采用开环或闭环控制。对于尺寸较大或者构型复杂,导致声场环境均匀性不太好的情形,可根据具体实验目的和需求,采用多点平均控制的方式降低影响,GJB 150.17A—2009 中指出,在采用多点平均控制时,若各控制点测量结果的波动范围小于 5 dB(OASPL),可采用分贝数的算术平均,否则,应采用绝对压力值的平均,再转换成分贝数。

参考文献

[1]   Ffowcs Williams J E, Hawkings D L. Sound generation by turbulence and surfaces in arbitrary motion[J]. Philosophical Transactions of the Royal Society of London. Series A, Mathematical and Physical Sciences, 1969, 264(1151): 321‑342.

[2] Smith M. Aircraft noise[M]. Cambridge：Cambridge University Press，1989.

[3] Richards E J，Mead D J. Noise and acoustic fatigue in aeronautics[J]. Journal of Fluid Mechanics，1968，42(4)：860－861.

[4] Fink M R. Prediction of externally blown flap noise and turbomachinery strut noise[R]. NASA－CR－134883，1975.

[5] Gutin L. On the sound field of a rotating propeller[R]. NACA－TM－1195，1948.

[6] Ernsthausen W. The Source of propeller noise[R]. NACA－TM－825，1937.

[7] Deming A F. Noise from propellers with symmetrical sections at zero blade angle[R]. NACA－TN－679，1937.

[8] Garrick I E，Watkins C E. A theoretical study of the effect of forward speed on the free-space sound-pressure field around propellers[R]. NASA－TM－79844，1954.

[9] Van De Vooren，Zandbergen P J. Noise field of a rotating propeller in forward flight[J]. AIAA Journal，1963，1(7)：366－368.

[10] Lowson M V. The sound field for singularities in motion[J]. Proceedings of the Royal Society of London. Series A，Mathematical and Physical Sciences，1965，286(1407)：559－572.

[11] Magliozzi B. Advanced turboprop noise：a historical review[C]//Proceedings of 9th Aeroacoustics Conference，1984.

[12] 孙晓峰，胡宗安.桨扇的气动弹性力学和气动声学[J].航空动力学报,1987(4)：299－302.

[13] Farassat F. Linear acoustic formulas for calculation of rotating blade noise[J]. AIAA Journal，1981，19(9)：1122－1130.

[14] Farassat F，Brentner K S. The uses and abuses of the acoustic analogy in helicopter rotor noise prediction[J]. Journal of the American Helicopter Society，1988，33(1)：29－36.

[15] Farassat F，Brown T J. A new capability for predicting helicopter rotor and propeller noise including the effect of forward motion[R]. NASA－TM－X－74037，1977.

[16] Nystrom P A，Farassat F. A numerical technique for calculation of the noise of high-speed propellers with advanced blade geometry[R]. NASA－TP－1662，1980.

[17] Succi G. Design of quiet efficient propellers[R]. SAE Technical Paper 790584，1979.

[18] Hanson D B. Helicoidal surface theory for harmonic noise of propellers in the far field[J]. AIAA Journal，1980，18(10)：1213－1220.

[19] Hanson D B. The influence of propeller design parameters on far field harmonic noise in forward flight[C]//Proceedings of 5th Aeroacoustics Conference，1979.

[20] Hanson D B. Compressible helicoidal surface theory for propeller aerodynamics and noise[J]. AIAA Journal，1983，21(6)：881－889.

[21] Hanson D B. Near-field frequency — Domain theory for propeller noise[J]. AIAA Journal，1985，23(4)：499－504.

[22] Hanson D B，Fink M R. The importance of quadrupole sources in prediction of transonic tip speed propeller noise[J]. Journal of Sound and Vibration，1978，62(1)：19－38.

[23] Huff R G，Clark B J，Dorsch R G. Interim prediction method for low frequency core engine noise[R]. NASA－TM－X－71627，1974.

[24] Ungar E E，Wilby J，Bliss D，et al. A review of methods for estimation of aeroacoustic loads on flight vehicle surfaces[R]. AFFDL－TR－91，1977.

［25］ 方丹群.马大猷教授的《声学手册》问世［J］.噪声与振动控制,1983(5)：40.

［26］ 唐狄毅.叶轮机非定常流［M］.北京：国防工业出版社,1992.

［27］ 马大猷.噪声控制学［M］.北京：科学出版社,1987.

［28］ 唐狄毅,李文兰,乔渭阳.飞机噪声基础［M］.西安：西北工业大学出版社,1995.

［29］ 郭振华,曹珅.扩散场噪声与掠入射噪声的比较与分析［J］.电子产品可靠性与环境试验,2020,38(z2)：16‑18.

第 8 章
飞行器气候环境

产品必须在特定的环境中工作,环境条件对整个产品及其零部件会产生重要的影响,就飞行器而言,在整个寿命期间经历的环境是不断变化且多样的。民用飞机需要定期从出发点的某一种气候条件飞至终点的另一种气候条件,军用飞机经历的气候条件则更为多样及恶劣,而且还极易受到战斗空域非常规气候条件的影响,但两者均需保证飞行器在遭遇恶劣天气时具备一定的承受能力。因此无论是适航要求和运营要求,还是研制取证和服役过程,均应考虑各种恶劣气候环境对飞行器的影响[1]。

8.1 温度环境

温度是飞行器服役全过程时刻要遇到的环境,温度或温度及其他气象条件的综合作用,始终影响着装备性能。飞行器设计和实验最为关心其在地面停放和飞行过程中经受的高温、低温和温度冲击[2-4]。

8.1.1 高温环境

大多数材料的物理性能和化学反应速度都受到温度变化的影响。高温能永久或暂时改变材料的物理性能,使材料的拉伸强度和抗压屈服强度降低。当其受热膨胀,不同的材料以不同的比率膨胀或收缩,这种膨胀或收缩的差别足以引起产品出现卡滞、不接触、弯曲等现象,温度梯度还会产生引起破裂和塑性变形的内应力,如沉淀、失效和再结晶现象。高温也使得材料化学反应速度加快,通常温度每上升10℃,化学反应速度将会增加一倍,暴露于高温环境中的有机材料,将会发生分子重新排列、裂解和高温分解等变化,导致热老化和氧化;高温还将引起润滑油脂挥发,黏度下降,从而使机构间的摩擦阻力增大。因此,高温环境的影响会诱发飞行器出现故障、性能降低,甚至功能丧失。

飞行器经受的高温主要分为地面贮存温度和地面运行温度。地面贮存温度是指飞行器在地面停放的不工作状态下遇到的温度,这一温度主要取决于停放机场的空气温度,一般在沙漠等热带地域的最热季节极易出现高温环境。对于贮存温度的选取,除考虑自然气候的空气温度外,还应考虑飞行器在地面停放暴露于日晒环境中时,由于地面温度的升高而引起的飞行器机体温度的升高,即"诱发温度"。通常将诱发温度作为严酷条件技术指标在飞行器设计和实验中选用。

8.1.2　低温环境

　　大多数工程材料暴露于低温环境时其物理性能和化学性能均会不同程度地降低,导致结构性能受到破坏。特别是金属、橡胶、塑料受低温环境影响巨大,基本都会受到机械损坏,例如:随着温度的降低,金属材料变得更坚固,屈服强度和极限拉伸强度更高,但是耐碰撞和耐冲击载荷能力则明显降低,缺乏韧性而出现脆性断裂;橡胶材料通常会失去柔性,变得又硬又脆,受到冲击加载或碰撞时会裂开;复合材料在不同的低温环境下会出现不同程度的结构变形。

　　由于气候中的低温环境几乎对所有的材料和设备都有不利的影响,故低温环境对飞行器的安全极具挑战,长时间的低温环境下存放或者飞行,其机体机构、机载设备等均会由于材料物理性能或化学性能的下降,导致结构性能破坏或者工作性能下降或失效。

8.1.3　温度冲击

　　温度冲击是产品短时间内经受环境温度急剧变化的过程。在寒冷区活动,武器系统无论从寒冷的室外进入室内,还是从室内拿到室外,都会受到影响。各种零部件受到温度冲击后,将产生不同的膨胀,造成机械零部件之间的粘合或卡滞;使表面涂层发生物理或化学变化,引起涂层开裂;降低系统的各种性能,使其不能正常发挥功效。从而影响整个系统和装备可靠性。

　　飞行器因其长距离巡航、快速起降等特点,经常会遭遇温度冲击。例如:在夏季沙漠环境中,飞机从机场起飞(高温)爬升到高空(低温)的短短几分钟,温度将从+50℃急剧降至-50℃,最低甚至到-70℃,装在不加热舱段的设备、外挂设备和外部吊舱都会经受温度冲击。飞行器快速通过不同温度分区也会受到温度冲击。

　　飞行器抗温度冲击设计与实验,主要是考虑温度变化对飞机及其各系统的影响,通常靠近飞机外表面或暴露在外面的结构或设备受影响严重。离外表面越远,温度变化越慢,影响越不明显。急剧的温度变化可能会暂时或永久地影响飞机结构或机载设备的工作。

8.2　湿热环境

　　湿度是表示空气中水蒸气含量的一个常用的表示方法,湿度作为一种环境因素,普遍存在于飞机及地面保障设备的环境中,重要性方面仅次于温度。当高温与湿度组合在一起形成的湿热环境,会加剧单因素纯湿度环境的恶化作用,对产品的影响具有"催化剂"效应[2-4]。

产品处于湿度环境往往会表面受潮或内部受潮,使外观或物理、化学、电性等方面发生变化而导致产品性能衰减和功能失效。例如:自然界潮湿环境的影响,大多数金属会被氧化,在其表面或内部形成主要成分为 Fe_2O_3 或 Fe_3O_4 的氧化物,在高温湿热环境中,该现象会更明显,金属很快就会生锈;潮湿环境对塑料材质也具有危害作用,湿度的变化,往往引起尼龙、醋酸纤维等发生膨胀或收缩,加速增塑剂的损失。同时,潮湿形成的水分会与塑料发生化学反应,严重降低其机械强度;高湿度对光学仪器的影响也非常巨大,水蒸气凝结于光学玻璃上,并渗透至密封的元器件中,会大大降低产品性能,尤其低温地区或温度变化较大时,这种破坏会更加明显。此外,高湿度还会引发产品故障,尤其是金属材料,从冷环境进入到热环境时,产品表面将凝结出水蒸气,如果再将这些产品置于低温环境使用,产品表面形成的冰层会使活动部件发生卡滞。因此,应充分考虑潮湿环境对产品的影响,将湿度环境,特别是湿热环境融入产品的各项环境实验中。

潮湿环境往往是温度和湿度综合作用的环境,按其成因可分为自然气候潮湿环境和诱发潮湿环境。飞行器在地面停放或飞行中总会受到与温度综合在一起的潮湿影响,例如,当从冷处进入到温暖环境时,潮气会在飞行器的燃油箱里产生冷凝,当其再返回到低温环境时就可能在燃油管路中结成冰,从而威胁飞行安全。

8.3 太阳辐射环境

太阳辐射对产品的影响表现为加热效应和光化学效应两种形式,这两种效应同时存在,热效应往往使材料性能发生变化,光化学效应一般表现为材料的强度降低、脆化、产生裂纹、龟裂、脱色和性能降低等。

加热效应是太阳辐射最主要效应,它会使产品产生附加温升。太阳中的红外光谱(波长 $0.78\sim3.0~\mu m$)部分引起产品短时间高温或局部过热,造成元器件失效或损坏。飞行器在机场停放贮存和飞行过程中,始终将经受太阳辐射环境影响,例如:在舰船或停机坪上停机时受到紫外线的照射,座舱温度最高可达100℃以上,给座舱内部的设备与元器件带来很大的损伤;飞行时,特别是在高空长时间未经过紫外线和红外线过滤的阳光下飞行,阳光照射在飞机表面,并且透过窗户和座舱盖进入机体内部,进而照射到仪表板等舱内的某些设备上引起较高温升,也会损伤某些设备和器件。

太阳辐射热效应与高温产生的热效应不同,太阳辐射的热效应具有方向性,并产生热梯度。飞行器在太阳辐射环境下,热量的吸收或反射主要取决于被辐射表面的粗糙度和颜色。太阳辐照度的变化导致不同材料和部件以不同速度膨胀或收缩,从而产生严酷的应力并破坏结构的完整性。

　　太阳辐射包括太阳发射(即辐射)的任何射线。工程上一般只研究波长在 0.1～100 μm 范围内的射线,它们占全部照射到地球上能量的 99.999%。太阳光谱的能量主要集中在 0.1～2.2 μm 范围内,而地面及大气辐射的能量集中在 6.8～100 μm 范围内。

　　入射到地球大气层顶部的太阳能,只有一部分到达地球表面,约占 53%,表 8-1 列举了太阳能的分配情况。地球表面的实际太阳辐射取决于大气层的透光性、太阳入射角和方位角、各地区地理位置(纬度、海拔)、表面反射率和材料内部的透光性、大气层悬浮微粒特性等因素。在海拔较高地区,由于太阳辐射经过大气的路程较短,空气稀薄且含杂质较少,因而地面所吸收的太阳辐射能较高,而比较湿热的地区,由于空气中含水分较多,地表面所吸收的太阳能比干燥地区低。

表 8-1　太阳辐射能量的分配情况

能量分配情况	分 配 途 径	与总能量的比值
被反射或散射回宇宙空间的能量	由云层反射	0.24
	由气体分子、尘埃、水蒸气反射	0.06
被吸收的能量	由云层吸收	0.03
	由气体分子、尘埃、水蒸气吸收	0.14
到达地球的能量	天空漫射辐射	0.22
	直接光辐射	0.31
在大气层顶部能够得到的太阳总能量		1.00

　　在自然界中,每天的太阳辐射强度接近正弦曲线,太阳辐射强度中午达到最大值。表面吸收的太阳辐射能为

$$E = \mu \cdot A \int_{t_1}^{t_2} S(t)\,\mathrm{d}t$$

式中,E 为飞机表面吸收到的太阳辐射能量;μ 为飞行器表面颜色吸收系数;A 为飞行器受照面积。

　　光化学效应主要是太阳辐射中的紫外光谱(波长 0.28～0.4 μm)部分引起的,光化学效应的作用机理简单地说就是足够量的紫外光照射到飞机上时,受照材料首先吸收光能,使其分子或原子处于激发状态,被吸收的能量可以激励分子,通过分子间的碰撞和振动转换为热能,当吸收了足够的能量时,便发生了化学反应。紫外光谱提供的能量足以激发有机材料分子,使其键断裂、降解或交联,从而使材料老化变质。最易发生的损坏是变形、变色、失去光泽、粉化、开裂等表面损坏。

8.4　降雨环境

　　飞行器无论是处于地面停放还是在飞行中,都不同程度地受到各种水的影响,其中受降雨影响最常见。自然界中降雨可分为过量雨、不足量雨、连续降雨等不同特性的雨,也可按照降雨强度大小分为甚小雨、小雨、中雨、大雨、暴雨、特大暴雨。降雨环境对产品产生的效应表现为4类:雨水在大气中的影响、雨水的冲击效应、雨水的沉积效应、雨水渗透到设备内部的影响。

　　我国位于东亚季风区,幅员辽阔,地形复杂,降雨气候多种多样,呈现南多北少,东多西少,丘陵和山地迎风坡明显增多的空间分布,且一年四季雨量分布不均,基本上雨热同季,并随季风带南北向跳跃性移动而变化,降水变化明显。当雨降落时,由于雨的渗透性,雨水流动性,冲击和积聚,对飞行器及其材料会产生各种影响,例如:暴雨会损坏无线电通信,干扰雷达效用,限制飞机飞行,甚至损坏飞行中的飞机;大雨滴能侵蚀高速飞行的飞机的表面,对结构施加应力;雨水沉积会加速金属腐蚀,损坏表面涂层;水渗透到飞机内部使其非金属材料强度降低,使零件泡胀或破裂并引起电子与电气设备失灵。

　　飞行器防降雨设计和其实验验证主要是考虑飞机防、排水的能力,以便其可在降雨环境中在地面停放和飞行。

8.5　降/扬雪环境

　　雪也称固体沉降物,通常包括来源于大气水分的各种形式霰、冰晶、冰雹、雨冰、冰霜和白霜等,自然雪是这些沉降物中最重要的。根据形成过程、晶体粒径、密度大小分为雪、雪片和雪霰、冰片、冻雨、冰雹、冰晶、雨冰、冰霜、白霜等多种类型。

　　雪沉积到地面后不久,就逐渐失去沉降雪的晶体结构特性。这种情况可以由雪融化过程引起,也可以由干燥变质(结构改变)引起,具体取决于温度。即使在结冰温度以下,由雪晶体上能促进分子迁移的半液体表面层逐渐干燥变质。通过这一过程,接触的雪粒可以融化或结块,从而增加了下雪抗压强度。

　　雪用单位时间内的降雪或积雪量来量度。单位时间内当量水的积累量对于计算最终的冲刷作用也是重要的参数。降雪量、降雪强度、降雪持续时间和出现过降雪的天数都是重要的气候参数。对于积雪强度,重要的是它产生的效果而不是对它的测量方法。物体表面的积雪量或雪载荷是描述降雪的一个重要方面,雪载荷可以用 g/cm^3 来量度。

　　飞机在地面停放或高空飞行时可能遇到降雪、冻雨等天气,这些都有可能使得附着在飞机表面的水分结冰冻结,给飞机存放和飞行带来很大的问题,特别是在飞行过程中若大量积冰会对安全飞行带来挑战。例如：积冰可引起飞机起落架动作机构和铰链卡死；飞机表面或螺旋桨大量结冰会使飞机气动性恶化，增加飞行阻力；螺旋桨结冰也会影响其对称性，当冰脱落时有可能会损坏飞机机体或发动机部件。

此外降雪天气，地面停放的飞机被认定要承受与其附近地面相同的雪载荷，在飞机设计和实验验证时，还需要考虑雪载荷的影响。有时降雪过程会伴随着13 m/s的大风，形成暴风雪，也称为扬雪。风吹来的雪可堵塞飞机壁孔、进气口和通风口；风吹动的细小的雪易渗透进小的壁孔，会导致静电的产生，因此在飞机设计和实验验证时要考虑扬雪环境的这些影响。

在暴风雪天气中，通常伴随着低温，这种恶劣的天气条件给地勤人员对飞机进行维护带来很大的难度，例如：拆卸或装载飞机的外挂武器和副油箱、换电池等。在飞行器设计和实验验证时，要注意分析和验证进行这些操作的可能性。

8.6　积冰/冻雨环境

飞行器积冰是指其机身表面某些部位聚积冰层的现象。其主要是由云中过冷水滴水或降水中的过冷雨滴碰到机体后冻结形成的，也可由水汽直接在机体表面凝华而成[5]。

飞机积冰常发生在飞机表面突出的迎风部位，主要包括：机翼及尾翼的前缘、发动机进气口、螺旋桨、天线、雷达罩、空速管和风挡等。飞机积冰会破坏飞机飞行中的空气动力性能，影响飞机的稳定性和操纵性，使升力减少，阻力增大，并可能破坏飞机的安定性，致使飞机进入不稳定状态，严重的积冰将使飞机操纵变得困难。高速飞机在低速的起飞阶段，或穿越浓密云层飞行时同样可能产生严重的积冰。因此飞机积冰仍然是危及飞行安全的严重问题，其有时会造成飞行事故。

由于云中的含水量和过冷却程度不同，冻结过程中释放的潜热排走的快慢不同，所以形成的冰层，在结构、强度和外观上也各有不同，有的光滑透明，有的粗糙不平，有的坚硬牢固，有的松脆易碎。根据积冰的结构、形状和对飞行的影响程度，大致可分为明冰、毛冰、雾凇和霜4种。

日常飞行中，一般是根据积冰对飞行的影响程度，将积冰强度分为微量、轻度、中度和严重4个等级。

（1）微量积冰是指冰层的生成速度略大于其升华速度，这种积冰没有明显危害，无须启动防/除冰设备，也无须改变飞行高度或航径，除非这种积冰持续时间达到1 h以上。

（2）发生轻度积冰时，如果持续1 h以上，则对飞行将构成威胁，因此间断使用防/除冰设备成为必要，如果需要在这种环境中长时间飞行，则必须改变高度或改变航径。

（3）发生中度积冰时，冰层聚积速度较快，即使短时间飞行也会对飞行造成威胁,因此必须启用防/除冰设备,并且如果预计其持续的时间略长,则要求改变高度或航径。

（4）在严重积冰环境下,防/除冰设备已经无法将冰层除去或防止积冰增加,需要立即改变高度或航径。

飞机积冰后,飞行状态必然会有所反应,根据这种反应也可间接判断飞机积冰强度的等级(表 8 - 2)。这种方法比较实用,在飞机形成积冰的过程中就可以判断出来。

表 8 - 2　根据飞行状态的变化判断飞机积冰强度的等级

积冰强度等级	飞行状态的变化
微量/轻度	航迹和高度无变化,未引起空速损失
中　度	航向和(或)高度有较显著的变化。冰层在不断聚积,除长时间在积冰区中飞行外,对飞行无显著影响,空速有所损失
严　重	航向和高度有显著的变化。冰层聚积很快、很厚,严重影响飞机的飞行性能和操纵性,空速损失明显

8.7　气候环境载荷模拟

8.7.1　环境应力水平确定原则

飞行器的任务环境按照严酷等级可分为两类:① 是在未来使用中可能遇到的最严酷条件,这类环境条件是极端的,也是个别的,出现的时间和频率都很低,但却是耐环境设计的主要依据,也是气候实验中必须考核的环境条件;② 是在服役过程中经常遇到的环境条件,是飞行器全寿命周期中常常遭遇的典型环境,出现的频率较高,时间也较长。

飞行器进行气候实验验证时,各种气候条件下的环境应力的确定,并非简单的使用环境应力的再现,而是应遵循以下原则:

（1）以实测统计数据为依据;

（2）考虑时间风险率和面积风险率;

（3）运用数学模型估计;

（4）充分考虑其使用特点;

（5）参考 GJB 150 系列环境试验标准。

8.7.2　温度环境模拟

1. 低温环境

低温是最重要的环境参数,在地面环境模拟和空中环境模拟中均属于普冷领域,常见的制冷方法有：蒸汽压缩式制冷、吸收式制冷、蒸汽喷射式制冷、吸附式制冷、空气制冷(也称气体膨胀制冷)、涡流管制冷、热电制冷和磁制冷等。最常用到的是蒸汽压缩式制冷和空气制冷两种形式。本书只介绍制冷循环、制冷循环热力计算方法和制冷循环的适用范围。

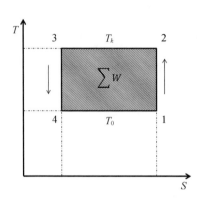

图 8-1 逆卡诺循环温熵图

1) 蒸汽压缩式制冷

蒸汽压缩式制冷由压缩机、冷凝器、蒸发器和节流机构构成,逆卡诺循环是理想的制冷循环,包括两个定温过程和两个绝热过程。各热力过程与外界无温差和无摩擦损失。图 8-1 所示的 1—2—3—4—1 为逆卡诺循环。在定温过程 4—1 中,1 kg 制冷剂在温度 T_0 是从被冷却物质吸取热量 q_0;在定温过程 2—3 中,在温度 T_k 时放出热量 q_k。循环中所消耗的功量为绝热压缩过程 1—2 的单位耗功量 W_c 和绝热膨胀过程 3—4 的单位功量 W_e 之差,即 $W = W_c - W_e$。

制冷系数 ε 是表示制冷循环的性能指标,为单位耗功量所能获取的冷量,即

$$\varepsilon = \frac{q_0}{\sum W} \qquad (8-1)$$

对于逆卡诺循环,有

$$\varepsilon = \frac{T_0}{T_k - T_0} \qquad (8-2)$$

式(8-2)说明,逆卡诺循环的制冷系数与制冷剂的性质无关,仅取决于热源温度 T_0 和和冷源温度 T_k。逆卡诺循环是可逆循环,在相同的温度范围内,它的制冷系数最大。

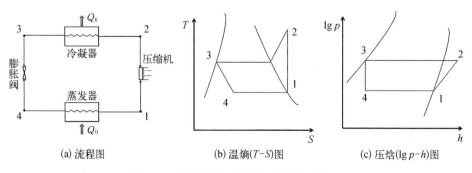

(a) 流程图   (b) 温熵(T-S)图   (c) 压焓(lg p-h)图

图 8-2 单级蒸汽压缩式制冷的基本循环

2）空气制冷

空气制冷按照逆向布莱顿（Braton）循环工作，原理流程示于图 8－3。

工作原理，如图 8－4（a）、（b）所示，循环由 4 个热力过程组成，等压吸热（4—1）、等熵压缩（1—2）、等压排热（2—3）和等熵膨胀（3—4）。它们分别在用冷装置（如换热器）、气体压缩机、冷却器和气体膨胀机中完成。在循环中，作为制冷剂的空气只有状态变化，而不发生相变。在用冷装置中吸热

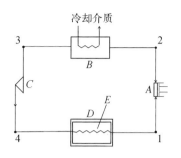

图 8－3　空气制冷的原理流程

及制冷机中制取冷量单靠空气温度的升高和降低，即显热变化完成。

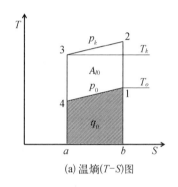
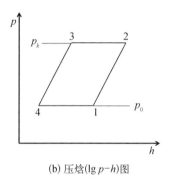

（a）温熵（T-S）图　　　　　（b）压焓（lg p-h）图

图 8－4　逆向布莱顿循环

根据空气制冷技术的理论和实践，与蒸汽压缩式制冷相比，它有如下优点：

（1）在低温下制冷系数高；

（2）制冷剂为空气，对大气臭氧层无破坏作用，同时，不需要制冷剂的储存和运输设备；

（3）对设备气密性要求不高，制冷性能不随设备使用时间的增长而降低，因此，性能比较稳定；

（4）易于得到很低温度（可到-170~-160℃），因而可用蓄冷流程；

（5）易于获得温度范围很宽的低温气流；

（6）易于实现一套设备多处用冷；

（7）调温范围宽；

（8）运行可靠，操作简单，维护简便，运行费用低。

当飞行器在世界范围内贮存和使用时，选择设计和实验的低温值不仅要考虑极端低温，还要考虑极端低温出现的频率。要求温度值的确定按工作极值考虑，根据 GJB 1172.2—1991《军用设备气候极值》中的推荐值，时间风险率为 1% 的低温工

作极值中国范围内为-48.8℃,世界范围内为-61℃,表8-3给出我国和世界范围低温极值出现的概率。

一般情况下,选取20%出现频率的温度值即可满足对飞机进行考核的要求,若有特定应用和实验要求,也可选用其他出现频率下的温度值。温度变化速率也是影响飞机的一个重要因素,在飞机设计与实验中主要是考虑低温的持续时间,温度变化率不宜过快,通常这一变化率为不超过3℃/min。

表 8-3　低温极值出现概率

中国的低温极值		世界范围的低温极值	
低　　温	出现频率	低　　温	出现频率
-41.3℃	20%	-51℃	20%
-44.1℃	10%	-54℃	10%
-46.1℃	5%	-57℃	5%
-48.8℃	1%	-61℃	1%

2. 高温环境模拟

高温环境模拟的加热方法多采用蒸汽加热和电加热,对应的加热设备为蒸汽加热器和电加热器。

对于无升温速度要求的恒定高温模拟设备,热负荷与一般空调工程一样按稳定传热情况计算。而对于有温升速度要求的高温模拟设备,其升温速度要求往往是计算热负荷的主要依据,这时热负荷应按非稳态传热情况计算。升温过程热负荷由以下几部分组成:

(1)系统空气吸热量;

(2)围护结构不稳定传热量;

(3)系统设备吸热量;

(4)室内试验品吸热量;

(5)试验品发热量;

(6)循环风机发热量。

计算高温模拟设备的循环风量,首先要计算室内热负荷。室内热负荷的计算方法与热负荷的计算方法相同,不同的是室内热负荷只包括热负荷中以下几部分:

(1)围护结构不稳定传热量,只计算室内围护结构面积和加热系统中加热设备以后送风管道面积;

(2)系统设备吸热量,只计算加热设备以后部分的设备;

(3)室内试验品吸热量;

（4）试验品发热量；

（5）若风机置于加热设备后，则需将风机发热量计入室内热负荷。

根据计算出的室内热负荷，可按下式计算循环风量：

$$L = 3\,600Q/(c\gamma\Delta t_s) \tag{8-3}$$

式中，L 为循环风量，单位为 m^3/h；Q 为室内热负荷，单位为 kW；c 为空气定压比热，可取 $1.004[kJ/(kg \cdot ℃)]$；γ 为空气容重，单位为 kg/m^3；Δt_s 为送风温差，单位为℃。

从上式可以看出，送风温差 Δt_s 的大小对循环风量的大小有显著的影响，进而显著影响加热系统的投资和运行费用，因此，送风温差的选取至关重要。选取原则是在保证试验要求的情况，宜采取较大的送风温差。

在设计和试验中要确定飞机经受高温的时间，对于恒温贮存，根据美军标 MIL-STD-810F 和 GJB 150-3A 中的规定，在温度达到稳定后，要持续 2 小时，对循环贮存规定为至少 7 个日循环。

在飞行器高温贮存和工作试验中，主要考虑温度持续作用的影响。温度变化速率不宜过大，一般规定为不超过 3℃/min，变化速率过大易引起温度冲击。

8.7.3　湿热环境模拟

湿热环境模拟系统包括加热设备、冷却设备、加湿设备和除湿设备，本书只讨论适用于湿热模拟设备使用的加热方法、冷却方法、加湿方法及除湿方法。湿热模拟设备的加热方法与高温模拟相同，这里主要讨论冷却方法、加湿方法和除湿方法[6]。

1. 冷却方法

湿热模拟的冷却设备多采用表面式冷却器（以下简称表冷器）作为冷却设备。根据使用冷媒的不同，表冷器分为直接蒸发式和水冷式两种。直接蒸发式表冷器是蒸气压缩式制冷系统的一部分，液体制冷剂在其中气化吸热，使流经直接蒸发式表冷器的空气冷却，多用于中小型湿热模拟设备。水冷式表冷器通常采用由冷水机组提供的冷冻水作冷媒，多用于大中型湿热模拟设备。如果条件合适，也可采用深井水做冷媒。

采用直接蒸发式表冷器，由于蒸汽压缩式制冷机的冷量不能连续调节，常常产生过量冷却，而后又需要加热、加湿的问题。这样能量抵消造成浪费，也不利于设备内参数的稳定。采用过冷式表冷器可实现冷量的连续调节，避免以上弊病。建议在条件允许的情况下，尤其是大中型湿热模拟设备优先采用水冷式表冷器。

2. 加湿和除湿方法

目前在湿热模拟中应用的加湿方法很多，不同的加湿方法对模拟设备内温、湿度调节精度和稳定性有不同影响。常用的加湿方法有三种,即喷蒸汽加湿、喷水加湿和超声波加湿。

除湿的常用方法有冷却除湿、压缩除湿、吸收除湿和吸附除湿。

自然气候中的潮湿环境是由地理和气候条件所决定的,一般情况下自然界中最潮湿的地方是湿热地区,我国的长江以南的湿热地区和亚湿地区,最高绝对湿度可达 29 g/m³,其相对湿度大于 95%。自然环境中,除个别地区外,在空气流通的情况下,不会长期出现温度大于 30℃、湿度大于 95%的情况。往往诱发潮湿环境的严酷度会超过自然界中的湿热条件,如飞机密闭舱内,由于通风不良,局部潮湿不容易散发,相对湿度可高达 95%~100%,而温度可达 30~45℃左右。

8.7.4　太阳辐射环境模拟

太阳辐射模拟不仅要模拟在地球表面上观察到的太阳辐射能量光谱分布和所接收到的太阳辐射强度,而且还要同时模拟相应的温度条件,有时还要同时模拟湿度、风速等条件。

国标 GB 2423.24—81 的试验目的是考核电工电子产品和材料在受到地面太阳辐射条件下产生的热、机械、化学、电等的效应及确定其适应性。该标准要求模拟光源应使模拟设备内规定的照射测量平面上得到辐射强度为光谱能量分布复合表中规定的太阳辐射,见表 8-4。

表 8-4　光谱能量分布和允差

特　性	光　谱　范　围			
	紫外线		可见光	红外线
波长范围/μm	0.28~0.32	0.32~0.40	0.40~0.78	0.78~3.00
辐照度/(W/m²)	5	63	560	492
辐照度允差/%	±35	±25	±10	±20

注: 到达地球表面波长小于 0.30 μm 的辐射量是很小的,但对材料的劣化效应可能很显著。如果在自然环境中不会受到波长小于 0.30 μm 的短波辐射而在试验中受到这种辐射时,则其材料可能产生不必要的劣化;与此相反,如果在自然环境中会受到波长小于 0.30 μm 的短波辐射而在试验中没有受到这种辐射时,则会导致本来不合格的材料可能通过试验。这完全取决于材料的特性及其使用的自然环境条件。

在飞行器设计和试验验证中所关心的多是太阳辐射引起的热效应导致的飞机故障和光化学效应引起的飞机表面各类防护涂层的老化、开裂和飞机上选用的有机玻璃风挡和其他有机材料结构的老化引起的破坏。

8.7.5　结冰环境模拟

结冰试验模拟主要包括地面冻雾、冻雨结冰、冻云结冰、低温降雪结冰 4 种典型结冰环境,人工模拟试验主要包括:户外喷雾塔模拟方法、环境室内开式风洞模拟方法、全封闭结冰风洞模拟方法、气候实验室结冰模拟方法。不同水滴直径、液态水含量、空气温度下的飞行器的结冰情况并不相同,因此成为地面模拟结冰环境的重要参数[7]。

(1)水滴粒径分布:云层中的水滴往往大小不同,引起飞机结冰的主要是由直径的过冷大水滴造成的,大水滴的惯性较大,更容易和飞行器相撞,在单位时间内形成的冰层厚,结冰强度也更大。

(2)液态水含量:在影响飞机结冰的诸多因素中,液态水含量是最重要的因素之一,在给定温度和水滴直径下,液态水含量的增大将会使结冰强度变大,飞机的危险性也越高,表 8-5 展示了层云和积云中结冰强度与液态水含量的关系。

表 8-5　层云和积云中结冰强度与液态水含量关系

积云平均液态水含量/(g/cm³)	结冰强度	层云平均液态水含量/(g/cm³)
≤0.07	微量结冰	≤0.11
0.07~0.5	轻度结冰	0.12~0.68
0.5~1.0	中度结冰	0.69~1.33
>1.0	严重结冰	>1.33

(3)空气温度:飞机发生结冰的温度范围在一般在冰点到-40℃之间,而出现结冰概率最大和结冰最严重的温度范围在-4~-20℃。当温度低于-20℃时,由于大气中过冷水滴含量小,飞机发生结冰的概率也较小。

地面冻雾结冰可以在两种条件下形成,当云处于山区的地水平面时,或者当近地面的环境温度达到露点且空气变得饱和、环境温度接近冰点的情况下。几乎在每个冬季,这种情形都会在世界许多地区发生。

飞行器尤其容易受到地面雾的影响,因为飞机大量的时间是停在地面上,当开动喷气发动机时,引擎吸入地面雾滴,能够在进气口部分和第一级压缩机叶片及毂上形成冰。如果有大块的冰落入运转的发动机中,将导致重大事故和代价高昂的损失。

飞机积冰与云的关系也极为密切,在温度低于-2℃的云中飞行,都有可能会产生积冰,由于不同云中的含水量和水滴的大小不同,故积冰也有不同的特点。表 8-6 给出各种类型云的云滴平均半径和平均含水量。可以看出,云滴半径以浓积云和积雨云为最大,高层云最小;云中平均含水量,以积雨云、浓积云最大,高层云、高积云最小。云中云滴的物态为:当云中温度为-15~0℃时,多为过冷水滴;-30~-15℃时,为过冷水滴与冰晶共存;-30℃以下时为冰晶。

表 8 - 6　各种类型云的云滴平均半径和平均含水量

云　　类	层云	层积云	雨层云	高层云	高积云	淡积云	浓积云	积雨云
云滴平均半径/μm	6	8	10	5	7	9	24	20
平均含水量/(g/cm³)	0.25			0.14			0.4	

　　表 8 - 6 一般来说,地面冻雾条件与飞机飞行中的冻云积冰条件可以用相同的云参数表征。无论飞行器飞行中遭遇的冻云积冰环境,还是地面冻雾引起的结冰,都会导致飞机的重大故障,严重时影响飞机的飞行安全,甚至引起机毁人亡的事故。因此在飞行器设计和地面模拟试验中,要充分研究地面冻雾积冰环境和冻云结冰环境,提高设计和试验验证水平。

　　另外,冻雨积冰是在冬季冻雨或毛毛雨降落在冰点或接近冰点的飞机表面上,过冷的水气膜会在物体上冻结成的清澈、光滑的雨冰,其密度可达 0.9 g/cm³,几乎与纯冰相同。它会影响活动部件间的间隙,甚至把飞机运动部件冻结在一起,引起结构故障,也会增加雷达天线、气动控制表面、直升机旋翼的重量,降低风挡玻璃和光学设备的能见度等,给飞机地面运行和维护带来困难。因此在飞机设计和试验验证中还要考虑积冰/冻雨环境对飞机和地面维护带来的影响,保证飞机的安全。

参考文献

[1]　Moir I, Seabridge A. 飞机系统(机械、电气和航空电子分系统综合)[M].凌和生,译.北京:航空工业出版社,2011.

[2]　马力.常规兵器环境模拟试验技术[M].北京:国防工业出版社,2007.

[3]　刘家璇.气候环境试验[J].环境强度,1984(2):20 - 27.

[4]　电工电子产品环境技术标准化技术委员会.环境条件与试验环境试验应用指南[M].北京:中国标准出版社,1990.

[5]　李伟,贺晓雷,齐久成.气象仪器及测量技术[M].北京:气象出版社,2010.

[6]　王浚,黄本诚,万才大,等.环境模拟技术[M].北京:国防工业出版社,1996.

[7]　林贵平,卜雪琴,申晓斌,等.飞机结冰与防冰技术[M].北京:北京航空航天大学出版社,2016.

第9章
电测法

广义的电测法是指通过传感器将响应信号(位移、速度、加速度、载荷、温度)转换为电量(电荷、电压等)或电参数(电阻、电容、电感等)的变化,然后使用电量测量和分析设备对响应信号进行分析;狭义的电测法一般指用电阻应变计通过间接测量的方式测量结构表面的应变状态,也即应变电测法,本章主要介绍应变电测法。当构件的被测表面发生变形时,粘贴在构件上的电阻应变片的电阻值也会发生相应的变化,电阻变化通过专门的设备转变为电压(或电流)的变化,再通过换算得到电压(或电流)的信号。应变测量中常使用应变片,应变片又可分为电阻应变片和半导体应变片。电阻应变片测量的物理量是所处位置的应变,根据应力应变关系可以计算结构表面的应力状态,达到分析应力的目的。本章主要阐述应变电测法的工作原理及其组成,包括对电阻应变片的构造及其工作原理,以及对测量电路的原理和设备,测量电桥的特性和应用的详细介绍。

9.1 电阻应变计的构造与工作原理

9.1.1 电阻应变计的构造

除了一些物体在超低温环境下具有超导能力外,其他的物体都有电阻。物体的电阻通常会受到包括材料特性、几何形状和温度等因素影响。电阻应变计则是利用了导体电阻随几何外形变化的特性。作为一种高精度机械量传感元件,电阻应变计通过将机械变形信号转化为电信号来传递被测物体表面的变形,对得到的电信号做进一步分析就能得到应变,电阻应变计被广泛用于力学测量和测量[1-3]。

一个完整的电阻应变计通常包括敏感栅、基底、覆盖层及引线,敏感栅作为核心的传感元件被粘在基底和覆盖层之间[4]。一种丝绕式应变计的典型结构如图9-1所示。

敏感栅是用合金丝或合金箔制成的栅。它能将被测构件表面的应变转换为电阻相对变化。敏感栅由纵栅与横栅两部分组成。纵栅的中心线称为应变片的轴线。敏感栅的尺寸用栅长 L 和栅宽 B 表示,如图9-2所示。栅长尺寸一般为0.4~100 mm。

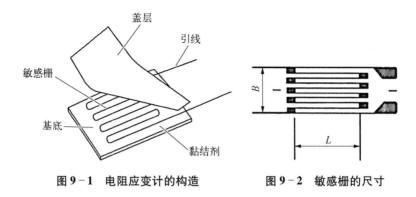

图 9-1　电阻应变计的构造　　　　图 9-2　敏感栅的尺寸

基底的功能是作为一层基板,将敏感栅与被测表面隔开,可以保护敏感栅,提供绝缘层,防止损坏。电阻应变计的基底一般具有以下要求:柔软、具有一定的机械强度、良好的粘接和绝缘性能、较小的蠕变和滞后性、无吸湿性,并能在不同温度下工作。

从敏感栅引出电阻应变片的引线为丝状或带状金属导线。具有低且稳定的电阻率和小的电阻温度系数的引线通常在制造应变片的时候被连接在敏感栅上[5]。为了便于连接,常温应变片的引线大多为纯铜,可以在表面镀锡。中温应变片和高温应变片的引线可以在纯铜引线的表面镀银、镍或不锈钢,也可以用银、镍铬(或改良型)、镍、铁铬铝、铂或铂钨作为引线。铅、铍青铜可作为高疲劳寿命应变计的引线。

9.1.2　电阻应变计的工作原理

电阻应变计可将被测表面的机械应变转化为其内部敏感栅的阻值变化,用来反映被测物表面的力学性能[6-9]。

将电阻应变计看作一根长 L,电阻率为 ρ 的金属电阻丝。这里,假设其横截面是直径为 D 的圆形,面积为 A,初始时该电阻丝的电阻值为 R:

$$R = \rho \frac{L}{A} \qquad (9-1)$$

假设电阻丝受力后沿轴向伸长,其横向尺寸相应缩小,导致横截面面积发生变化。电阻丝的横截面原面积为 $A = \dfrac{\pi D^2}{4}$,其相对变化为

$$\frac{dA}{A} = 2\frac{dD}{D} = -2\mu\frac{dL}{L} \qquad (9-2)$$

式中,μ 为金属丝材料的泊松比;dL/L 为金属导线长度的相对变化,即轴向应变:

$$\varepsilon = \frac{\mathrm{d}L}{L} \tag{9-3}$$

在电阻丝伸长的过程中,所产生的电阻值的相对变化为

$$\frac{\mathrm{d}R}{R} = \frac{\mathrm{d}\rho}{\rho} + \frac{\mathrm{d}L}{L} - \frac{\mathrm{d}A}{A} = \frac{\mathrm{d}\rho}{\rho} + (1 + 2\mu)\varepsilon \tag{9-4}$$

从上述公式中可以看出,其电阻的变化主要来自金属丝的变形和其变形后的几何尺寸带来的变化。在温度一定的条件下,大多数金属电阻丝的电阻变化与其电阻丝的轴向应变成正比,即

$$\frac{\mathrm{d}R}{R} = K_S \varepsilon \tag{9-5}$$

式中,K_S 为金属丝的灵敏系数:

$$K_S = \frac{1}{\varepsilon}\frac{\mathrm{d}\rho}{\rho} + (1 + 2\mu) \tag{9-6}$$

式(9-5)表示金属丝的电阻变化率与它的轴向应变成线性关系。通过选择合适的材料,即其电阻对变形敏感的材料制成的应变片,将测量中的机械变形信号转变为电信号,就能实现对结构变形的测量。

9.2　测量电路原理与设备

惠斯通电桥多被用于在应变电测中,其主要功能是将微小的电阻相对变化值(如120 Ω 变化为120.03 Ω)转化为电阻的绝对电阻变化值(如0.03 Ω)。将惠斯通电桥与放大器组合,就可以把微小的电阻变化放大,从而提高测量仪器的分辨率和精度。

由于交流电桥和直流电桥的基本原理一致,这里以直流电桥为例介绍电桥的基本原理。需要注意的是,交流电桥需要考虑交流电引起的线间电容的影响,此时不能将桥臂看作为纯阻性的[10]。

9.2.1　直流电桥

直流电压供电的惠斯通电桥如图 9-3 所示。设电桥各桥臂电阻分别为 R_1、R_2、R_3、R_4;电桥的 A、C 为输入端,接直流电源,输入电压为 U_{AC},而 B、D 为输出端,输出电压为 U_O。当电桥与放大器相连时,由于放大器

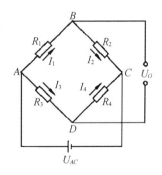

图 9-3　应变测量的惠斯通电桥

的阻抗极大(通常可以达到 10 MΩ 以上),所以电桥中的电流可以认为小到忽略,此时认为电桥输出端是开路的,故 $I_1 = I_2$。

从 ABC 半个电桥来看,AC 间的电压为 U_{AC},流经 R_1 的电流为

$$I_1 = \frac{U_{AC}}{R_1 + R_2} \qquad (9-7)$$

由此得出 R_1 两端的电压降为

$$U_{AB} = I_1 R_1 = \frac{R_1}{R_1 + R_2} U_{AC} \qquad (9-8)$$

同理,R_3 两端的电压降为

$$U_{AD} = \frac{R_3}{R_3 + R_4} U_{AC} \qquad (9-9)$$

故可得到电桥输出电压为

$$U_O = U_{AB} - U_{AD} = \left(\frac{R_1}{R_1 + R_2} - \frac{R_3}{R_3 + R_4} \right) U_{AC}$$
$$= \frac{R_1 R_4 - R_2 R_3}{(R_1 + R_2)(R_3 + R_4)} U_{AC} \qquad (9-10)$$

由上式可知,要使电桥平衡,也就是说使电桥的输出电压为零,则桥臂电阻必须满足:

$$R_1 R_4 = R_2 R_3 \qquad (9-11)$$

为了确保测量准确,在测量前应对电桥平衡,即满足式(9-11),使电桥输出 U_O 为 0,被测物体变形会使电阻应变片阻值发生变化,导致电桥不平衡,输出值不为零。

设初始处于平衡状态的电桥各桥臂相应的电阻增量为 ΔR_1、ΔR_2、ΔR_3、ΔR_4,则由式(9-10)得到电桥输出电压为

$$U_O = \frac{(R_1 + \Delta R_1)(R_4 + \Delta R_4) - (R_2 + \Delta R_2)(R_3 + \Delta R_3)}{(R_1 + \Delta R_1 + R_2 + \Delta R_2)(R_3 + \Delta R_3 + R_4 + \Delta R_4)} U_{AC} \qquad (9-12)$$

将式(9-11)代入式(9-12),且由于 $\Delta R_i \ll R_i$,可略去高阶微量,得

$$U_O = \frac{R_1 R_2}{(R_1 + R_2)^2} \left(\frac{\Delta R_1}{R_1} - \frac{\Delta R_2}{R_2} - \frac{\Delta R_3}{R_3} + \frac{\Delta R_4}{R_4} \right) U_{AC} \qquad (9-13)$$

式(9-12)和式(9-13)分别为电桥输出电压的精确和近似计算公式。在进

行应变测量时,直流电桥通常有以下三种应用状态:等臂电桥、卧式电桥或立式电桥[11, 12]。

1. 等臂电桥

等臂电桥中,四个桥臂电阻值相等,即 $R_1 = R_2 = R_3 = R_4 = R$,此时式(9-13)可写成:

$$U_O = \frac{U_{AC}}{4}\left(\frac{\Delta R_1}{R_1} - \frac{\Delta R_2}{R_2} - \frac{\Delta R_3}{R_3} + \frac{\Delta R_4}{R_4}\right) \quad (9-14)$$

如果四个桥臂电阻均接入灵敏度系数为 K 的应变片,则将关系式 $\Delta R/R = K\varepsilon$ 代入式(9-14),此时电桥的输出电压为

$$U_O = \frac{U_{AC}K}{4}(\varepsilon_1 - \varepsilon_2 - \varepsilon_3 + \varepsilon_4) \quad (9-15)$$

式中,ε_1、ε_2、ε_3、ε_4 分别为电阻应变片 R_1、R_2、R_3、R_4 所感受的应变。

如果只是单臂接入应变片,此时阻值的变化即为被测应变 ε,则由式(9-14)和式(9-15)得到输出电压为

$$U_O = \frac{U_{AC}}{4}\frac{\Delta R}{R} = \frac{U_{AC}}{4}K\varepsilon \quad (9-16)$$

由上式可得,单臂电桥输出电压与应变成线性关系。将公式(9-12)代入式(9-16),则得到电桥输出电压为

$$U_O = \frac{U_{AC}}{4}\frac{\Delta R}{R}\left(\frac{1}{1 + \frac{1}{2}\frac{\Delta R}{R}}\right) \quad (9-17)$$

式(9-17)与式(9-16)相较增加了一个系数(括号部分),这个系数被称为非线性系数。这个系数越趋近于 1,则表明电桥的非线性越小,表示此时近似公式与精确公式计算得到的输出电压数值越接近。

通常应变片的灵敏系数 $K = 2$,若应变为 1 000 微应变,则由 $\Delta R/R = K\varepsilon$ 可得到式(9-17)中的非线性系数等于 0.999,非常接近于 1。因此一般应变测量按近似公式计算输出电压,所产生的误差很小,可忽略不计。

2. 卧式电桥

若电桥中 $R_1 = R_2 = R$,$R_3 = R_4 = R'$,则称为卧式桥,如图 9-4 所示。设仅桥臂 AB 接应变片,即 R_1 有一增量 ΔR,此时由近似计算式(9-17)及精确计算式(9-13)得到的输出电压表达式分别与式(9-12)及式(9-16)完全相同,说明当卧式桥与等臂电桥的 $\Delta R/R$ 值相等时,它们的非线性系数也相等。

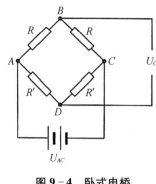
图 9-4　卧式电桥

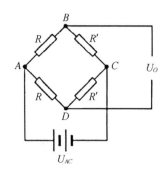
图 9-5　立式电桥

3. 立式电桥

当电桥中 $R_1 = R_3 = R, R_2 = R_4 = R'$ 时称为立式桥,如图 9-5 所示。同样,仅设桥臂 AB 接应变片,即仅 R_1 有一增量 ΔR,由近似式(9-13)得到输出电压为

$$U_O = U_{AC} \frac{\dfrac{\Delta R}{R}}{m + 2 + \dfrac{1}{m}} \qquad (9-18)$$

$$U_O = U_{AC} \frac{\dfrac{\Delta R}{R}}{m + 2 + \dfrac{1}{m}} \qquad (9-19)$$

式中, $m = R/R'$ 由精确式(9-12)计算得到输出电压为

$$U_O = U_{AC} \frac{\dfrac{\Delta R}{R}}{m + 2 + \dfrac{1}{m}} \left(\frac{1}{1 + \dfrac{m}{1 + m}\dfrac{\Delta R}{R}} \right) \qquad (9-20)$$

将上式与式(9-17)比较可知,上式中括号部分即为非线性系数。当 $m > 1$ 时,括号中分母 $\Delta R/R$ 前面的系数 $m/(1 + m) > 1/2$,而式(9-17)中 $\Delta R/R$ 前的系数却等于 $1/2$,因此,在立式桥 $m > 1$ 的情况下,当立式桥与等臂电桥的 $\Delta R/R$ 值相等时,立式桥的非线性系数比等臂电桥小;而当 $m < 1$ 时,则其结果相反。

对比三种电桥的非线性系数,立式桥的非线性系数较为复杂,不便于确定,因此,应变电测测量中多采用卧式电桥和等臂电桥。

9.2.2　电桥的平衡

在使用电桥测量前,需要对电桥进行平衡,使电桥输出 $U_O = 0$, 即满足 $R_1R_4 =$

R_2R_3。但这样的条件在实际应用可能由于应变片阻值的偏差，以及接触电阻和导线电阻等的影响无法平衡，往往 $R_1R_4 \neq R_2R_3$，因此需要在测量电桥中增加平衡调整电路。传统的平衡调整电路如图 9-6 所示，即在电桥中增加电阻 R_5 和电位器 R_6。

增加的电阻 R_5 和电位器 R_6，其等效变换电路如图 9-7 所示。分析平衡电路，如图 9-7(a) 所示，将 R_6 分为两部分，R_6' 和 R_6''，如图 9-7(b) 所示，使

$$R_6' = n_1 R_6, \ R_6'' = n_2 R_6 \qquad (9-21)$$

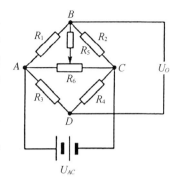

图 9-6　基本平衡调整电路

并且 $n_1 + n_2 = 1$。将图 9-7(b) 所示的星形连接等效转换成图 9-7(c) 所示的三角形连接，则

$$R_1' = n_1 R_6 + \frac{1}{n_2} R_5, \ R_2'' = n_2 R_6 + \frac{1}{n_1} R_5 \qquad (9-22)$$

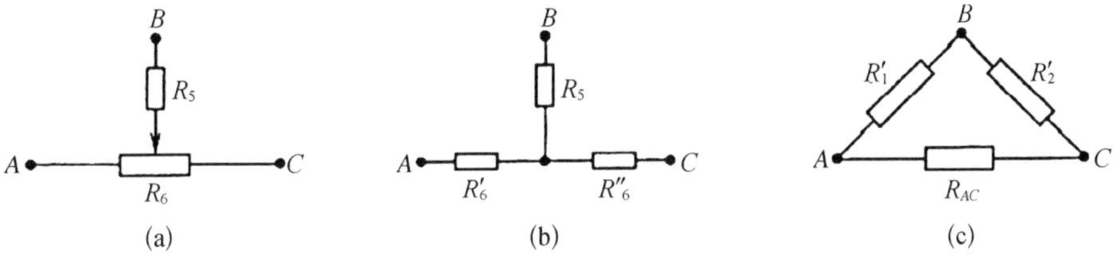

图 9-7　基本平衡调整电路的等效电路

而 R_1' 和 R_2' 分别是并联在 R_1 和 R_2 上的，通过调节 R_6' 和 R_6''，可使电桥平衡，即满足 $R_1R_4 = R_2R_3$。考虑到电桥测量精度，平衡调节范围不宜过大，因此要求四个桥臂的电阻差值不大于 $0.3 \sim 0.5 \ \Omega$，而 R_5 和 R_6 一般取 100 kΩ 和 10 kΩ。

需要说明的是，图 9-7 所示的平衡调整电路，由于 R_5 和 R_6 的加入，电桥的输出灵敏度将有所下降，只是下降幅度不大。以 $R_5 = R_6 = 10$ kΩ 为例，电桥的输出灵敏度将下降 0.5% 左右，而当 $R_5 = R_6 = 100$ kΩ 时，电桥的输出灵敏度将下降 0.05% 左右。图 9-7 所示的平衡调整电路通常是仪器电路的一部分，如果使用同一仪器对应变片重新标定，则这种灵敏度误差可以消除或减小。

初始不平衡的测量电桥，测量过程中会引入一定的非线性，但非线性通常不大（大多小于 0.1%），且与初始不平衡程度有关。因此，使用初读数调零的应变仪，测量精度通常优于使用图 9-7 所示的平衡调整电路的传统应变仪。

9.2.3　半桥测量和全桥测量

当需要测量大量数据点的应变值时，常使用两个标准电阻代替应变片组成惠

斯通电桥,如 $R_3 = R_4 = R$ 为标准电阻,则这时的测量电桥称为半桥(图9-8),同样的,四个桥臂均为应变片的电桥则称为全桥(图9-9)[13-15]。

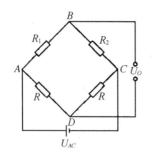 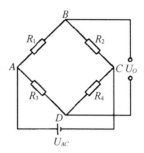

图9-8　半桥测量 R 为标准电阻　　　图9-9　全桥测量

9.2.4　静态电阻应变仪

静态数字式电阻应变仪又可以根据有无输出接口分为两种类型。无输出接口的静态数字电阻应变仪只能数字显示静态应变;具有输出接口的静态数字电阻应变仪,不仅可以进行数字显示,还可以与计算机进行通信,记录、保存或打印测量结果[16]。

1. 无输出接口静态数字电阻应变仪

无输出接口静态数字电阻应变仪的工作原理框图如图9-10所示。它由测量电桥、测量通道手动切换开关、放大器、A/D 转换器、数字显示和直流电源等组成。将应变片按不同的测量需求接入半桥全桥等桥路,通过放大器把电信号放大,信号放大后经 A/D 转换器,用数字显示测量结果。

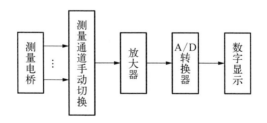

图9-10　无输出接口静态数字电阻应变仪

2. 有输出接口静态数字电阻应变仪

有输出接口静态数字电阻应变仪通常包括测量电桥、测量通道切换网络、模拟放大电路、A/D 转换电路、光电隔离、单片机、键盘输入、显示输出、测量数据保有电路和直流电源等部分。可以实现应变数据采集、处理、显示、通信等各种功能。有输出接口的静态数字电阻应变仪的工作原理框图如图9-11所示。

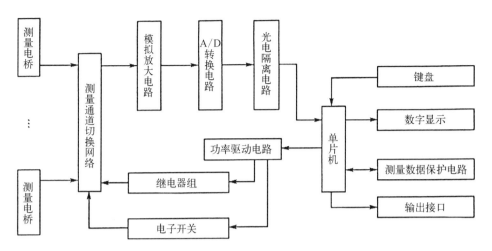

图 9–11 有输出接口静态数字电阻应变仪

在应变电测过程中,被测应变大多十分微小,所以静态电阻应变仪采用的供电(包括电桥的供桥电源和高精度模拟放大器与高分辨率 A/D 转换器的电源)均为高精度、低噪声的直流电源。静态电阻应变仪的工作频率不高,需自动扫描时,通常每秒扫描 5 ~ 10 个通道,采用 8 位微处理器。图 9–12 所示为当前比较先进的静态数字电阻应变仪结构框图。

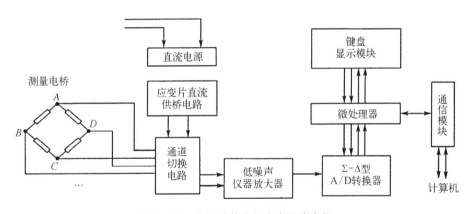

图 9–12 先进的静态数字电阻应变仪

9.2.5 动态电阻应变仪

对于连续快速变化的应变信号,必须使用动态电阻应变仪进行测量。使用直流供桥的动态电阻应变仪,通常由以下关键部件组成:电源模块、供桥模块、直流放大电路、调零电路、校准电路(或称标定电路)、滤波电路、输出驱动电路等。

随着计算机测量技术的发展,动态电阻应变仪器需增加以下功能模块:信号调理电路(增益调整、低通滤波)、多路开关(使用多通道并行 A/D 转换的高速动态电阻应变仪不含该模块)、一个或多个高速 A/D 转换器、高速微处理器(microprocessor unit，MPU)或数字信号处理器(digital signal processing，DSP)、高速数据传输模块、海量存储器(可选)等。图 9－13 所示为带多路开关的具有数据采集功能的动态电阻应变仪框图[17]，这里需要说明的是，电阻应变仪不适用于高频测量。

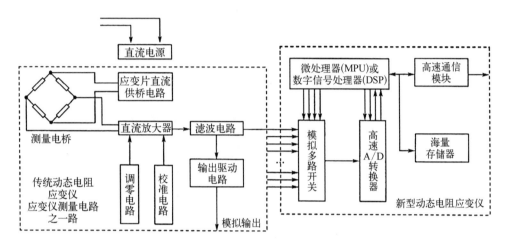

图 9－13　动态电阻应变仪框图

每个应变仪都必须拥有供桥电路。不同型号应变仪可能会采用不一样的供桥电压，通常情况下均为 2～3 V，也可以大于 3 V。一些较先进的仪器带有程控桥压功能，图 9－14 所示为带程控电压供桥功能的恒压供桥电路框图。

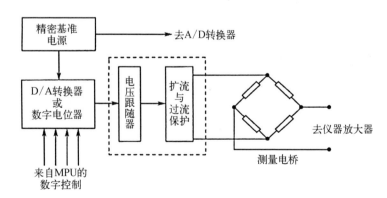

图 9－14　可程控的恒压供桥电路

数据采集系统起到中枢大脑的作用，它的处理能力受到核心处理器的影响，最常见的有：MCS－51 单片机组成的数据采集系统、数字信号处理器或 ARM 处理器组成的数据采集系统、80486 或奔腾处理器组成的嵌入式数据采集系统,随着计算机信息技术的发展,目前许多采集系统已采用制程更加先进的处理器,数据处理能力相比经典型号的单片机、ARM 处理器等有了大幅提升,80846 或奔腾处理器也已落后于时代,逐渐会被制程工艺更先进的处理器替代。

9.3　测量电桥的特性及应用

9.3.1　测量电桥的基本特性与温度补偿

1. 测量电桥的基本特性

测量电桥,即为直流电桥(惠斯通电桥)的应用。直流电桥的桥臂电阻与电桥输出电压之间的关系见式(9-14),若四个桥臂电阻均为电阻应变片,则根据 $\Delta R/R = K\varepsilon$ 得到式(9-23),即

$$令\ \varepsilon_d = \varepsilon_1 - \varepsilon_2 - \varepsilon_3 + \varepsilon_4,则\ U_O = \frac{U_{AC}K}{4}(\varepsilon_1 - \varepsilon_2 - \varepsilon_3 + \varepsilon_4) = \frac{U_{AC}K}{4}\varepsilon_d$$

$$(9-23)$$

式中, ε_d 称为读数应变。应变仪上的读数通常对应于读数应变 ε_d,而不是电桥电压输出 U_O。因此式(9-23)可变为

$$\varepsilon_d = \frac{4U_O}{U_{AC}K} = \varepsilon_1 - \varepsilon_2 - \varepsilon_3 + \varepsilon_4 \qquad (9-24)$$

由式(9-24)可总结测量电桥具有以下基本特性:

(1) 两相邻桥臂,数值相减;

(2) 两相对桥臂,数值相加。

根据上述电桥特性,设计桥路连接可实现不同的需求:

(1) 消除环境温度的影响;

(2) 增加读数应变,提高测量灵敏度;

(3) 在复杂应力作用下,测出某一内力分量引起的应变。

2. 温度的影响与补偿

应变片的工作环境发生温度变化时,会产生一定的热输出。所以被测构件在无荷载、无约束状态下发生的应变,是工作环境下所具有的一定温度引起的结构变形。当结构受到载荷作用,被测件的应变是热输出叠加荷载作用的共同效果。因此环境温度的变化会影响测量结果,想要得到精准的测量数据,消除温度对应变片的影响非常重要[18]。

温度对构件应变 ε_t 的影响与其实际应变效果相当。例如,进行应变测量时,电

阻应变片的材料选择镍铬丝,将其粘贴在钢构件上进行应变测量时,通过改变温度变量,温度升高1℃,ε_t 即可达70微应变。可见,温度在应变片电测中是个十分重要的因素[18]。因此,想要得到精准的测量数据,消除温度对应变片的影响非常重要。

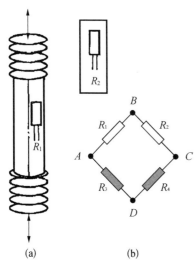

图 9 - 15   补偿块补偿法

机械和环境温度变化引起的应变被测量的应变片同时传递。通过控制变量法的原理,控制每个应变片的 ε_t 相等,保证将两个(或四个)应变片接入电桥的相邻(或四个)桥臂时,其应变片相同,被测构件材料相同,所处温度场相同,则输出信号时,便可以消除 ε_t 的影响。把这种测量方法称为桥路补偿法(或温度补偿片法),具体可以分为以下两种。

补偿块补偿法:将一个补偿块材料置于被测构件附近,使其于被测构建的温度场保持一致,且在测量过程中只受温度场作用,如图 9 - 15(a)所示。在构件的测量点粘贴电阻应变片 R_1,称为工作应变片(简称工作片),并将其连接到 AB 桥臂上。在相同的工作应变片 R_2 上粘贴温度补偿块,称为温度补偿应变片(简称补偿片),并与 BC 电桥臂连接,将固定电阻 R 与电桥臂 AD 和 CD 连接,形成等臂电桥,如图 9 - 15(b)所示。因此,根据电桥的基本特性,在测量结果中消除了温度的影响。

工作片补偿法:多个工作应变片用于测量时,它们同时收到温度场和应力场的作用,可以使其温度变化产生的影响相互抵消,只保留需要测量的应变。该方法在试样上找到温度相同的布片位置,便可用工作片补偿方法进行温度补偿。

9.3.2   测量电桥的接线方法

根据电桥桥臂接入应变片的连接方式不同,测量电桥的连接方式可分为半桥接线法、全桥接线法和串并联接线法。

1. 半桥接线法

在半桥接线法中,根据两应变片工作情况的不同,又分为单臂半桥接线法和双臂半桥接线法。

测量电桥中 R_1、R_2 两桥臂电阻为电阻应变片,R_3、R_4 两桥臂电阻为固定电阻,如图 9 - 16 所示,该连接方式称为半桥接线法。

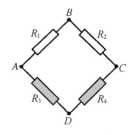

图 9 - 16   半桥接线法

R_1、R_2 为电阻应变片;
R_3、R_4 为固定电阻

1）单臂半桥接线法

在被测构件和与补偿块上粘贴两个电阻应变片。粘贴在被测表面的称为工作应变片，另一片称为补偿应变片。由于工作应变片在测量测量时同时受到温度场和应变场的影响，因此需要另外增加一个温度补偿片，测量在不受外来条件下相同的材料仅由于温度变化导致的应变，用来抵消工作应变片中温度对其产生的影响。该方法可消除因环境温度变化而造成的测量误差。

如图 9-17(a)所示构件，要测定构件上某一点（A 点）的应变，只需在该点粘贴一片应变片，并在与构件相同材料的补偿块上粘贴一片应变片，组成 9-17(b)所示的测量电桥。

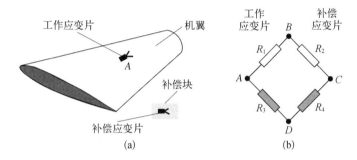

图 9-17　用单臂半桥接线法测量一点的应变

构件上应变片为工作应变片（R_1），接入 AB 桥臂，它将直接感受构件受力后产生的应变 ε 和环境温度变化产生的应变 ε_t；补偿块不受外力，并放置在构件附近与构件同温度场中，补偿块上的应变片称为补偿应变片（R_2），接入 BC 桥臂，它表示只受到温度变化产生应变 ε_t。

由式(9-24)可得读数应变为

$$\varepsilon_d = \varepsilon_1 - \varepsilon_2 = \varepsilon + \varepsilon_t - \varepsilon_t = \varepsilon \qquad (9-25)$$

单臂半桥接线法实现了消除测量时环境温度对材料应变的影响。读数应变 ε_d 就等于构件上被测点的应变 ε。

2）双臂半桥接线法

两电阻应变片均为粘贴在被测量样上的工作应变片，两片应变片同时收到被测结构的应变和环境温度的影响。双臂半桥接线法既可以消除因环境温度变化引起的误差，又可以增加读数应变的双臂桥接线法，以提高测量的灵敏度。

图 9-18(a)所示一悬臂梁，要测定悬臂梁在 F 力作用下，I-I 截面处的应变 ε。

在 F 力作用下，I-I 截面上、下表面的应变 ε 大小相等，符号相反。在 I-I 截面的上、下表面各粘贴一片应变片，并用双臂半桥接线法组成图 9-18(b)所示测

量电桥。两桥臂应变片感受梁在 F 力作用下的应变和环境温度变化产生的应变 ε_t，分别为

$$\varepsilon_1 = \varepsilon + \varepsilon_t, \ \varepsilon_2 = -\varepsilon + \varepsilon_t \tag{9-26}$$

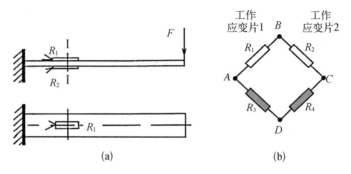

图 9-18　双臂半桥接线法应变测量

由式(9-24)得读数应变为

$$\varepsilon_d = \varepsilon_1 - \varepsilon_2 = \varepsilon + \varepsilon_t - (-\varepsilon + \varepsilon_t) = 2\varepsilon \tag{9-27}$$

所以，读数应变 ε_d 是悬臂梁 I-I 截面处应变的 2 倍，即

$$\varepsilon = \frac{\varepsilon_d}{2} \tag{9-28}$$

可见，双臂半桥接线法可以提高被测件真实应变的敏感程度即测量电桥读数的应变值大小，同时可以消除环境温度变化引起的误差，增加读数应变。

2. 全桥接线法

若测量电桥中 R_1、R_2、R_3、R_4 桥臂电阻均为电阻应变片，则称为全桥接线法。根据四个应变片工作情况的不同，分为对臂全桥接线法和四臂全桥接线法。

1）对臂全桥接线法

测量电桥中 R_1、R_2、R_3、R_4 四桥臂应变片中 R_1、R_4 为工作应变片，R_2、R_3 为补偿应变片，即 R_1、R_4 应变片粘贴在被测构件上，R_2、R_3 应变片粘贴在补偿块上（反之 R_2、R_3 作为工作应变片，R_1、R_4 应变片作为补偿应变片也可以）。

如图 9-19(a)所示为一板试样，要测定在一对轴力 F 作用下板试样上产生的轴向应变 ε_F。

在板试样同一截面的正、反两面各粘贴一片应变片，同时在与板试样相同材料的补偿块上也粘贴两片应变片，如图 9-19(b)所示，并用对臂全桥接线法组成 9-19(c)所示测量电桥。

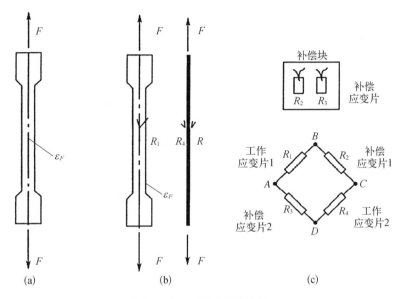

图 9－19　对臂全桥接线法

四桥臂应变片感受的应变分别为

$$\varepsilon_1 = \varepsilon_4 = \varepsilon_F + \varepsilon_t, \quad \varepsilon_2 = \varepsilon_3 = \varepsilon_t \tag{9-29}$$

由式(9－24)可得读数应变为

$$\varepsilon_d = \varepsilon_1 - \varepsilon_2 - \varepsilon_3 + \varepsilon_4 = \varepsilon_F + \varepsilon_t - \varepsilon_t + \varepsilon_F = 2\varepsilon_F \tag{9-30}$$

板式样的轴向应变为

$$\varepsilon_F = \frac{1}{2}\varepsilon_d \tag{9-31}$$

用对臂全桥接线法组成的测量电桥,同样消除了环境温度变化引起的误差,也增加了读数应变,提高了测量灵敏度。

2) 四臂全桥接线法

测量电桥中 R_1、R_2、R_3、R_4 四桥臂应变片均为工作应变片。

仍以测量图 9－19(a)所示板试样在 F 作用下的轴向应变 ε_F 为例。设材料的泊松比 μ 已知。

在板试样的同一截面正、反两面,沿轴线方向和垂直轴线方向各粘贴一片应变片,如图 9－20(a)所示,并用四臂全桥接线法组成图 9－20(b)所示测量电路。四桥臂应变片感受的应变分别为

$$\varepsilon_1 = \varepsilon_4 = \varepsilon_F + \varepsilon_t \tag{9-32}$$
$$\varepsilon_2 = \varepsilon_3 = -\mu\varepsilon_F + \varepsilon_t$$

由式(9-24)可得读数应变为

$$\begin{aligned}
\varepsilon_d &= \varepsilon_1 - \varepsilon_2 - \varepsilon_3 + \varepsilon_4 \\
&= (\varepsilon_F + \varepsilon_t) - (-\mu\varepsilon_F + \varepsilon_t) - \\
&\quad (-\mu\varepsilon_F + \varepsilon_t) + (\varepsilon_F + \varepsilon_t) \\
&= 2(1 + \mu)\varepsilon_F \qquad (9-33)
\end{aligned}$$

板式样的轴向应变为

$$\varepsilon_F = \frac{1}{2(1 + \mu)}\varepsilon_d \qquad (9-34)$$

用四臂全桥接线法组成的测量电桥,不但消除了环境温度变化引起的误差,而且增加了读数应变,提高了测量灵敏度。但本例中如果不能精确测得材料的泊松比 μ,则测量精度将受到影响。

3. 串并联接线法

在应变测量中,也可以将应变片串联或并联起来接入测量桥臂,如图 9-21 和图 9-22 所示即为串、并联时的半桥接线法。串、并联也可用于全桥接线法。

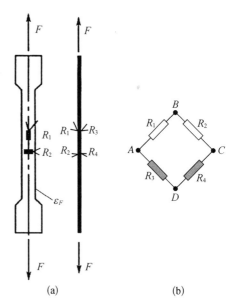

图 9-20　四臂全桥接线法

$R_1 \sim R_4$ 为工作应变片

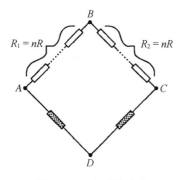

图 9-21　串联接线法

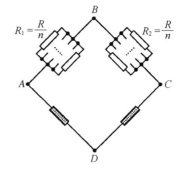

图 9-22　并联接线法

串、并联时的读数应变仍可以用式(9-24)计算,各桥臂中的应变仍为 ε_1、ε_2、ε_3、ε_4。

1) 串联时桥臂应力的计算

图 9-21 所示为串联半桥接线法。设 AB 桥臂中串联了 n 个阻值为 R 的电阻应变片,则该桥臂的总阻值为 nR,当每个应变片的电阻变化分别为 $\Delta R'_1$、$\Delta R'_2$、$\cdots$、$\Delta R'_n$ 时,则

$$\varepsilon_1 = \frac{1}{K}\left(\frac{\Delta R}{R}\right) = \frac{1}{K}\left(\frac{\Delta R_1' + \Delta R_2' + \cdots + \Delta R_n'}{nR}\right)$$

$$= \frac{1}{n}(\varepsilon_1' + \varepsilon_2' + \cdots + \varepsilon_n') \qquad (9-35)$$

串联接线后桥臂感受的应变为各个应变片感受应变的算术平均值。BC 桥臂的结果类似。当每个桥臂中串联的各个应变片感受的应变相同时,即 $\varepsilon_1' = \varepsilon_2' = \cdots = \varepsilon_n' = \varepsilon'$ 时,则

$$\varepsilon_1 = \varepsilon'$$

结果表明,串联时,当桥臂的各应变片感受的应变相同时,串联的单个应变片所感受的应变值即为所得到的桥臂应变。故此种串联接法不会增加读数应变,对于被测件真实应变的敏感程度不高,即不能提高测量灵敏度。由于电阻串联,阻值增大,因此可以进一步提高供电电压。

2）并联时桥臂应变的计算

图 9-22 所示为并联半桥接线法。

先推导并联电阻的变化与等效电阻变化的关系,以及单个电阻应变片的应变变化与等效电阻的等效应变变化的关系。

设 n 个电阻 R_1、R_2、$\cdots$、R_n 并联,其等效电阻为 R,记 R 的倒数为 $f(R)$,则

$$f(R) = \frac{1}{R} = \frac{1}{R_1} + \frac{1}{R_2} + \cdots + \frac{1}{R_n} \qquad (9-36)$$

取全微分,有

$$\mathrm{d}f(R) = -\frac{1}{R^2}\mathrm{d}R = -\frac{1}{R_1^2}\mathrm{d}R_1 - \frac{1}{R_2^2}\mathrm{d}R_2 - \cdots - \frac{1}{R_n^2}\mathrm{d}R_n \qquad (9-37)$$

如果 R_1、R_2、$\cdots$、R_n 都等于 R_0,则等效电阻 $R = R_0/n$,有

$$\mathrm{d}f(R) = -\frac{1}{(R_0/n)^2}\mathrm{d}R = -\frac{1}{R_0^2}\mathrm{d}R_1 - \frac{1}{R_0^2}\mathrm{d}R_2 - \cdots - \frac{1}{R_0^2}\mathrm{d}R_n \qquad (9-38)$$

即

$$n^2\mathrm{d}R = \mathrm{d}R_1 + \mathrm{d}R_2 + \cdots + \mathrm{d}R_n \qquad (9-39)$$

也可以写成:

$$\mathrm{d}R = \frac{1}{n^2}(\mathrm{d}R_1 + \mathrm{d}R_2 + \cdots + \mathrm{d}R_n) \qquad (9-40)$$

由此得

$$\frac{\mathrm{d}R}{R_0} = \frac{1}{n}\left(\frac{\mathrm{d}R_1}{R_0} + \frac{\mathrm{d}R_2}{R_0} + \cdots + \frac{\mathrm{d}R_n}{R_0}\right) \tag{9-41}$$

所以

$$\varepsilon_1 = \frac{1}{K}\frac{\Delta R}{R} = \frac{1}{n}(\varepsilon_1' + \varepsilon_2' + \cdots + \varepsilon_n') \tag{9-42}$$

可见,阻值相同的应变片并联时,总等效电阻的等效应变为各单个应变片应变变化的平均值。

由此可得,并联接线和串联接线相同,也不能提高读数应变,对于被测件的真实应变的灵敏程度也没有提高。但是在通过应变片的电流不超过最大工作电流的条件下,电桥的输出电流可以提高 n 倍,有利于电流检测。但是并联后的桥臂电阻总阻值减小,当电压保持恒定的时候,电桥的驱动电流必须增大,这也对测量电桥的供桥电路有了更高的要求。

9.3.3   测量电桥的应用

1. 拉压应变的测量

测定如图 9-23 所示的受拉构件的拉伸应变。下面列举两种方案。

(1)单臂测量:将工作片 R_1 沿轴向位置粘贴在构件表面,将温度补偿应变片 R_2 粘贴在补偿块上[图 9-23(a)],这时应变 ε_1 中除有载荷 F 引起的拉伸应变 ε_F 外,还有温度变化引起的应变 ε_t。

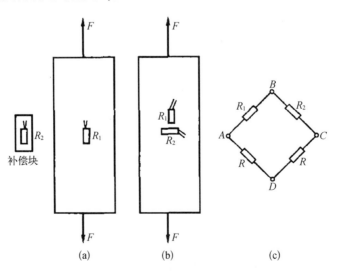

图 9-23   受拉构件的拉伸应变测量

而 ε_2 中只有温度变化引起的应变 ε_t，即

$$\varepsilon_2 = \varepsilon_t$$

按图 9 - 23(c)接成半桥线路进行单臂测量，则应变仪的读数应变为

$$\varepsilon_d = \varepsilon_1 - \varepsilon_2 = (\varepsilon_F + \varepsilon_t) - \varepsilon_t = \varepsilon_F \tag{9-43}$$

可以看出，这样布片和接线，可测出载荷 F 作用下引起的拉伸应变，并且用补偿块补偿法消除了温度的影响。

（2）半桥测量：在构件表面沿轴和横向分别粘贴应变片 R_1 和 R_2[图 9 - 23(b)]，此时 $\varepsilon_1 = \varepsilon_F + \varepsilon_t$。而 ε_2 中则有载荷 F 引起的横向应变 $-\mu\varepsilon_F$（μ 为杆件材料泊松比）和温度变化引起的应变 ε_t，即

$$\varepsilon_2 = -\mu\varepsilon_F + \varepsilon_t$$

按图 9 - 23(c)接成半桥线路进行半桥测量，应变仪的读数应变为

$$\varepsilon_d = \varepsilon_1 - \varepsilon_2 = (\varepsilon_F + \varepsilon_t) - (-\mu\varepsilon_F + \varepsilon_t) = (1+\mu)\varepsilon_F \tag{9-44}$$

故杆件拉伸应变为

$$\varepsilon_F = \frac{\varepsilon_d}{1+\mu} \tag{9-45}$$

可以看出，该方式的分片与接线，具有测量载荷 F 作用下引起的拉伸应变、消除温度影响，同时可以提高测量灵敏度等优点。因此，在实际应变电测过程中，常采用半桥测量。

2. 扭转切应力的测量

测定如图 9 - 24(a)所示圆轴的扭转切应力。圆轴扭转时，表面各点为纯剪切应力状态，其主应力大小和方向如图 9 - 24(b)所示，即在与轴线分别成 45°方向的面上，有最大拉应力 σ_1 和最大压应力 σ_3，且 $\sigma_1 = -\sigma_3 = \tau_0$，在 σ_1 作用方向有最大拉应变 ε_n，在 σ_3 作用方向有最大压应变 $-\varepsilon_n$，它们的绝对值相等。因此，可沿与轴线成 45°方向粘贴应变片 R_1 和 R_2[图 9 - 24(a)]，此时各应变片的应变为

$$\varepsilon_1 = \varepsilon_n + \varepsilon_t \atop \varepsilon_2 = -\varepsilon_n + \varepsilon_t \tag{9-46}$$

按图 9 - 24(c)接成半桥线路进行半桥测量，则应变仪读数应变为

$$\varepsilon_d = \varepsilon_1 - \varepsilon_2 = 2\varepsilon_n \tag{9-47}$$

故由扭矩作用在 σ_1 作用方向所引起的应变为

$$\varepsilon_n = \frac{1}{2}\varepsilon_d \qquad (9-48)$$

测出 ε_n 后,就很容易得到扭转切应力。根据广义胡克定律,并将 $\sigma_1 = \tau$ 和 $\sigma_3 = -\tau$ 代入上式,可得

$$\varepsilon_n = \frac{1}{E}(\sigma_1 - \mu\sigma_3) = \frac{1+\mu}{E}\tau \qquad (9-49)$$

由此可得

$$\tau = \frac{E}{1+\mu}\varepsilon_n \qquad (9-50)$$

将式(9-50)中的 E、μ 改用切变模量 G 表示,根据:

$$G = \frac{E}{2(1+\mu)}$$

得切应力为

$$\tau = 2G\varepsilon_n \qquad (9-51)$$

再将 $\varepsilon_n = \varepsilon_d/2$ 代入上式,便可得到扭转切应力:

$$\tau = G\varepsilon_d \qquad (9-52)$$

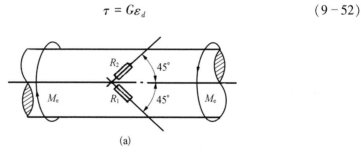

(a)

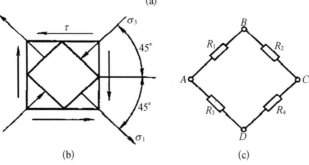

(b)   (c)

图 9-24   圆轴的扭转切应力测量

3. 弯曲应变的测量

测定如图 9 - 25 所示悬臂梁的弯曲应变。梁弯曲时,同一截面上、下表面的应变,其绝对值相等,上表面产生拉应变 ε_M,下表面产生压应变 $-\varepsilon_M$。因此,可在被测截面的上、下表面沿杆件轴向各粘贴一个应变片[图 9 - 25(a)],此时各应变片的应变分别为

$$\varepsilon_1 = \varepsilon_M + \varepsilon_t$$
$$\varepsilon_2 = -\varepsilon_M + \varepsilon_t \tag{9-53}$$

按图 9 - 25(b)接成半桥线路进行半桥测量,则应变仪的读数应变为

$$\varepsilon_d = \varepsilon_1 - \varepsilon_2 = (\varepsilon_M + \varepsilon_t) - (-\varepsilon_M + \varepsilon_t) = 2\varepsilon_M \tag{9-54}$$

故梁上表面贴片处的弯曲应变为

$$\varepsilon_M = \frac{1}{2}\varepsilon_d \tag{9-55}$$

由此可见,这样布片和接线,可使应变仪读数应变为梁弯曲应变的两倍,提高了测量灵敏度。

4. 弯曲切应变的测量

测定如图 9 - 26 所示悬臂梁的弯曲切应力。悬臂梁承受横向力 F 作用产生横力弯曲[图 9 - 26(a)],在梁的中性层(即轴线)上是纯切应力状态,切应力为 τ,如图 9 - 26(b)所示。由应力分析得知:在与轴线成 45°方向的面上只有正应力 σ_1 或 σ_3,并且

$$\sigma_1 = \tau, \ \sigma_3 = -\tau$$

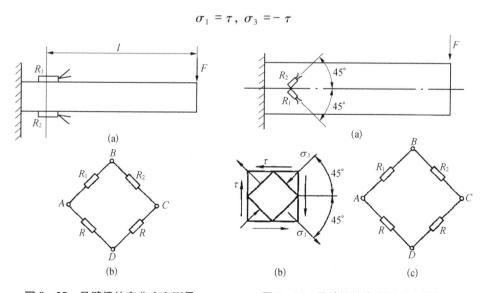

图 9 - 25 悬臂梁的弯曲应变测量   图 9 - 26 悬臂梁的弯曲切应力测量

如果沿着与轴线成45°方向贴片，则 σ_1 在方向上有拉应变 ε，在 σ_3 方向上有压应变 $-\varepsilon$，每个应变片的应变为

$$\varepsilon_1 = \varepsilon + \varepsilon_t$$
$$\varepsilon_2 = -\varepsilon + \varepsilon_t \tag{9-56}$$

按图9-26(c)接成半桥线路，求得应变仪的读数应变为

$$\varepsilon_d = \varepsilon_1 - \varepsilon_2 = 2\varepsilon \tag{9-57}$$

45°方向由于外载引起的线应变为

$$\varepsilon = \frac{1}{2}\varepsilon_d \tag{9-58}$$

根据广义胡克定律可得

$$\tau = \frac{E}{1+\mu}\varepsilon = 2G\varepsilon \tag{9-59}$$

将式(9-58)代入上式，即可求得切应力为

$$\tau = G\varepsilon_d \tag{9-60}$$

由于悬臂梁承受横力弯曲时，在梁的中性层（即轴线上的任意一点）上的应力状态，与圆轴扭转时表面各点的应力状态相同，都是纯切应力状态。所以，切应力的测定方法也相似。

参考文献

[1] 曹以柏.材料力学测量原理及实验[M].第2版.北京：航空工业出版社,1999.
[2] 吴宗岱,陶宝祺.应变电测原理及技术[M].北京：国防工业出版社,1982.
[3] 潘少川,刘耀乙,钱浩生,等.实验应力分析[M].北京：高等教育出版社,1988.
[4] 陶宝祺,王妮.电阻应变式传感器[M].北京：国防工业出版社,1993.
[5] 马良埕.应变电测与传感技术[M].北京：中国计量出版社,1993.
[6] 宋逸先.实验力学基础[M].北京：水利电力出版社,1987.
[7] 曹以柏,徐文玉.材料力学测量原理及实验[M].北京：航空工业出版社,1992.
[8] 张如一,陆耀桢.实验应力分析[M].北京：机械工业出版社,1981.
[9] 张如一,沈观林,潘真微.实验应力分析实验指导[M].北京：清华大学出版社,1982.
[10] 沈观林,马良理.电阻应变计及其应用[M].北京：清华大学出版社,1983.
[11] 李德葆,沈观林,冯仁贤.振动测量与应变电测基础[M].北京：清华大学出版社,1987.
[12] Kobayashi A S. Handbook on experimental mechanics[M]. New Jersey：Prentice-Hall Inc.,1987.
[13] 郑秀暖,谢大吉.应力应变电测技术[M].北京：国防工业出版社,1985.
[14] 王云章.电阻应变式传感器应用技术[M].北京：中国计量出版社,1991.

[15]　尹福炎.电阻应变技术六十年(4)结构应变测量用各种电阻应变计[J].传感器世界,1999
　　　(1):15-25.

[16]　尹福炎.电阻应变技术六十年(6)应变信号的传递、测量和贮存技术的进展[J].传感器世界,1999(8):12-16.

[17]　佟景伟,伍洪泽.实验应力分析[M].长沙:湖南科学技术出版社,1983.

[18]　陈建华.实验应力分析[M].北京:中国铁道出版社,1984.

第 10 章

光测法

光测法是指利用光学性质实现对结构变形或应力分布的测量方法,已经发展成为实验力学测量领域内的重要测量手段之一。飞行器力学实验过程中,结构随着载荷历程会发生变形,通过光测法可以测得这些结构变形或应力分布,在工程中具有广泛的应用。本章主要介绍了光测弹性学方法,包括平面偏振光和圆偏振光通过受力模型后的光弹性效应,接着描述平行云纹法、全息干涉法、激光散斑干涉法、数字图像相关法和微拉曼光谱法等光测方法的基本原理与简单实验方法。

10.1 光测弹性学方法

光测弹性学方法是一种应用光学原理的应力测量方法,需要制成与实际结构的几何结构相似的双折射性质的透明塑料模型,施加与原结构相似的边界条件,并将其置于偏振光场中,可显现出与应力场有关的干涉条纹图,依照光弹性原理,对这些条纹进行分析计算,就可得出模型表面和内部各点应力的大小和方向。对那些理论计算较为困难、形状及载荷复杂的构件,光弹性实验方法更能显示出其优越性[1-5]。利用光弹性实验方法,可以得到模型表面的二维应力分布情况,并通过二维应力分布情况分析截面受力情况从而解决三维应力问题,因此光弹性实验方法作为一种有效的应力应变分析方法,可以为零部件的强度合理性设计提供指导。

10.1.1 平面偏振光的光弹性效应

1. 平面偏振光装置简介

平面偏振光装置是光弹性实验中最基本的装置,主要由光源和两块偏振片组成,如图 10-1(a)所示,靠近光源的一块偏振片称为起偏镜,用 P 表示,在模型另一侧的偏振片称为检偏镜或分析镜,用 A 表示,图 10-1(b)为光弹性效应原理图。

起偏镜的偏振轴 P 通常在垂直方向。两偏振轴互相垂直时,形成暗场,当两偏振轴互相平行时,则形成明场。模型由具有暂时双折射性质的透明材料制成,放在两偏振镜之间,并由专门的加载装置对模型加载。

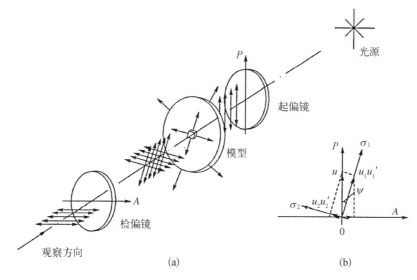

图 10-1 平面偏振光通过受力模型后的光弹性效应

2. 平面偏振光通过受力模型后的光弹性效应

本节讨论平面偏振光暗场布置时,通过二向受力模型中任一点 O 时所产生的光弹性效应,如图 10-1(a)所示。设 O 点的主应力为 σ_1 和 σ_2,其中 σ_1 和偏振轴 P 的夹角为 ψ,如图 10-1(b)所示。单色光通过起偏镜后为平面偏振光,即

$$u = a\sin \omega t \qquad (10-1)$$

u 垂直入射到受力模型表面后,由于暂时双折射现象,即沿主应力方向分解为两束平面偏振光。沿 σ_1 方向为 u_1,沿 σ_2 方向为 u_2,即

$$u_1 = a\sin \omega t \cos \psi$$
$$u_2 = a\sin \omega t \sin \psi \qquad (10-2)$$

这两束平面偏振光在模型中的传播速度不同,通过模型后产生相对光程差 Δ,相位差为 ϕ,则通过模型后两束光为

$$u_1' = a\sin(\omega t + \phi)\cos \psi$$
$$u_2' = a\sin \omega t \sin \psi \qquad (10-3)$$

u_1' 和 u_2' 到达检偏镜后,只有平行于检偏镜轴 A 的振动分量才能通过,通过检偏镜后的合成光波如图 10-1(b)所示,则

$$u_3 = u_1'\sin \psi - u_2'\cos \psi \qquad (10-4)$$

将式(10-3)代入式(10-4),化简得

$$u_3 = a\sin 2\psi \sin \frac{\phi}{2} \cos\left(\omega t + \frac{\phi}{2}\right) \qquad (10-5)$$

u_3 仍为一平面偏振光,其振幅为 $a\sin 2\psi \sin \frac{\phi}{2}$。由于光强与振幅的平方成正比,故光强为

$$I = K\left(a\sin 2\psi \sin \frac{\phi}{2}\right)^2 \qquad (10-6)$$

如果用光程差表示,根据 $\phi = 2\pi\Delta/\lambda$,故式(10-6)可写成:

$$I = K\left(a\sin 2\psi \sin \frac{\pi\Delta}{\lambda}\right)^2 \qquad (10-7)$$

式中,K 为常数,当光强 $I = 0$ 时,从检偏镜后所看到的模型 O 点将是暗点,从式(10-7)可以看出,$I = 0$ 可能有以下 3 种情况:$a = 0$、$\sin 2\psi = 0$ 或 $\sin \frac{\pi\Delta}{\lambda} = 0$。其中 $a = 0$ 无意义,因为这表示无光源。现分析后两种情况。

第一种情况:$\sin 2\psi = 0$ 即 $\psi = 0$ 或 $\psi = \pi/2$,如图 10-1(b)所示,表示该点的主应力方向与偏振轴方向重合,该点就是暗点,一系列这样的点构成一条黑色条纹,称为等倾线。

第二种情况:$\sin \frac{\pi\Delta}{\lambda} = 0$,满足此条件只能是 $\frac{\pi\Delta}{\lambda} = N\pi$,$\Delta = N\lambda(N = 0, 1, 2, \cdots)$。当光程差 Δ 等于单色光波长的整数倍时,光波在检偏镜后也消光而成为暗点。在受力模型中,满足光程差 Δ 等于同一整数倍波长的各点将连成一条黑色干涉条纹,称为等差线。N 称为等差线条纹级数,在 N 级等差线上的主应力差值为

$$\sigma_1 - \sigma_2 = \frac{\Delta}{Ch} = \frac{N\lambda}{Ch} \qquad (10-8)$$

令 $f = \lambda/C$,则得

$$\sigma_1 - \sigma_2 = \frac{Nf}{h} \qquad (10-9)$$

式中,f 为与光源波长和模型材料有关的常数,称为模型材料的应力条纹值,其单位为 N/m。f 的物理意义是,对应于某一波长的光源,使单位厚度模型产生一级等差线所需的主应力差值,f 由实验测得。

因此,受力模型在平面偏振光场中表现出等倾线和等差线,两组性质不同的干涉条纹。模型上各点的主应力方向可以通过等倾线测得,主应力差值可以通过等差线测得。

10.1.2　圆偏振光的光弹性效应

1. 圆偏振光

如图 10-2 所示,圆偏振光是指沿光线传播方向,光波波列上各点光矢量横向振动是一个旋转量,各点光矢量端点在垂直于传播方向平面内的投影是一个圆。

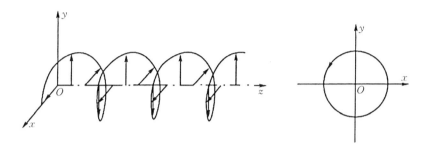

图 10-2　圆偏振光的传播

圆偏振光可通过以下方式产生,一束平面偏振光垂直入射一双折射的晶体波片,会被分解为两束相互垂直的偏振光,两束相互垂直的光射出波片时会产生相位差,设光波方程分别为

$$u_1 = a_1 \sin \omega t$$
$$u_2 = a_2 \sin(\omega t + \phi) \tag{10-10}$$

式中,a_1、a_2 为振幅;ϕ 为两束光波的相位差。

若相位差恰好为 $\phi = \pi/2$,则

$$u_1 = a_1 \sin \omega t$$
$$u_2 = a_2 \sin\left(\omega t + \frac{\pi}{2}\right) = a_2 \cos \omega t \tag{10-11}$$

将式(10-11)等式两边分别平方后相加,消去参数 t,即得合成后的光矢量末端运动轨迹在 x-y 平面内的投影方程式为

$$\frac{u_1^2}{a_1^2} + \frac{u_2^2}{a_2^2} = 1 \tag{10-12}$$

如果 $a_1 = a_2 = a$,则式(10-12)成为圆的方程,即

$$u_1^2 + u_2^2 = a^2 \tag{10-13}$$

符合此方程的光路上任一点合成光矢量末端轨迹即为圆偏振光,光矢量末端轨迹是一条螺旋线(图 10-2),将一束平面偏振光入射到具有双折射特性的波片

上,并使入射平面偏振光振动方向与两束出射的偏振光各偏离 45°,分解后的两束平面偏振光具有相同的振幅,如图 10-3 所示。1/4 波片则需调整波片厚度使光程差为入射光的 1/4。

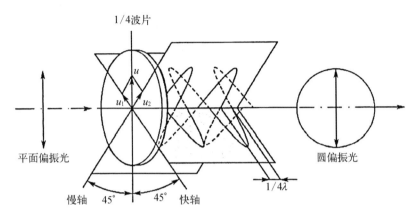

图 10-3　圆偏振光的产生

2. 整数级与半数级等差线

在圆偏振光场中,光强只与光波通过模型后产生的相位差 ϕ 或光程差 Δ 有关,而与主应力和偏振轴之间的夹角 Ψ 无关。因此,式中只有前述第二种情况的消光条件,即只有 $\sin\dfrac{\pi\Delta}{\lambda}=0$。此时所观察到的只有等差线,而无等倾线。要使 $\sin\dfrac{\pi\Delta}{\lambda}=0$,则

$$\frac{\pi\Delta}{\lambda}=N\pi,\ N=0,\ 1,\ 2,\ \cdots$$

即

$$\Delta=N\lambda,\ N=0,\ 1,\ 2,\ \cdots \tag{10-14}$$

这说明只有在模型中产生的光程差为单色光波长的整数倍时,光波消失成为黑点,这就是等差线的形成条件。图 10-4 所示分别为简支梁及对径受压圆环的等差线条纹图[6]。

以上得到的等差线为 $N=0,\ 1,\ 2,\ \cdots$ 时产生的,称为整数级等差线,分别为 0 级、1 级、2 级…。检偏镜与起偏镜偏振轴平行时,则变成平行圆偏振光场,类似前述模型推导,检偏镜后的光强方程式为

$$I=K\left(a\cos\frac{\phi}{2}\right)^2 \tag{10-15}$$

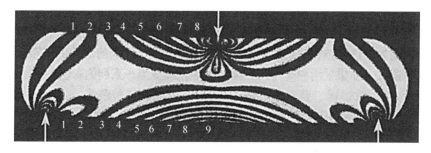

图 10 - 4　简支梁加载时的等差线图

以光程表示,由于 $\phi = 2\pi\Delta/\lambda$,则得

$$I = K\left(a\cos\frac{\pi\Delta}{\lambda}\right)^2 \qquad (10-16)$$

其消光条件 $(I = 0)$ 为 $\cos(\pi\Delta/\lambda) = 0$, 可得

$$\frac{\pi\Delta}{\lambda} = \frac{m\pi}{2} \qquad (10-17)$$

由此得

$$\Delta = \frac{m\lambda}{2},\ m = 1,\ 3,\ 5,\ \cdots \qquad (10-18)$$

与前面双正交圆偏振光场布置比较,其消光条件为光程差 A 是单色光半波长的奇数倍,故称为半数级等差线,分别为 0.5 级、1.5 级、2.5 级…。图 10-5 所示为对径受压圆环的等差线,图 10-6 所示为一对径受压圆盘的等差线照片,上半部是暗场下的整数级等差线,下半部是亮场下的半数级等差线。

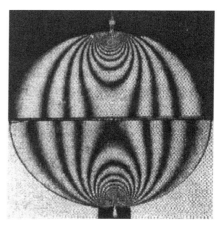

图 10 - 5　对径受压圆环的等差线　　图 10 - 6　暗场与亮场下对径受压圆盘的
　　　　　　　　　　　　　　　　　　　　　　　　　　等差线图对比

10.2　平面云纹法

将两块印有密集平行线条的透明板重叠起来,对着明亮背景观察,会有明暗相间的条纹出现,称为"云纹",国外称为"moire"法[7, 8]。云纹法就是将这一物理现象应用到实验力学测量领域内的测量方法。叠加两块角度不同或栅线距不同的栅板,会形成不同的云纹条纹,云纹原理示意和云纹栅板如图 10－7(a)与(b)所示。

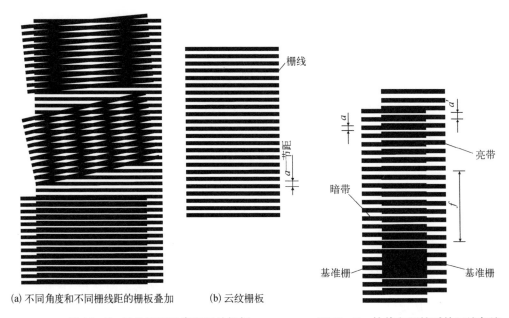

(a) 不同角度和不同栅线距的栅板叠加　　(b) 云纹栅板

图 10－7　云纹原理示意和云纹栅板　　　图 10－8　拉伸和压缩时的云纹条纹

1. 拉伸和压缩应变的测量

可采用平行云纹法或转角云纹法来测量拉伸和压缩应变[9]。平行云纹法将试件栅和基准栅的栅线与欲测应变方向垂直放置,试件栅与基准栅的栅距相等。当 $\varepsilon = 0$ 时,无云纹条纹产生。在试件受载拉伸或压缩变形后,设节距增量为 Δa,此时试件栅的节距为 $a' = a + \Delta a$, Δa 为正是拉应变,为负是压应变,如图 10－8 所示。

结构变形会导致之前重合的栅发生偏移,光路改变。挡光量最少区域形成亮带,亮带之间的黑线就是遮光最多的区域。这些亮带和黑线即为云纹条纹,因此可以判断相邻的亮带与亮带之间差 1 个栅线距,相邻亮带与黑线之间差 1/2 个栅线距,设云纹条纹的间距为 f, 则

$$f = na \qquad\qquad (10-19)$$

而每一云纹间距内试件栅与基准栅数之差为 1，即

$$f = (n - 1)a' \qquad (10-20)$$

消去 n，可得

$$f = \frac{aa'}{a' - a} \qquad (10-21)$$

由几何关系可知：

$$\varepsilon = \frac{\Delta a}{a}$$
$$a' = a + \Delta a = a(1 + \varepsilon) \qquad (10-22)$$

将式(10-22)代入式(10-21)，可得

$$f = \frac{a(1 + \varepsilon)}{\varepsilon} \qquad (10-23)$$

因为 $\varepsilon \ll 1$，所以由式(10-23)可得

$$\varepsilon = \frac{a}{f} \qquad (10-24)$$

所以被测量件的应变可以通过云纹间距 f 测得。在式(10-23)中两条相邻的条纹之间的距离 f，意味着在该区域试件栅与参考栅在垂直栅线的方向移动了一个栅线距的长度，所以在该区域内的平均应变即为 a/f，与式(10-24)的推导一致。

转角云纹法是把试件栅沿垂直方向放置于压缩或者拉伸角度上，然后基准栅以角度 θ 与基准栅交叉摆放，亮带云纹和暗条纹就会出现在试件栅和基准栅交叉点的连线上。当 $\theta = 0.2° \sim 0.35°$ 时，条纹基本上与栅线垂直，在试件发生变形之前，云纹条纹为 OA，试件拉伸变形后，云纹为 OA_1，设在变形前两栅线节距均等于 a，云纹与基准栅线夹角为 ϕ，并令 θ 和 ϕ 逆时针记为正方向，沿顺时针为负方向，则根据图 10-9(a)至(d)中所示的关系可得

$$\varepsilon = \frac{a' - a}{a} = \frac{a'}{a} - 1$$
$$\sin(\phi + \theta) = \frac{A_1 C}{A_1 O} = \frac{a'}{A_1 O} \qquad (10-25)$$
$$\sin\phi = \frac{A_1 D}{A_1 O} = \frac{a}{A_1 O}$$

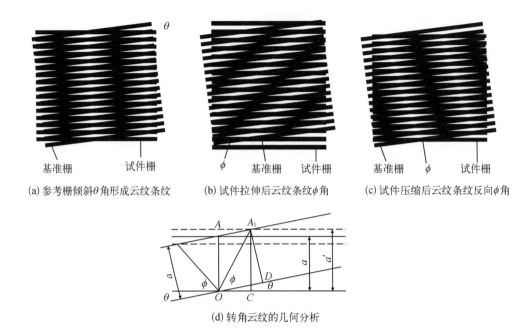

(a) 参考栅倾斜θ角形成云纹条纹　　　　(b) 试件拉伸后云纹条纹φ角　　　　(c) 试件压缩后云纹条纹反向φ角

(d) 转角云纹的几何分析

图 10 - 9　转角云纹原理图

由式(10 - 25)可以得到应变：

$$\varepsilon = \frac{\sin(\phi + \theta)}{\sin\phi} - 1 \tag{10 - 26}$$

式中，ε 值可以通过测出 θ 的角度和 ϕ 角，再由上式计算得到，按以上规定，ϕ 和 θ 角沿逆时针为正方向，沿顺时针则为负方向，求得的应变正号即为拉应变，负号即为压应变。

2. 纯切应变的测量

根据切应变含义可知：$\gamma_{xy} = \theta_x + \theta_y$，规定 θ_x 和 θ_y 使直角变小即为正，若变大即为负。云纹法的基本思路是先分别测出 θ_x 和 θ_y，然后再通过公式计算得到切应变 γ_{xy}，原理如图 10 - 10 所示。在试件变形前，使试件栅和参考栅平行于 x 轴。试件发生纯剪切变形，切应变使两栅发生偏移，平行偏移的角度为 θ，形成平行条纹。栅线交点连线成亮条纹，因为是纯剪切，两栅的节距不变。设此两栅节距都为 a，CD 垂直于 AB。从图 10 - 10 中可看出：

$$\sin\theta = \frac{CD}{AC} = \frac{a}{f_x} \tag{10 - 27}$$

当 θ 很小时：

$$\theta = \frac{CD}{AC} = \frac{a}{f_x} \qquad (10-28)$$

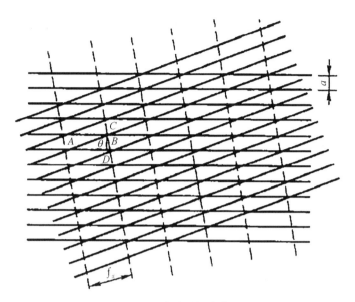

图 10 - 10　云纹法测切应变原理图

　　测量试件的纯剪切变形时,需要先将基准栅和试件栅调试放置使其平行于 x 轴,当剪切变形发生在试件栅上时, θ_y 使试件栅仅产生 x 轴方向上的位移而并没有云纹条纹出现。θ_x 使试件栅的栅线产生 θ_x 角的转动,由转角与云纹之间的关系,可得 $\theta_x = a/fx$。然后,将基准栅和试件栅放置在与 y 轴平行的方向上,当切应变产生的时候,类似的可得: $\theta_y = a/fy$,于是,总的切应变为

$$\gamma_{xy} = a\left(\frac{1}{f_x} + \frac{1}{f_y}\right) \qquad (10-29)$$

3. 云纹分析的位移场法

　　几何法对云纹条纹的分析是基于均匀应变的假设,最终可以得到平均应变。当面对复杂工程问题,往往测量的是非均匀应变场,此时可能造成测量不准确。因此除了采用以上几何法外,还有一种位移场分析法,这种方法对云纹条纹的意义做了物理阐述,是一种全场方法,也便于对云纹条纹进行数值分析,从而求得位移和应变,是目前常用的方法[10]。

　　位移场法测量时先要将基准栅与试件栅两者的栅线重合,当遇到非均匀变形问题时,试件栅栅线之间不仅仅会发生伸长或者缩短的现象,还会产生相对转动,这就导致了栅线不一定还保持呈直线状态,而是以一种曲线形式呈现,如图 10 - 11

所示。为了便于分析,对两栅线分别编号,编号与之前重合的栅线相同。在试件栅1与基准栅0,试件栅2与基准栅1⋯交点形成的云纹条纹上,试件在垂直于栅线方向移动了 a(一个节距)。那么,图中的其他云纹条纹分别代表了该点 y 方向上下移动了 a 的整数倍的位移。因此这些云纹条纹近似看作试件变形后在与栅线垂直的方向上所产生的等位移线,通过计算等位移线可以得出试件沿垂直栅线方向的应变。

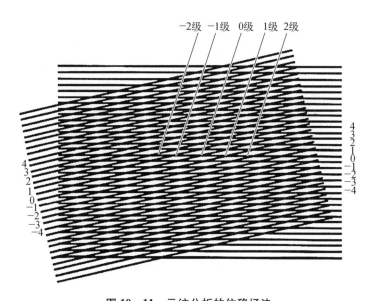

图 10 - 11　云纹分析的位移场法

若将基准栅与试件栅放置在与 y 轴平行的方向,则可以得到另一组云纹条纹,是等 u(x 方向的位移)线,即

$$u = na$$
$$v = ma \tag{10-30}$$

式中,n、m 为云纹条纹级次;a 为栅线节距。

通过位移云纹的等 u 线和等 v 线可以看出试件变形的类型,再通过位移计算结构应变。由弹性力学可得结构变形位移与应变的关系,对于线弹性问题:

$$\begin{cases} \varepsilon_x = \dfrac{\partial u}{\partial x} \\[2mm] \varepsilon_y = \dfrac{\partial v}{\partial y} \\[2mm] \gamma_{xy} = \dfrac{\partial v}{\partial x} + \dfrac{\partial u}{\partial y} \end{cases} \tag{10-31}$$

在物体有限变形的情况下,如仍将变化前的位置当作自变量(称为拉格朗日公式),应变可表示为

$$\begin{cases} \varepsilon_x = \dfrac{\partial u}{\partial x} + \dfrac{1}{2}\left[\left(\dfrac{\partial u}{\partial x}\right)^2 + \left(\dfrac{\partial v}{\partial x}\right)^2\right] \\[3mm] \varepsilon_y = \dfrac{\partial v}{\partial y} + \dfrac{1}{2}\left[\left(\dfrac{\partial u}{\partial y}\right)^2 + \left(\dfrac{\partial v}{\partial y}\right)^2\right] \\[3mm] \gamma_{xy} = \dfrac{\partial v}{\partial x} + \dfrac{\partial u}{\partial y} + \dfrac{\partial u}{\partial x}\dfrac{\partial u}{\partial y} + \dfrac{\partial v}{\partial x}\dfrac{\partial v}{\partial y} \end{cases} \qquad (10-32)$$

对于大变形问题(以变形前的原始长度为基准),应变可由下式计算获得

$$\begin{cases} \varepsilon_x = \sqrt{\left(1 + \dfrac{\partial u}{\partial x}\right)^2 + \left(\dfrac{\partial v}{\partial x}\right)^2} - 1 \\[3mm] \varepsilon_y = \sqrt{\left(1 + \dfrac{\partial v}{\partial y}\right)^2 + \left(\dfrac{\partial u}{\partial y}\right)^2} - 1 \\[3mm] \gamma_{xy} = \arcsin\left[\dfrac{\dfrac{\partial u}{\partial y} + \dfrac{\partial v}{\partial x} + \dfrac{\partial u}{\partial x}\dfrac{\partial u}{\partial y} + \dfrac{\partial v}{\partial x}\dfrac{\partial v}{\partial y}}{(1 + \varepsilon_x)(1 + \varepsilon_y)}\right] \end{cases} \qquad (10-33)$$

图 10-12 所示为一圆盘对径受压后产生的 u、v 方向的云纹图像。

　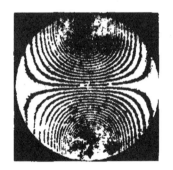

(a) 与水平方向位移 u 有关的云纹条纹　　　(b) 与垂直方向位移 v 有关的云纹条纹

图 10-12　对径受压圆盘的云纹图

10.3　全息干涉法

10.3.1　激光全息照相

全息照相术是多种两步成像法的一种[11]。第一步,类似普通成像,参考光与物光光波发生干涉,此时全息底片上出现干涉条纹,这个干涉图样也被称为全

息图,同时记录了物光光波的振幅和相位。第二步,类比为普通照相中冲晒,往全息图上照射一束相干光,由于衍射,物光光波得以再现。由于同时记录了物光光波的振幅和相位,相当于物光光波的全部信息,所以再现的像不是平面的,而是立体的。

为了进一步了解全息照相原理,对平行衍射光栅的形成过程以及照射光波的再现过程进行介绍。

如图 10 - 13 所示,假设投射到底片上的物光光波为

$$U_1 = a(x)\mathrm{e}^{-\mathrm{i}\alpha(x)} = a\mathrm{e}^{-\mathrm{i}\alpha} \tag{10-34}$$

射到底片上的参考光波为

$$U_2 = \mathrm{e}^{-\mathrm{i}\psi_x} \tag{10-35}$$

这里假设参考光的振幅为 1,在底片上 x 点参考光的行程比在 O 点的行程远 $x\sin\theta$,因此相当于 O 点的相位是

$$-x\sin\theta\frac{2\pi}{\lambda} = -\psi_x \tag{10-36}$$

$$-Kx\sin\theta = -\psi_x$$

所以

$$\theta = \arcsin\left(\frac{\psi_x}{K}\right) \tag{10-37}$$

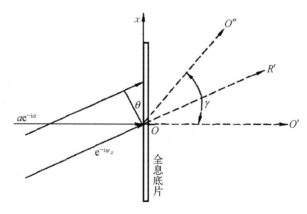

图 10 - 13   全息图的形成及其衍射光波

故式(10 - 37)表示的是与底片法线成 θ 角入射的一系列平面波,式中 $K = \frac{2\pi}{\lambda}$。由于物光和参考光是来自同一个激光光源,即它们是相干的,所以在底片上

合成光波的复数振幅是

$$U = U_1 + U_2 = ae^{-i\alpha} + e^{-i\psi_x} \qquad (10-38)$$

所以可知：

$$I = U^* \cdot U = (a^2 + 1) + ae^{i(\psi_x-\alpha)} + ae^{i(\alpha-\psi_x)} \qquad (10-39)$$

设曝光时间为 t，则底片上的曝光量 $E = It$，全息底片曝光后经过显影、定影处理后成为全息图。再用参考光照射全息图像，得到射出的衍射光。将全息底片的振幅透射率定义为出射光波的复数振幅与入射光波的振幅之比，记为 T_{am}，当曝光范围处于某一区间时，透射率与曝光量呈线性关系，即

$$T_{am} = \beta I \qquad (10-40)$$

其中，β 为常数。由底片产生出射光波的复数振幅为

$$T_{am} \cdot e^{-i\psi_x} = \beta(1 + a^2)e^{-i\psi_x} + \beta ae^{-i\alpha} + \beta ae^{i(\alpha-2\psi_x)} \qquad (10-41)$$

式中，第一项表示参考光通过全息底片后未发生偏离的部分 R'（此时强度与原始强度不同）；第二项表示代表物光 O'；第三项表示的则是物光的共轭光波 O''。这三个光波是彼此分离的，其中 R' 和 O' 两个光波的分离较明显。参考光照射全息图后形成三个光波的现象就是衍射现象。

对于实际问题，物光和参考光干涉形成的衍射光栅不再是平行条纹，用参考光照射衍射光栅后再现的物光波不再是平行光，其成像的两个步骤的基本原理是相同的[12]。

10.3.2　测量振动的全息干涉术——时间平均法

用全息干涉法测量物体的振动，最早是 Powell 和 Stetron 在 1965 年提出的[12]。常用的全息干涉计量技术有频闪法和时间平均法。它们被广泛地应用于测量物体表面的位移、形变、振动体的振频和振型以及对某些材料和构件进行无损检验[13]。下面对这几种时间平均方法进行简单介绍。

1. 一次曝光时间平均法

时间平均法通过长曝光时间来记录振动。用远大于振动周期的曝光时间，对做稳态周期下的振动运动的物体的振动过程进行记录。获得的全息图在参考光束的照射下，可以得到具有原物体振动信息的干涉图像。记录一块横向正弦振动的板的干涉条纹，进一步解释曝光时间平均法中条纹与物体振幅的联系。

如图 10-14 所示，设板的振动可以表示为

$$W(x, y, t) = A(x, y)\sin \omega t \qquad (10-42)$$

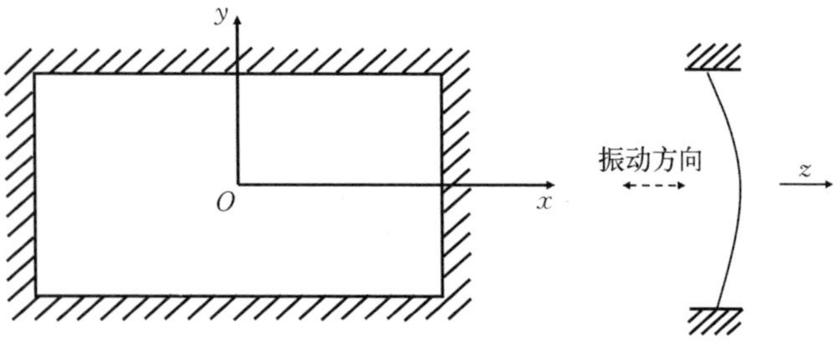

图 10 - 14 周边固支板受横向正弦振动

式中, W 是板振动时的横向位移; $A(x,y)$ 是各点的最大位移,即振幅; ω 是振动的角频率。

设到达全息干板的参考光为

$$R = R_0(x,y)\,\mathrm{e}^{\mathrm{i}\varphi_r(x,y)}$$

静止时的物光:

$$O = O_0(x,y)\,\mathrm{e}^{\mathrm{i}\varphi_0(x,y)}$$

振动时的物光:

$$O' = O_0'(x,y)\,\mathrm{e}^{\mathrm{i}\varphi(x,y,t)}$$

式中的相位 $\varphi(x,y,t)$ 是在静止的物体相位 $\varphi_0(x,y)$ 上增加了由于振动的位移引起的相位差 $\Delta\varphi$,因此有

$$\varphi(x,y,t) = \varphi_0(x,y) + \Delta\varphi(x,y,t) \qquad (10-43)$$

设板的振动是与板面垂直的,对板的照明光(入射光)和全息干板所接受的反射光分别与板表面的法线(即位移)方向成 θ_1 和 θ_2 角,根据全息干涉中对位移的测量与分析,相位差与位移之间有以下关系:

$$\Delta\varphi(x,y,t) = \frac{2\pi}{\lambda}\Delta = \frac{2\pi}{\lambda}W(\cos\theta_1 + \cos\theta_2)$$

可得到:

$$\varphi(x,y,t) = \varphi_0(x,y) + \frac{2\pi}{\lambda}W(\cos\theta_1 + \cos\theta_2) = \varphi_0 + K\sin\omega t \quad (10-44)$$

式中, $K = \dfrac{2\pi}{\lambda}A(x,y)(\cos\theta_1 + \cos\theta_2)$。

可以看出, K 仅是 (x,y) 的函数,与时间无关。

总曝光量为

$$E = \int_0^{t_r} I \mathrm{d}t \qquad\qquad (10-45)$$

式中, t_r 为曝光时间;I 为光强,表示为 $(R_0^2 + O_0^2) + R_0 O_0 [\mathrm{e}^{\mathrm{i}(\varphi_r-\varphi)} + \mathrm{e}^{-\mathrm{i}(\varphi_r-\varphi)}]$。

　　当曝光量处于一定的范围中时,透射率与曝光量的关系是线性的,为了使计算更为简单,此处令比例系数等于 1,则当底片显、定影后用参考光波 R 照明全息图时,再现光波 U 为

$$U = R \cdot E = R_0 \mathrm{e}^{\mathrm{i}\varphi} r_0^{t_r} I \mathrm{d}t$$

$$= t_r (R_0^2 + O_0^2) R_0 \mathrm{e}^{\mathrm{i}\varphi_r} + R_0^2 O_0 \int_0^{t_r} \mathrm{e}^{-\mathrm{i}(\varphi-2\varphi_r)} \mathrm{d}t + R_0^2 O_0 \int_0^{t_r} \mathrm{e}^{\mathrm{i}\varphi} \mathrm{d}t \qquad (10-46)$$

式中第三项就是重现的物光光波,记做 Φ,有

$$\Phi = R_0^2 O_0 \int_0^{t_r} \mathrm{e}^{\mathrm{i}(\varphi_0 + K_{\sin\omega t})} \mathrm{d}t = t_r R_0^2 O_0 \mathrm{e}^{\mathrm{i}\varphi_0} J_0(K) \qquad (10-47)$$

　　光强为

$$I_\Phi = \Phi^* \cdot \Phi = t_r^2 O_0^2 R^4 J_0^2(K) = t_r^2 O_0^2 R^4 J_0^2 \left[\frac{2\pi}{\lambda} A(x, y)(\cos\theta_1 + \cos\theta_2) \right]$$

$$(10-48)$$

式中, J_0 为零阶贝塞尔函数。

　　设 α_i 为零阶贝塞尔函数的根, $i = 1, 2, 3, \cdots$。则当 $\frac{2\pi}{\lambda} A(x, y)(\cos\theta_1 + \cos\theta_2) = \alpha_i$ 时, (x, y) 为重现的物体虚像上的黑条纹,即

$$A(x, y) = \frac{\lambda}{2\pi} \frac{\alpha_i}{(\cos\theta_1 + \cos\theta_2)}, \ i = 1, 2, 3, \cdots \qquad (10-49)$$

　　于是便得到了物体各点的振幅 $A(x, y)$ 与像上的干涉条纹 i 之间的定量关系。

　　在亮条纹处,式(10-49)中 α_i 由 β_i 代替,β_i 为零阶贝塞尔函数的极值点,贝塞尔函数平方的光强分布规律如图 10-15 所示。从图中看出,由贝塞尔函数的特点,位移为零点的是最亮的亮条纹,一系列位移零点构成了零级亮条纹,在振动中称为节线。从图中还可以看到,随着光强的衰减,后续高亮条纹无法观测,这种缺陷可以通过二次曝光时间平均法来改进。

　　2. 二次曝光时间平均法

　　二次曝光时间平均法的光路布置与一次曝光时间平均法的光路布置一致,区别在于对静止物体进行一次曝光,对振动物体再进行一次曝光,将处理过的二次曝

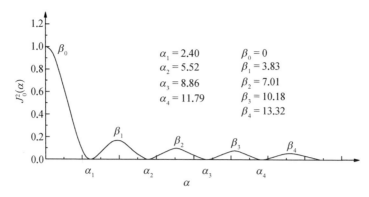

图 10 − 15　一次曝光法光强的贝塞尔函数分布图

光全息板重新放回原光路,在原始参考光光照下再现[14]。设静止状态曝光时间为 t_1,振动时曝光时间为 t_2,则光强经过与以上相同的推导过程为

$$I = R_0^4 O_0^2 \left\{ J_0 \left[\frac{2\pi}{\lambda} A(x, y)(\cos \theta_1 + \cos \theta_2) \right] + \frac{t_1}{t_2} \right\}^2 \qquad (10 - 50)$$

若取 $t_1/t_2 = 0.5$,由于加入了直流分量 t_2/t_1,使得每条亮条纹的光强比单纯的时间平均法提高了,适当选取 t_2/t_1,就可以在较大振幅情况下仍可见到清晰的条纹。图 10 − 16 所示为二次曝光法光强的分布图。

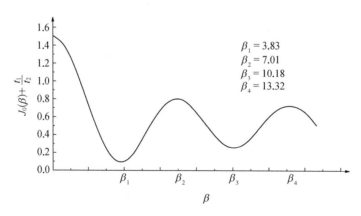

图 10 − 16　二次曝光法光强的分布图

3. 实时时间平均法

在使用时间平均法测取振动物体的固有频率时,实时时间平均法是一种方便且高效的方法[14]。实时时间平均法的原理是先给静态物体进行一次曝光,然后将物体准确复位再进行振动,此时物体上会出现干涉条纹,干涉条纹的光强分布为

$$I = 2k[1 + J_0(P)] = I_0\left\{1 + J_0\left[\frac{2\pi}{\lambda}A(x,y)(\cos\theta_1 + \cos\theta_2)\right]\right\}^2 \quad (10-51)$$

通过改变激振频率和激振力,就能实时地观测到节线分布变化从而推导出振幅变化。其缺点是实时时间平均法的干涉条纹的反差比与其他平均法相差较多,但是它在共振频率的探测和发现异常振动方面仍然具有实用价值。

10.4 激光散斑干涉法

10.4.1 激光散斑的物理性质

激光是一种具有高度相干性的光,当其在空间中发生相干叠加时就会产生干涉,一些明暗不一的斑点就会随机在这个空间中生成[15]。在前面的实验中,我们可以观察到试件表面有许多非常小的斑点。当细小的斑点数量较多时,则会对干涉条纹的观测造成影响。在全息干涉法应用的初期,这些散斑通常看作无用的噪声。不过随着这种方法的成熟,人们不再认为这些散斑是无用的,对其有了更进一步的研究,发现了掩盖在单个散斑位置随机的表面现象下,整体斑点的分布确是满足统计规律的事实,即如果照射和记录条件是相同的情况下,针对同一个漫反射表面存在一个与之对应的确定的散斑场。人们从中得到了启发,如果想要获取物体表面信息,可以对其散斑运动进行检测,进而可以通过公式计算得到位移、应力以及应变等数据。以上所述,即为激光散斑干涉法的来源。激光散斑干涉法发展迅速,因为它是一种非接触式的测量方法,并且可以对全场进行测量,并且这种测量方法所需要的光路布置十分简单,测量环境不需要进行防振处理,并且计算较为简单,与此同时得到的结果精度也较高,灵敏度可以根据需要进行选择。

激光散斑干涉法的应用十分广泛,除基本的应变、位移测量之外,在无损探伤、纹尖位移场测量等领域也是常用的手段之一[16]。

散斑场如图 10-17 所示。由瑞利判据可以得到散斑的横向尺寸,也就是艾里斑的半径。如果两散斑的间距过小,则无法在观测中进行区分,因此要求两散斑之间的距离要大于该半径。

(1) 斑的横向尺寸:无透镜成像时散斑也称为客观散斑,散斑横向尺寸为:$\sigma_{横} = 1.2\lambda Z/D$;透镜成像时也称主观散斑,斑的横向尺寸为:$\sigma_{横} = 1.2\lambda FZ$。其中,$F$ 为透镜焦距与光瞳大小之比;λ 为

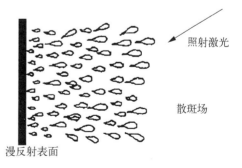

图 10-17 激光照射漫反射表面形成的散斑场

照射光的波长;D 为照明区域直径;Z 为观测平面与散斑表面的距离。

（2）空间散斑呈雪茄状,它的纵向尺寸如下定义:$\sigma_{纵} = 5\lambda Z^2/D^2$,即最大长度。

综上所述,如果要采用散斑干涉法来测量物体的位移,该位移要位于一定的区间内,因为位移过小达不到斑的横向尺寸,则无法进行区分,过大会导致大于斑的纵向长度,得到的散斑图无法进行相干分析。

10.4.2   单光束散斑干涉法

1. 单光束双曝光散斑图的记录

如图 10 – 18 所示,用照明激光 S 对存在漫反射表面的物体进行照射,一共要进行两次曝光,变形前一次,变形后一次,最后可以得到双曝光散斑图。图 10 – 18(a)为客观散斑图,此时记录介质位于物体表面;图 10 – 18(b)为主观散斑图,此时的像是经过透镜成像。

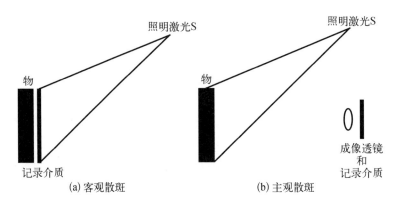

图 10 – 18   单光束双曝光散斑图的记录

2. 单光束双曝光散斑图分析

首先需要在散斑图后放置一屏幕,然后用一激光束对双曝光散斑图进行照射,要求该激光束的直径很小,并且与屏幕垂直。此时会有平行的条纹出现在屏幕上,如果对这些条纹的间距和方向进行测量,就能通过计算得出所求点的位移,如图 10 – 19 所示。逐点分析法原理简单,可以这样理解,在物体变形较小的条件下,近似将照射范围内的各点位移当作相等。这一块范围被称为准平移区,因为所有点的位移是相等的,可以看作一个刚体位移。

从双曝光散斑图上的某一小部分区域里看出,其各双孔之间的距离大小相等且双孔连线的方向互相平行,方向相同,如图 10 – 20(a)所示。典型的"杨氏条纹"就是在衍射晕内出现了一组等距离的平行条纹,当激光束照射双曝光散斑图时,该种条纹便会出现在激光束的屏上,且与屏垂直。根据观察的现象来看,就相当于用激

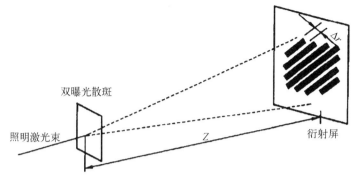

图 10 - 19　逐点分析法光路图

光束照射了许多间距相等、双孔连线方向一致的孔对。将未发生位移的第一次曝光的衍射晕,分别与双孔衍射的条纹花样的乘积而叠加成的一组等间距的散斑相关系纹花样作为此次双曝光所产生的衍射波[17],如图 10 - 20(b)所示。

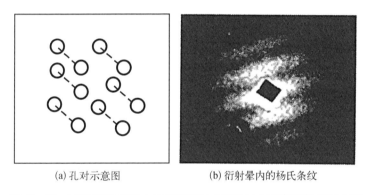

(a) 孔对示意图　　　　　　　(b) 衍射晕内的杨氏条纹

图 10 - 20　双曝光散斑图中的准平移区内的孔对和屏幕衍射光强分布

我们所观察到的杨氏条纹是双孔干涉的结果,根据条纹间距与孔对间距(即面内位移)的关系可导出公式:

$$d = \frac{\lambda Z}{M \Delta r} \qquad (10-52)$$

式中, d 为孔对间距,即激光束照明点的位移; r 为幕上爱里斑的半径; Δr 为幕上条纹的间距; Z 为屏到散斑图的距离; M 为主观散斑的放大倍数,对客观散斑为 1。位移的方向与屏幕上的杨氏条纹方向垂直。

艾里斑的直径大小、条纹的数量与测量精度成正比,故可以通过增大艾里斑直径或增加条纹数量来提高测量精度[18]。但由公式 $r = 1.2\lambda Z/\sigma$ 可得,若增加 λZ,则艾里斑变大,但 Δr 也变大,即条纹变粗了,艾里斑与条纹无法同时满足提高精度的要求,此时可以缩小散斑的尺寸 σ 并适当放大光圈来增加斑的直径。

对散斑图上的各点分别用以上方法处理,就可以得到物体上各点的面的位移的大小与方向。图 10 - 21 所示为通过一圆盘面内旋转得到的双曝光散斑图对应的各点的杨氏条纹图样。

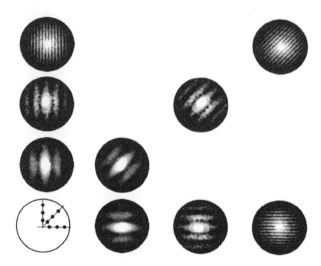

图 10 - 21   圆盘面内旋转双曝光散斑图对应的
各点的杨氏条纹图样

10.5   数字图像相关法

数字图像相关(digital image correlation, DIC)法,是一种基于数字摄影技术与数字图像处理技术的非接触式光学测量方法,也称为数字散斑相关法,简称 DIC 方法[19,20]。DIC 方法是现代光测力学领域的研究热点,主要用于测量在外载荷或者其他因素作用下材料或者结构的变形场。

10.5.1   基本原理

数字图像相关法通过处理变形前后的试件表面的数字图像得到变形前后图像的散斑灰度特征对应关系,根据这种对应关系得到所求位移值。根据这种对应关系得到所求位移值。其中,变形前、后的图像分别称为参考图像和目标图像。基本原理示意图如图 10 - 22 所示。

数字图像相关法是在参考图像中选取以像素点 $P(x_0, y_0)$ 为中心、大小为 $(2M + 1)$ 像素 $\times (2M + 1)$ 像素参考图像子区,然后通过一定的搜索方法在目标图像中按照预先定义的相关函数进行计算,得到与参考图像子区最相近的以 $P'(x_0', y_0')$ 为中心的目标图像子区。以此确定 $P(x_0, y_0)$ 在 x、y 方向上的位移分量 u 和

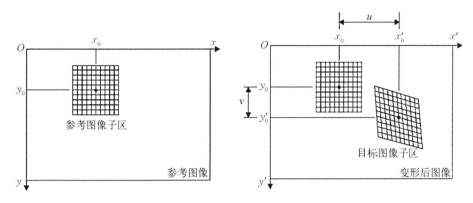

图 10-22　数字图像相关方法的基本原理

v。当子区域在某处具有最大的相似程度时,则选定此处为子区域变形后的位置,其中参考子区和目标子区的相似程度通过相关性系数 C 表示:

$$C = \frac{\langle \boldsymbol{F}_1 \times \boldsymbol{F}_2 \rangle - \langle \boldsymbol{F}_1 \rangle \times \langle \boldsymbol{F}_2 \rangle^*}{[\langle (\boldsymbol{F}_1 - \langle \boldsymbol{F}_1 \rangle)^2 \rangle \times \langle (\boldsymbol{F}_2 - \langle \boldsymbol{F}_2 \rangle)^2 \rangle]^{1/2}} \qquad (10-53)$$

式中,$\boldsymbol{F}_1$ 为点 $P(x_0, y_0)$ 附近的一个子区域的灰度矩阵;$\boldsymbol{F}_2$ 为点 $P'(x_0', y_0')$ 附近的一个子区域的灰度矩阵。符号 $\langle\ \rangle$ 表示矩阵元素的平均值。当 $C=1$ 时,表示两个子区域完全相关;$C=0$ 时,表示两个子区域毫无相关。

10.5.2　数字图像相关测量系统设计方案

1. 数字图像相关测量系统构成

数字图像相关方法可以弥补传统应变电测法无法进行全场测量的缺陷,因此为满足民机强度实验多样化的应变测量需求,提出了数字图像相关测量系统的设计方案。该系统的主要构成如图 10-23 所示,包括应变测量头、互补金属氧化物半导体(complementary metal oxide semiconductor, CMOS)高速相机、控制器、发光二极管(light-emitting diode, LED)照明装置、图形工作站、分析软件、三脚架和数据线。

2. 数字图像相关测量系统技术特点

数字图像相关测量系统采用立体双 CMOS 相机测量技术,利用一个灵活的触发器读取并记录负载信号,控制系统进行同步的图像采集。该套系统适于测量和计算在负载和温度变化条件下刚性零件的位移、物体的变形、轨迹以及零件的动态特性,能够测得试件表面三维全场应变图和真实应力-应变曲线,系统可应用于高低温环境下静力实验、疲劳实验的全场和局部应变测量要求,并且可以实时测量动态测量中的应力分布,图形化显示有助于立即识别出临界区域,从而

图 10 – 23   数字图像相关测量系统

为材料或者结构的测量和分析提供准确可靠的力学数据。

10.5.3   数字图像相关法优缺点

数字图像相关法作为非接触式的测量方法,可以直接采用自然光源或白光源,通过高分辨率的电荷耦合器件(charge coupled device camera, CCD)或 CMOS 相机采集图像,并利用相关算法处理图像信息,从而得出全场应变[21]。该方法的优点如下所述:

(1)抗电磁干扰能力强;

(2)属于非接触式测量方法,具有应变电测法所不能达到的全场测量优势,既可以测量结构的表面应变,也可以测量结构内部的应变;

(3)可以直观反映出应力集中现象,不仅很容易找到应力集中的部位,而且可以确定应力集中系数;

(4)可以进行三维应变测量。

通过对数字图像相关方法和应变电测法的对比分析,可以看出数字图像相关方法具有全场测量的优势,该方法弥补了应变电测法的缺陷,具有可观的应用前景。

10.5.4   应用实例

作为数字图像相关方法的一个典型应用实例,下面对单侧边带半圆缺口的试样(材料为 GH4169 高强度合金钢)在单向疲劳拉伸(加载频率 10 Hz,加载幅度 0~10.5 kN)作用下的全场变形进行计算。实验前试样表面先用砂纸打磨,打磨后表面出现的随机斑点可看作人工散斑(作为变形载体随试样表面一起变形),试样牢固夹持在材料力学实验机上。试样疲劳加载前后表面的图像由 CCD 摄像机采集,变形前被测量件表面图像如图 10-24(a)所示,施加疲劳载荷一定时间后试件表面图像如图 10-24(b)所示[22]。

(a) 变形前被测试件表面图像　　　　　(b) 加载一定时间后试件表面图像

图 10-24　参考图像和变形后图像

数字图像相关法软件会自动对计算区域内各计算点进行相关计算(这里计算子区为 41 像素,相邻两个计算点的距离为 5 像素)。由数字图像相关法直接计算得到的位移场(U 场、V 场)如图 10-25 所示,由于试件在 y 方向受载,因此图 10-25 显示的 y 方向的位移相比 x 方向的位移的变化要明显很多。

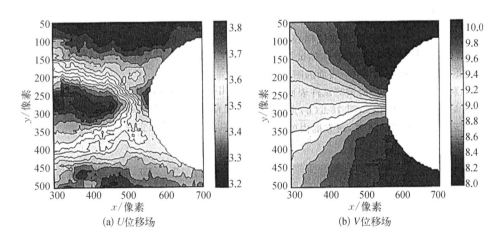

(a) U 位移场　　　　　　　　　(b) V 位移场

图 10-25　由 N-R 方法计算得到 U 和 V 位移场

按照前面介绍的应变片算方法得到的应变场 ε_x、ε_y、γ_{xy} 分别如图 10-26(a)、(b)和(c)所示。图 10-26 的计算结果与实际情况相符,在半圆缺口根部有明显的应力集中。

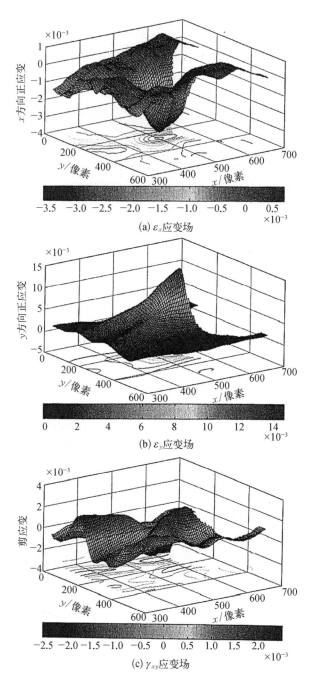

(a) ε_x应变场

(b) ε_y应变场

(c) γ_{xy}应变场

图 10 - 26 对位移场进行局部最小二乘拟合计算得到 ε_x、ε_y 和
γ_{xy}应变场(应变片算窗口为 21×21 点)

10.6　微拉曼光谱法

10.6.1　测量原理

1. 拉曼散射

可以用波的运动形式来对晶体振动进行描述,这种形式称为晶格振动或者声子[23]。当频率为 w_i 的入射光与样品中频率为 w_j 的声子相互作用而发生能量交换,由样品中发射出弹性散射光和非弹性散射光两种类型的散射光,其中弹性散射光的频率与入射光相同,而非弹性散射光的频率与入射光不同;若散射光频率为 w_s,则满足:

$$w_s = w_i \pm n w_j, \quad n = 1, 2, 3, \cdots \tag{10-54}$$

式中,n 表示散射级数,当 $n = 0$ 时,表示产生弹性散射光的过程,称为瑞利散射(Rayleighscattering);当 $n \neq 0$ 时,表示产生非弹性散射光的过程,称为拉曼散射(Ramanscattering)。如图 10-27 所示,散射光频率减小即能量损失的过程称为斯托克斯(Stokes)拉曼散射,若散射光频率增大则称为反斯托克斯(Anti-Stokes)拉曼散射[24]。

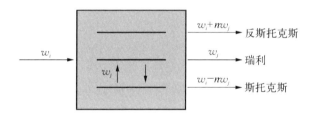

图 10-27　拉曼散射示意图

拉曼散射效率 I 与入射光和散射光的偏振矢量 $\boldsymbol{e}_i$ 和 $\boldsymbol{e}_s$ 有关,可表达为

$$I = C \sum_j | \boldsymbol{e}_i \cdot \boldsymbol{R}_j \cdot \boldsymbol{e}_s |^2 \tag{10-55}$$

在式(10-55)中,C 是常量;$\boldsymbol{R}_j$ 是声子 j 的拉曼张量。Loudon 针对 32 个不同的晶体类型(对称点群)给出了其各自的拉曼张量。例如,单晶硅有三个拉曼张量在 $x = [100]$,$y = [010]$ 和 $z = [001]$ 的晶体坐标系中分别为

$$\boldsymbol{R}_x = \begin{bmatrix} 0 & 0 & 0 \\ 0 & 0 & a \\ 0 & a & 0 \end{bmatrix}, \quad \boldsymbol{R}_y = \begin{bmatrix} 0 & 0 & a \\ 0 & 0 & 0 \\ a & 0 & 0 \end{bmatrix}, \quad \boldsymbol{R}_z = \begin{bmatrix} 0 & a & 0 \\ a & 0 & 0 \\ 0 & 0 & 0 \end{bmatrix} \tag{10-56}$$

为了计算单晶硅在不同散射下的拉曼振动模,需要使用式(10-55)描述的偏

振选择定则和式(10-56)给出的拉曼张量进行计算。

2. 拉曼光谱谱线

拉曼实验所得到的数据为拉曼光谱谱线,由若干晶格振动模所对应的特征峰组成,基本参数包括峰的位置、宽度和强度等。图 10-28 所示即为拉曼光谱谱峰,p_0 表示峰值强度,其含义是功率谱密度函数的最大值;谱峰位置用 p_0 对应的拉曼波数 w_0 标识;谱峰的宽度通常用 $p_0/2$ 处的高、低波数差定义,称为半高全宽(full width at half maximum,FWHM),简称半高宽谱峰的积分强度指整个谱线的总光功率,数值上等于 $p(w)$ 曲线所围的面积值[25]。

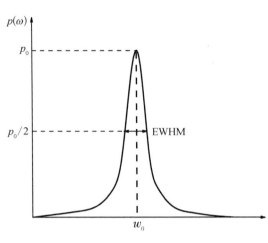

图 10-28   拉曼谱线示意图

在拉曼谱线中 x 轴代表拉曼位移,单位为厘米(cm)。当波长以厘米为单位时,波数就是波长的倒数。因此拉曼光谱的横坐标(拉曼波数 w_0)是入射激光波长 γ_i 和拉曼散射光波长 γ_s 的波数之差,即

$$w_0 = \frac{1}{\gamma_i} - \frac{1}{\gamma_s} \qquad (10-57)$$

拉曼光谱仪得到的光谱曲线包含了真实光谱曲线与噪声信息的叠加的结果[25]。其中,真实光谱曲线在数学上的表达是源信息、仪器函数及激光带宽的卷积,源信息是拉曼散射源信息(自然展宽)、多普勒展宽、碰撞增宽效应以及谱线自吸效应的卷积。拉曼谱线可以统一用 Pseudo Voigt 函数表达为

$$I(x) = P_0 \left[\eta \cdot \frac{1}{1 + 4\ln 2 \left(\frac{x - w_0}{W} \right)^2} + (1 - \eta) \cdot e^{-4\ln 2 \left(\frac{x - w_0}{W} \right)^2} \right] \qquad (10-58)$$

其中,P_0、w_0、W 分别为谱线峰值强度、峰位和半高宽;η 为 Lorentzian 函数所占的比例。可见 $\eta = 0$ 时,为单纯的 Gauss 函数;$\eta = 1$ 时,则为单纯的 Lorentzian 函数。因此,为了得到获得峰值强度、峰位和半高宽信息,可以通过式(10-58)对拉曼光谱曲线进行拟合。

被测物体材料的晶格振动特征可以通过拉曼光谱反映,拉曼频移应力因子(Raman shift to stress coefficient,RSS)是采用晶格动力学理论结合弹性力学与材料

物理参数得出的材料应力与拉曼频移之间的转换系数,可以用于进一步测量材料应变。

3. 晶格动力学方程

Ganesan 等针对金刚石类型晶体结构,建立了应变对一阶拉曼光谱影响的晶格动力学理论。对条件进行一定的简化,即体系的势能函数只保留至二次方项(简谐近似),如果此时应变张量分量满足 $\varepsilon_{kl} = \varepsilon_{lk}$,并且此时金刚石类型晶体的三重简并光学声子与应变呈线性关系可以得到三维晶格振动动力学方程:

$$\bar{m}\ddot{u}_i = -\sum_k K_{ik}u_k = -\left[K_{ii}^{(o)}u_i + \sum_{klm}\frac{\partial K_{ik}}{\partial \eta_{lm}}\eta_{lm}u_k\right], \quad i, k, l, m = x, y, z$$

$$(10-59)$$

其中,$\bar{m}$ 为第 i 个原子的质量;u_i 和 u_k 为原子位移分量;$K_{ii}^{(o)} = \bar{m}w_0^2$ 为无应变条件下的有效弹性常数,w_0 是无应变情况下光学声子的拉曼波数;$\ddot{u}_i = w^2 u_i$,w 为与应变有关的光学声子的拉曼波数;$(\partial K_{ik}/\partial \eta_{lm})\eta_{lm} = K_{iklm}^{(1)}\eta_{lm} = K_{ikml}^{(1)}\eta_{ml}$ 是由于施加应变 ε_{lm} 作用弹性常数的变化量。热动力条件要求 $K_{iklm}^{(1)} = K_{lmik}^{(1)} = K_{kilm}^{(1)} = K_{lmki}^{(1)}$ 成立。根据对称性,对于立方晶体,张量 $K^{(1)}$ 存在三个独立的分量,即

$$\begin{cases} K_{1111}^{(1)} = K_{2222}^{(1)} = K_{3333}^{(1)} = \bar{m}p \\ K_{1122}^{(1)} = K_{2233}^{(1)} = K_{1133}^{(1)} = \bar{m}q \\ K_{1212}^{(1)} = K_{2323}^{(1)} = K_{1313}^{(1)} = \bar{m}r \end{cases} \quad (10-60)$$

其中,p、q 和 r 为材料常数,称为声子变形电压。结合式(10-60),三维晶格振动动力学方程(10-59)可以在 x、y、z 三个方向分别进行展开,得到将 u_x、u_y、u_z 作为未知数的线性齐次方程组:

$$\begin{cases} [p\varepsilon_{xx} + q(\varepsilon_{yy} + \varepsilon_{zz}) - (w_j^2 - w_0^2)]u_x + 2r\varepsilon_{xy}u_y + 2r\varepsilon_{xz}u_z = 0 \\ 2r\varepsilon_{xy}u_x + [p\varepsilon_{xx} + q(\varepsilon_{xx} + \varepsilon_{zz}) - (w_j^2 - w_0^2)]u_y + 2r\varepsilon_{yz}u_z = 0 \quad (10-61) \\ 2r\varepsilon_{xz}u_x + 2r\varepsilon_{yz}u_y + [p\varepsilon_{xx} + q(\varepsilon_{xx} + \varepsilon_{yy}) - (w_j^2 - w_0^2)]u_z = 0 \end{cases}$$

若要使方程组(10-61)有解,则需要满足系数行列式为零,记 $\lambda_j = w_j^2 - w_0^2$,于是得到如下形式的晶格动力学特征方程(secular equation):

$$\begin{vmatrix} p\varepsilon_{xx} + q(\varepsilon_{yy} + \varepsilon_{zz}) - \lambda & 2r\varepsilon_{xy} & 2r\varepsilon_{xz} \\ 2r\varepsilon_{xy} & p\varepsilon_{yy} + q(\varepsilon_{xx} + \varepsilon_{zz}) - \lambda & 2r\varepsilon_{yz} \\ 2r\varepsilon_{xz} & 2r\varepsilon_{yz} & p\varepsilon_{zz} + q(\varepsilon_{xx} + \varepsilon_{yy}) - \lambda \end{vmatrix} = 0$$

$$(10-62)$$

4. 拉曼频移与应力

拉曼光谱力学测量的理论基础是晶格动力学,其本质反映了原子间距的变化,即应变的信息。为了得到拉曼波数 w_j 与应变的关系,需要对式(10-62)特征方程中的特征值 $\lambda_j(j=1,2,3)$ 进行求解,如果需要进一步建立材料的拉曼频移/应力的解析关系,则可以结合弹性力学知识进行求解,如图10-29(a)所示。

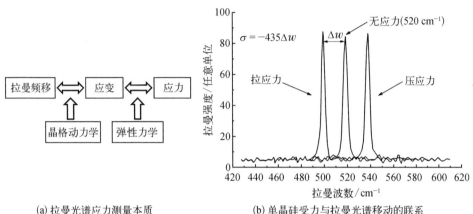

(a) 拉曼光谱应力测量本质   (b) 单晶硅受力与拉曼光谱移动的联系

图10-29   拉曼光谱应力测量本质与单晶硅受力与拉曼光谱移动的联系

通常,由应变引起的拉曼波数变化 Δw_j 远小于 w_0,因此可以做以下的近似处理:

$$\Delta w_j = w_j - w_0 \approx \frac{w_j^2 - w_0^2}{2w_0} = \frac{\lambda_j}{2w_0} \qquad (10-63)$$

如图10-29(b)所示,在拉伸作用下其拉曼光谱会产生蓝移,反之在压缩作用下会产生红移。以单晶硅(c-Si)为例,若使其在[100]方向受到单向应力 σ 的作用,由弹性材料的胡克定律,有应力与应变关系:$\varepsilon_{11}=S_{11}\sigma$,$\varepsilon_{22}=S_{12}\sigma$ 和 $\varepsilon_{33}=S_{12}\sigma$,其中 S_{ij} 是硅的弹性柔度张量,将计算得到的应变代入式(10-62)解出 λ_j,再代入式(10-63),可得

$$\begin{cases} \Delta w_1 = \dfrac{\lambda_1}{2w_0} = \dfrac{1}{2w_0}(pS_{11}+2qS_{12})\sigma \\[2mm] \Delta w_2 = \dfrac{\lambda_2}{2w_0} = \dfrac{1}{2w_0}[pS_{12}+q(S_{11}+S_{12})]\sigma \qquad (10-64) \\[2mm] \Delta w_3 = \dfrac{\lambda_3}{2w_0} = \dfrac{1}{2w_0}[pS_{12}+q(S_{11}+S_{12})]\sigma \end{cases}$$

由式(10-64)可以得到单晶硅材料拉曼频移与材料应力之间的线性关系。如

果选用的实验方式是单晶硅(001)表面的背向散射,根据偏振选择定则,能观察的结果是式(10-64)中的第三项。无应变时硅的拉曼波数为 $w_0 = 520\ \mathrm{cm^{-1}}$,文献给出了单晶硅的相关材料常数:$p = -1.85w_0^2$,$q = -2.31w_0^2$,$S_{11} = 7.68 \times 10^{-12}\ \mathrm{Pa^{-1}}$ 和 $S_{12} = -2.14 \times 10^{-12}\ \mathrm{Pa^{-1}}$,最后得到:

$$\sigma = -435\Delta w_3(\mathrm{MPa}) \tag{10-65}$$

对于面内双向应力状态,等式(10-65)变为

$$\sigma_x + \sigma_y = -435\Delta w_3(\mathrm{MPa}) \tag{10-66}$$

由此得出,单晶硅的拉曼频移应力因子为 $-435\ \mathrm{MPa/cm^{-1}}$。式(10-65)和式(10-66)中的负号表明拉曼波数变化为正值时对应压缩应力,反之为拉伸应力。

10.6.2　实验的主要流程

1. 主要流程

微拉曼光谱力学实验的流程包括三个部分,即前期准备过程、实验具体操作及后期数据处理[26]。每个部分的操作细则如图 10-30 所示,具体的注意事项如表 10-1 所示。

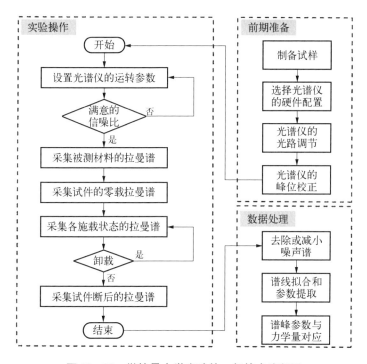

图 10-30　微拉曼力学实验的一般技术流程图

表 10 - 1　微拉曼力学实验的一般操作流程

阶段		名　称	操作内容	注意事项
前期准备	1	制备试件	根据实验需求制备试件	保证试件表面光洁无污染
	2	预估拉曼实验参数	对谱范围、激光功率、曝光时间、扫描范围及步长等实验参数进行预估	在实验时间、信号强度和测量精度之间寻找平衡
	3	调整光谱仪的硬件配置	选择散射几何配置、偏振构型及激发光源	
	4	调整光谱仪的光路	使所有光学元件共轴并处于合适的位置上,通过微调光束导向元件,使屏幕上的光斑呈现中心亮、周围暗的均匀圆形,并在物镜靠近及远离测量平面时,光斑始终均匀且位于十字线中心	
	5	校正光谱仪的峰位	由于光栅的位置和角度在光谱仪使用过程中可能发生微小改变,会影响光谱仪的检测峰位,有时需要标准样品的特定拉曼峰进行波数校正。可用于校正的有标准单晶硅的一阶拉曼峰($520\ cm^{-1}$)、标准金刚石的一阶拉曼峰($1\ 332\ cm^{-1}$)等	
实验操作	1	调整拉曼实验参数	根据预估的光谱位置、宽度和强度,设置光谱扫描范围、曝光时间和累积次数、样品上光照的功率密度和狭缝宽度等参数	功率密度的设置应避免激光加热效应或损伤样品,在可以获取满意信噪比的前提下,尽可能使样品上的功率密度最小
	2	采集试件的拉曼信号	从样品上几个不同位置采样,每个位置采集 2~3 个光谱数据,从而确定样品的无应力状态	采集前将激光聚焦状态调至最佳
	3	采集待测区域内各点的拉曼信号	选定扫描方式并设定测量区域及扫描步长,采集区域内各点的拉曼光谱	与试采集时采用相同的实验参数
后期准备	1	对谱线进行预处理	对谱线进行宇宙射线、荧光背景及随机噪声的移除	处理过程中要防止峰形的改变
	2	对谱线进行拟合及参数提取	采用适当的拟合函数对预处理后的数据进行拟合从而获得每点的谱峰参数	
	3	给出力学参量与谱线参数之间的对应关系	由解析、半解析或实验的方法确定力学参量与谱线参数之间的对应关系	

2. 参数选取

除了上述注意事项,为了使拉曼光谱力学测量更为准确,还需要对实验仪器的参数进行选择,所涉参数的选择准则说明如下。

(1)激发光源。激光的波长与空间分辨率和频谱分辨率存在相关性,如果波长较短,那么空间分辨率会较高,频谱分辨率也较高,但与此同时,投射深度会随着波长的减小而减小,导致得到的拉曼信息与样品表面更为贴近,能激发出更强的荧光效应。

(2)谱范围。为了谱线识别更加准确,应尽可能地保证在采集的范围中只有一个拉曼特征峰,或者几个峰之间的距离较远。

(3)激光功率。满足拉曼信号强度的前提下,尽可能地使激光功率减小,这样既能避免出现加热效应,也能减少被测样品受损的概率。

(4)曝光时间。与激光功率的影响相同,增加曝光时间能使拉曼信号更强,但是如果时间过长也会影响整个实验的进度,因此要选择合适的曝光时间,既满足拉曼信号的强度要求,又不浪费实验的时间。

(5)物镜倍数/数值孔径。选择多大的物镜倍数取决于所需的空间分辨率,物镜放大倍数及数值孔径会影响点光斑的大小($1.22/NA$)及线光斑的长度(线光斑长度与放大倍数成反比)。选择的物镜倍数越大,放置位置所造成的影响也就越大。所以物镜倍数的选择需要结合空间分辨率的需求和样品表面的光滑度。

(6)偏振构型。选择偏振构型的理论依据是偏振选择定则,与此同时我们所关心的是能否观察得到目标拉曼振动模。

(7)扫描方式。如果要通过拉曼光谱测量获得全场的信息,必须选择扫描方式。不同扫描方式适用的情况不同。逐点扫描成像:范围较小且样品表面较为粗糙;线扫描成像:扫描范围较大,样品表面光滑度较高,拉曼信号强,或者另一种特殊情况,即该样品易发生热分解和光化学反应。

(8)扫描范围、步长分布。扫描范围并不仅仅由研究对象决定,还需要综合考虑实验总体时间等,如果能在较小的扫描范围下保证能够获取足够多的信息,那么就能节约时间。同理,此时可以适当调节步长的分布,在应变梯度大的方向上选择较小的步长,而在应变梯度小的方向上选择较大的步长。

3. 数据插值处理

通过数据处理可以将拉曼光谱扫描得到的数据转化为力学信息,并且实现可视化。但这仅仅是初始信息,因为在整个实验中存在各种测量误差及干扰信息,因此需要过滤掉一部分信息。受整个实验测量时间和仪器分辨率的限制,为了更好地展现全场的力学信息,可以在部分信息变化呈均匀的区域进行插值处理。传统的插值方法有最邻近插值法、双线性插值法和双三次插值法。

10.6.3　应用实例

拉曼光谱技术在微尺寸实验力学测量方面,也发挥着日益巨大的功能。晶体的变化与其微观晶格的变化密切相关,拉曼光谱技术在一个力学测量过程中,将拉曼特征峰频率的改变作为基准,通过测定拉曼光谱线的变化,反映材料和结构的力学性质。通过这一测定方法,可以在不损伤物体本身结构的基础上进行对力学性质的测定,其测定结果分辨率较高,测量范围广,可实现对本征应力和非本征应力的测量等。

随着科技的进步,很多复杂的新材料如复合材料、微纳材料等被研发出来,由于材料复杂的结构与特征,导致传统的拉曼光谱技术受限。拉曼光谱技术在微纳力学表征领域具有一定的潜力,但是还需要根据实际情况对测量理论和实际应用进行改进和更新,进一步扩宽其应用范围。

碳纳米管纤维作为一种纳米材料,具有复杂的结构。这种多尺度结构也使其力学行为呈现多尺度分级的特性[27]。图 10-31 为碳纳米管纤维单轴拉伸应力-应变曲线,在线弹性阶段,材料的拉伸应变较小,大概在 1% 的范围内;到了强化阶段,材料表现出屈服的特点,拉伸应变显著增加,而其应力变化较小;材料应变在超过 14% 后发生了损伤断裂。纤维材料的拉伸性能数据属于材料力学性能的基础数据,需要严格科学的测定和计算,因此需要对其每个拉伸环节的应力应变等力学性质进行计算。

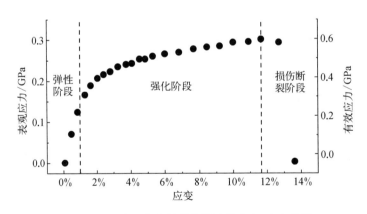

图 10-31　碳纳米管纤维单轴拉伸应力-应变曲线

为了进一步测定材料的力学参数,可以通过扫描电镜对其微观形貌进行测定如材料的纤维壁厚及周长,得出碳纳米管纤维的截面面积,进而计算出材料的力学性质。经计算,碳纳米管纤维的表观杨氏模量为 15.6 GPa,表观屈服极限为 0.18 GPa,表观强度极限为 0.3 GPa。

碳纳米管纤维原位微拉曼实验结果如图 10-32 所示,可以看出 G 峰的拉曼频移、半高宽和积分强度在不同应变条件下发生了明显变化。将拉曼位移、半高宽、积分强度和拉曼 D 峰与 G 峰的积分强度比等相关信息统称为全谱形拉曼信息。全谱拉曼信息可以更加直观地反映碳纳米管纤维在拉伸过程中的力学行为,在研究微纳结构的力学研究方面具有重要意义。

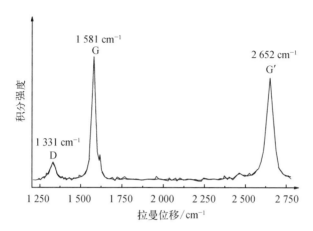

图 10-32 碳纳米管纤维原位微拉曼实验结果

参考文献

[1] 戴福隆,方萃长,刘先龙,等.现代光测力学[M].北京:科学出版社,1990.

[2] 金观昌.计算机辅助光学测量[M].第 2 版.北京:清华大学出版社,2007.

[3] 赵清澄.光测力学教程[M].北京:高等教育出版社,1996.

[4] 李景镇.光学手册[M].西安:陕西科学技术出版社,1986.

[5] 梁铨廷.物理光学[M].北京:机械工业出版社,1980.

[6] 天津大学材料力学教研室光弹组.光弹性原理及测量技术[M].北京:科学出版社,1990.

[7] 方萃长.应变分析的云纹法[M].北京:清华大学出版社,1985.

[8] 秦玉文,Hung Y Y.光力学多波长法的研究[J].固体力学学报,1987(1):58-63.

[9] 钟国成,任晓辉,郑润生,等.云纹干涉法同时测定三维位移场[J].力学学报,1988,20(5):421-430.

[10] 戴福隆,亚敏,谢惠民,等.云纹干涉与钻孔法测量残余应力的实验方法与系统[J].实验力学,2003,18(3):313-318.

[11] 厄尔夫 R K.全息摄影无损检测[M].王臻新,译.北京:机械工业出版社,1982.

[12] 计欣华,邓宗白,鲁阳,等.工程实验力学[M].北京:机械工业出版社,2012.

[13] 于美文.光学全息及其应用[M].北京:北京理工大学出版社,1994.

[14] 维斯特 C M.全息干涉度量学[M].樊雄文,王玉洪,译.北京:机械工业出版社,1984.

[15] 戴嘉彬,王金起,秦玉文.电子剪切散斑图像处理的相移技术[J].实验力学,1992,7(2):153-158.

[16] 鸟时毅,秦玉文.大错位量散斑干涉测量残余应力[J].实验力学,1993,8(2):125-131.

[17] Morimoto Y, Morimoto Jr Y, Hayashi T. Separation of isochromatics and isoclinics using Fourier transform[J]. Experimental Techniques, 1994, 18(5): 13 - 17.

[18] 秦玉文,戴嘉彬,陈金龙.电子散斑方法的进展[J].实验力学,1996,11(4):410 - 416.

[19] 潘兵,谢惠民,续伯钦,等.数字图像相关中的亚像素位移定位算法进展[J].力学进展,2005,35(3):345 - 352.

[20] 潘兵,谢惠民,李艳杰.用于物体表面形貌和变形测量的三维数字图像相关方法[J].实验力学, 2007,22(6):555 - 567.

[21] 潘兵,谢惠民.数字图像相关中基于位移场局部最小二乘拟合的全场应变测量[J].光学学报,2007(11):74 - 80.

[22] 潘兵,谢惠民,续伯钦,等.应用数字图像相关方法测量含缺陷试样的全场变形[J].实验力学,2007,22(3):379 - 384.

[23] 潘兵,谢惠民,戴福隆.数字图像相关中亚像素位移测量算法的研究[J].力学学报,2007,39(2):245 - 252.

[24] 明小祥.基于激光拉曼光谱的硅—玻璃阳极键合界面应力的研究[D].上海:华东理工大学,2016.

[25] 雷振坤,仇巍,亢一澜,等,微尺度拉曼实验力学[M].北京:科学出版社,2015.

[26] 汤忠斌,徐绯,李玉龙.MEMS 材料力学性能的测量方法[J].机械强度,2007,29(3):409 - 418.

[27] 雷振坤,王权,仇巍,等.微拉曼光谱研究 M55JB 碳纤维/微滴的拉伸变形行为[J].实验力学,2012,27(1):30 - 36.

第 11 章

数据处理

实验数据处理是从大量无序的、复杂抽象的实验数据中抽取关键特征,从中提取导出物理变化规律和经验公式,进一步指导技术生产和科学实践。测量是技术实验、生产制造等领域中不可缺少的一环。在力学测量中同样离不开数据测量,如应力、应变、频率、幅值等,需要测量其中确定被测量的值,同时要用测量不确定度,用来表示测量结果的误差。通过数据的处理和分析,可以实现数据有序化,检验数据质量,实现数据共享。数据处理的范围十分广泛、影响深远,遍布社会生产和生活等众多领域。数据处理技术的发展及其应用,提高数据的价值和可靠性,进而提高信息交互效率,极大地影响了人类社会发展的进程[1]。本章将阐述对于实验数据处理方法,从实验误差的概念、合成、传递,测量仪器的误差准确度和不确定度以及可疑数据如何取舍等方面进行介绍。

11.1 误差的基本概念

11.1.1 真值

误差基于真值概念提出,而真值是测量对象的真实值。

真值需要根据相应的参考量进行描述,这些参考量称为基准。国际计量委员会规定了常用的基准真值,称规定真值。例如,国际计量委员会规定铯原子同位素133 基态的两个超精细能级之间跃迁所对应的辐射的 9 192 631 770 个周期所持续的时间是"1 s"。光在真空中经过了 1/299 792 458 s 时间间隔内的行程长度规定为"1 m"。除此之外,国际计量大会定义了 7 个基本单位包括长度(m)、质量(kg)、时间(s)、电流(A)、热力学温度(K)、发光强度(cd)、物质的量(mol)和两个辅助单位平面角(rad)、立体角(sr)作为各个物理量的规定真值[2]。

理论真值的定义为:由公认的理论公式导出的结果,或由规定真值经过理论公式推导而导出的结果。如一个平面三角形的三个内角和为 180°,圆周率 $\pi = 3.141\,592$。

然而,规定真值或理论真值通常不能被直接使用,因此出现了相对真值。相对真值实际上是指使用高精度的仪器仪表测量得到的实际值。相对真值是通过计量量值传递而确定的量值基准。校准或标定则是通过量值传递机制将规定真值或理论真值传递给测量仪器。

11.1.2　误差的定义

测量误差是指某被测量的测量值与其真实值(或称真值)之间的差别[3, 4]。

通常来说,真值本身就具有不确定性,所以相对的误差也通常是未知的,不能明确地指出误差的大小,只能通过估计的方式给出误差的大致范围。

对于不同的物理量和测量方式,误差常常表现出不同的规律和性质。在不同的使用条件和应用场景下,又会对误差提出不同的要求,这就涉及不同的误差表示方法。

11.1.3　误差的表示方法

由于测量对象的不同,测量误差也具有不同的表示方法。

绝对误差是指测量值与真值之差,可写成:

$$绝对误差 = 测量值 - 真值$$

记 X 为测量值, T_S 为真值,那么绝对误差 δ 可表示为

$$\delta = X - T_S \qquad (11-1)$$

在一个被测对象中,绝对误差是十分重要的。但绝对误差的大小对于不同的被测对象通常具有不同的意义,在不同的评价体系下常显得无针对性,这时就会引入相对误差的概念,即

$$相对误差 = \frac{绝对误差}{被测真值} \times 100\%$$

记相对误差为 r,则

$$r = \frac{\delta}{T_s} \times 100\% = \frac{X - T_S}{T_S} \times 100\% \qquad (11-2)$$

从式(11-2)中可以看出,被测量真值很小时,相对误差可能会很大,这样无法合理地描述仪器的测量精度。此时,误差的概念常用来衡量仪器的测量误差。一次测量的引用误差 R 被定义为示值误差(即该次测量的绝对误差)与仪器最大示值的比值,用百分比来表示:

$$引用误差 = \frac{示值误差}{最大示值} \times 100\%$$

记为

$$R = \frac{\delta}{A} \times 100\% \tag{11-3}$$

仪器的最大引用误差被称为引用误差限,即

$$引用误差限 = \frac{最大示值误差}{最大示值} \times 100\%$$

以 R_m 记引用误差限,则

$$R_m = \frac{\delta_{\max}}{A} \times 100\% \tag{11-4}$$

仪器的精度等级由仪器的引用误差决定。对于一个给定精度等级的合格仪器,其引用误差应不超过该级别的引用误差限。例如,一个精度等级为 0.5 级的仪器,其引用误差不得大于其引用误差限 0.5%。

11.1.4 误差的来源

误差的来源是多方面的,主要有以下几个方面。

(1)测量装置误差。测量装置误差通常来自实验设备、测量仪器或仪表本身的误差。包括基本的仪器量值传递误差(非线性、滞后、刻度不准等误差),也包括因设备加工粗糙、安装调试不当、缺少正确的维护保养、设备磨损等引起的测量误差。

(2)环境误差。主要指测量时的环境与要求的标准状态不一致,如气压、湿度、温度、磁场、电场等外界环境。环境的不同会导致测量装置产生误差,或被测物体本身发生变化所造成的误差。

(3)方法误差。理论公式的近似限制或测量方法的不完善。如使用加速度传感器测量加速度信号时无法避免其附加质量对轻质结构的影响。

(4)人员误差。指测量者的感官辨识能力、技术熟练程度、精神思维状态等因素引起的测量误差。

11.1.5 误差的分类

按误差的性质,通常将误差分为随机误差、系统误差和粗大误差三类[5,6]。

(1)系统误差。在相同条件下,对同一对象进行多次重复测量时,有一种符号和大小都保持不变,或者按某一确定规律变化的误差,称为系统误差。通常系统误差可以表示为一个或多个变量的函数,可通过一定的方法消去或缩减。

(2)随机误差。在相同条件下,对同一对象进行多次重复测量时,有一种大小和符号都以不可预见的变化方式变化的误差称随机误差。常见的来源有噪声、扰动、磁场变化、地面振动等。随机误差再经过多次重复测量后会表现出统计学规律,通常不能被消去。

（3）粗大误差。指超过规定预期的数据产生的误差,通常源于测量人员的操作不当。例如,使用明显有缺陷的仪器、不当的测量方法、错误使用测量仪器或者在读数时错读误读等。粗大误差通常与真值有明显较大偏差,应当从多次测量结果中剔除。

11.1.6　测量数据的精度

测量数据的精度是指测量结果与真值的接近程度。它与误差的概念相对,测量误差小则表明结果精度高,反之亦然。下述的三个概念常用来评价测量精度[7]。

（1）准确度。反映测量结果中系统误差的影响程度,准确度越高,代表被测量的平均值越靠近真值。

（2）精密度。反映测量结果中随机误差的影响程度。表示测量数据相互之间的偏差,亦称重复性。精密度高,则测量数据点比较集中。

（3）精确度。反映测量结果中系统误差和随机误差的综合影响程度。精确度高则系统误差和随机误差都小,因而其准确度和精密度必定都高。

图 11-1 所示的打靶的情况可以用来表述三个不同的测量精度的评价概念。图 11-1(a)所示的准确度较低,离靶心(即真值)较远,但是测量值较为集中其精密度很高,说明系统误差对测量过程影响较大,而随机误差影响较小;图 11-2(b)的测量值相对 11-1(a)精密度较低,而准确度较高,表面测量的随机误差较大而系统误差较小;图 11-1(c)表示精密度和准确度都高,即精确度较高。

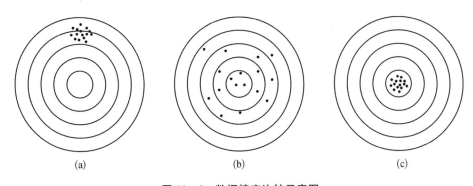

(a)　　　　　　　　　(b)　　　　　　　　　(c)

图 11-1　数据精度比较示意图

11.2　误差的合成

实际测量中情况较为复杂,三种误差包括系统误差、随机误差和粗大误差通常会同时产生。这些误差会不同程度地影响被测量,使测量变得更加复杂。通过分别对三种误差的测定,可以将三种误差合成为测量的总误差。

根据不同误差对测量系统的影响程度,误差的合成也有不同的表示方法。

11.2.1　系统误差的合成

1. 已定系统误差的合成

已定系统误差是指大小和方向均已经确定的系统误差。在测量过程中,若有 r 个单项已定系统误差,其误差值分别为 Δ_1, Δ_2, $\cdots$, Δ_r,则总的已定系统误差为

$$\Delta = \Delta_1 + \Delta_2 + \cdots + \Delta_r = \sum_{i=1}^{r} \Delta_i \qquad (11-5)$$

已定的系统误差可以在实际测量中通过一定的方法去除,也可以将其通过式(11-5)加和后改正。如果无法将系统误差修正或去除,那么必须将其计入总误差中。

2. 未定系统误差的合成

误差大小和方向未被确切掌握的系统误差被称为未定系统误差,这类系统误差需要被控制在不超过一个估计的误差极限范围 $\pm e_i$。通过提高对误差源的认知水平和测量人员的熟练程度可以进一步提高估计误差极限的准确性。对于一些常见的未定系统误差的极限范围,一般可以通过经验判断。

在测量过程中,若有 s 个单项未定系统误差,其极限值分别为 e_1, e_2, $\cdots$, e_s,并且它们互不相关,则总的未定系统误差为

$$e = \pm\sqrt{e_1^2 + e_2^2 + \cdots + e_s^2} = \pm\sqrt{\sum_{i=1}^{s} e_i^2} \qquad (11-6)$$

11.2.2　随机误差的合成

如果在一测量过程中存在 q 项互不相关的随机误差,设每一项随机误差的标准差分别为 σ_1, σ_2, $\cdots$, σ_q,则 q 个随机误差综合作用的结果的标准差为

$$\sigma = \sqrt{\sigma_1^2 + \sigma_2^2 + \cdots + \sigma_q^2} = \pm\sqrt{\sum_{i=1}^{q} \sigma_i^2} \qquad (11-7)$$

在多数情况下,已知 q 个独立因素的极限测量误差 $\delta_{\lim 1}$, $\delta_{\lim 2}$, $\cdots$, $\delta_{\lim q}$,若各项误差均服从正态分布,则总极限随机误差为

$$\delta_{\lim} = \sqrt{\delta_{\lim 1}^2 + \delta_{\lim 2}^2 + \cdots + \delta_{\lim q}^2} = \pm\sqrt{\sum_{i=1}^{q} \delta_{\lim i}^2} \qquad (11-8)$$

11.2.3　误差的总合成

若有 r 个单项已定系统误差 Δ_1, Δ_2, $\cdots$, Δ_r；有 s 个单项未定系统误差 e_1, e_2, $\cdots$, e_s；有 q 个互不相关的随机误差，它们的极限测量误差为 $\delta_{\lim 1}$, $\delta_{\lim 2}$, $\cdots$, $\delta_{\lim q}$，如果已定系统误差已通过修正而消除，则其余两项的合成总误差为

$$\Delta_{\text{sum}} = \pm \sqrt{\sum_{i=1}^{s} e_i^2 + \sum_{i=1}^{q} \delta_{\lim i}^2} = \pm \sqrt{e^2 + \delta_{\lim}^2} \qquad (11-9)$$

一个系统经过多次重复测量，测量结果取算术平均值 $\overline{X}$。通常来说，系统误差会维持在一个范围，而随机误差将减小，则总合成误差为

$$\Delta_{\text{sum}} = \pm \sqrt{\sum_{i=1}^{s} e_i^2 + \sum_{i=1}^{q} \delta_{\lim i}^2} = \pm \sqrt{e^2 + \frac{1}{n} \delta_{\lim}^2} \qquad (11-10)$$

11.2.4　间接测量的误差合成

在很多情况下测量并不能通过直接手段测量。例如，一个电阻的阻值通常测得它的电流电压，再通过欧姆定律计算得出；同样测量应力时使用应变片的应变得出应力。所以，还需要考虑到间接误差的合成。

设间接测量量 y 与直接测量量 x_1, x_2, $\cdots$, x_n 的关系为 $y = f(x_1, x_2, \cdots, x_n)$。$y$ 的全微分为

$$dy = \frac{\partial f}{\partial x_1} dx_1 + \frac{\partial f}{\partial x_2} dx_2 + \cdots + \frac{\partial f}{\partial x_n} dx_n \qquad (11-11)$$

设各测量值 x_1, x_2, $\cdots$, x_n 的已定系统误差已通过修正而消除，其误差 Δx_1, Δx_2, $\cdots$, Δx_n，仅含有未定系统误差 e_1, e_2, $\cdots$, e_n 和随机误差 δ_1, δ_2, $\cdots$, δ_n。当各个误差均服从正态分布，且各个测量量互不相关时，间接测量量 y 的未定系统误差为

$$e_y = \pm \sqrt{\sum_{i=1}^{n} \left(\frac{\partial f}{\partial x_i} \right)^2 e_i^2} \qquad (11-12)$$

y 的极限随机误差为

$$\delta_y = \pm \sqrt{\sum_{i=1}^{n} \left(\frac{\partial f}{\partial x_i} \right)^2 \delta_i^2} \qquad (11-13)$$

总误差为

$$\Delta_y = \pm \sqrt{e_y^2 + \delta_y^2} = \pm \sqrt{\sum_{i=1}^{n} \left(\frac{\partial f}{\partial x_i} \right)^2 \Delta_{\mathrm{sum}i}^2} \qquad (11-14)$$

11.3　误差的传递

对物理量的测量可分为两种,直接测量与间接测量。直接测量是将被测得的物理量与其标定单位作比较,如测量一段位移的大小为 10 mm。间接测量通过将可以直接测得的物理量进行已知的关系运算得出物理量的大小,通过应变、材料的弹性模量、泊松比来推算材料应力等。间接测量难免会受到直接测量中误差的影响,也就导致了误差的传递。

进行间接量测误差计算时,经常遇到有两类问题:一类是已知各直接量测值的误差,求间接量测值的误差;另一类是根据确度的需要给定间接量测值的误差,求直接量测值的最大容许误差[8]。下面先介绍误差传递的一般规律。

设间接量测值 Y 与直接量测值 X_1,X_2,$\cdots$,X_n 间具有如下的函数关系:

$$Y = f(X_1, X_2, \cdots, X_n) \qquad (11-15)$$

令 $\mathrm{d}X_1$,$\mathrm{d}X_2$,$\cdots$,$\mathrm{d}X_n$ 分别代表 X_1,X_2,$\cdots$,X_n 的误差,$\mathrm{d}Y$ 代表由 $\mathrm{d}X_1$,$\mathrm{d}X_2$,$\cdots$,$\mathrm{d}X_n$ 引起 Y 的误差。则

$$Y \pm \mathrm{d}Y = f(X_1 \pm \mathrm{d}X_1, X_2 \pm \mathrm{d}X_2, \cdots, X_n \pm \mathrm{d}X_n) \qquad (11-16)$$

将上式右端按泰勒级数展开,并略去二阶以上微量得

$$f(X_1 \pm \mathrm{d}X_1, X_2 \pm \mathrm{d}X_2, \cdots, X_n) = f(X_1, X_2, \cdots, X_n) \pm$$
$$\left(\frac{\partial f}{\partial X_1} \mathrm{d}X_1 + \frac{\partial f}{\partial x_2} \mathrm{d}X_2 + \cdots + \frac{\partial f}{\partial X_n} \mathrm{d}X_n \right) \qquad (11-17)$$

可见:

$$\mathrm{d}Y = \frac{\partial f}{\partial X_1} \mathrm{d}X_1 + \frac{\partial f}{\partial X_2} \mathrm{d}X_2 + \cdots + \frac{\partial f}{\partial X_n} \mathrm{d}X_n \qquad (11-18)$$

这是函数 $Y = f(X_1, X_2, \cdots, X_n)$ 的全微分。Y 的极限绝对误差:

$$\mathrm{d}Y = \left| \frac{\partial f}{\partial X_1} \mathrm{d}X_1 \right| + \left| \frac{\partial f}{\partial X_2} \mathrm{d}X_2 \right| + \cdots + \left| \frac{\partial f}{\partial X_n} \mathrm{d}X_n \right| \qquad (11-19)$$

如果分别对 X_1,X_2,$\cdots$,X_n 进行几次重复量测,根据式(11-18)可知单次量测的误差:

$$dY_i = \frac{\partial f}{\partial X_1}dX_{1i} + \frac{\partial f}{\partial X_2}dX_{2i} + \cdots + \frac{\partial f}{\partial X_{ni}}dX_{ni} \qquad (11-20)$$

将 n 次量测结果两边平方后求和,由于正负误差出现的概率相等,当 n 足够大时, $\sum_{j \neq k}dX_{ji}X_{ki} = 0$ 得

$$\sum_{i=1}^{n}dY_i^2 = \left(\frac{\partial f}{\partial X_1}\right)^2\sum_{i=1}^{n}dX_1^2 + \left(\frac{\partial f}{\partial X_1}\right)^2\sum_{i=1}^{n}dX_2^2 + \cdots + \left(\frac{\partial f}{\partial X_n}\right)^2\sum_{i-1}^{n}dX_n^2$$

$$(11-21)$$

两边除 n,开方后得传递的标准误差:

$$\sigma_Y = \sqrt{\left(\frac{\partial f}{\partial X_1}\right)^2\sigma_1^2 + \left(\frac{\partial f}{\partial X_2}\right)^2\sigma_2^2 + \cdots + \left(\frac{\partial f}{\partial X_n}\right)^2\sigma_n^2} \qquad (11-22)$$

上面讨论的是第一类问题,下面再来讨论误差传递的另一类问题,即已知函数的误差求自变量的误差。这样的误差逆运算可以进一步提高对物理量测量过程的理解,便于选择仪器和实验方案。

对于给定函数误差的允许值,由式(11-19)知,自变量可有不同的组合,当直接量测值的误差难以估计时,可按等效传递原理,假定各自变量对函数的影响相等,即

$$\frac{\partial f}{\partial X_1}dX_1 = \frac{\partial f}{\partial X_2}dX_2 = \cdots = \frac{\partial f}{\partial X_n}dX_n = \frac{dY}{n} \qquad (11-23)$$

于是

$$dX_1 = \frac{dY}{n\frac{\partial f}{\partial X_1}}, \ dX_2 = \frac{dY}{n\frac{\partial f}{\partial X_2}}, \ \cdots, \ dX_n = \frac{dY}{n\frac{\partial f}{\partial X_n}} \qquad (11-24)$$

11.4   测量仪器的误差、准确度和不确定度

11.4.1   测量仪器的误差
示值误差和最大允许误差通常被用来表述测量仪器的性能。

示值误差定义为测量仪器的示值与对应输入量的约定真值之差。通过测量仪器的误差可以对测量结果进行校正,示值误差的反号即该仪器的修正值,修正后的测量结果的不确定度与修正值的不确定度有关,即与检定或校准所得的示值误差的不确定度有关。

测量仪器都会带有误差,经过检定后的测量仪器的误差通常在一个误差范围内,这个误差的范围就是测量仪器的最大允许误差,也称允许误差限。在测量时最大允许误差不能直接参与修正。这是因为最大允许误差无法给出准确的测量误差(测量不确定度),它只能给出测量仪器示值误差的合格区间。

11.4.2　测量仪器的准确度

测量仪器的准确度定义为测量仪器给出接近于真值的响应能力,也就是测量示值与真值的接近程度,然而由于误差的存在,测量值总是不能与真值保持一致,真值也无法给出确切的数值,因此都是一个相对定性的概念,无法给出具体的数值。通常采用的定量描述的准确度指标应是最大允许误差或示值误差等,这里应注意区别。

11.4.3　测量仪器的不确定度

测量仪器的不确定度是由于测量仪器或测量系统引起的测量不确定度分量。测量仪器的不确定度通常是通过对测量仪器的校准得到的,一般会在仪器说明书中给出。有时也将测量仪器的不确定度理解为仪器的标准量值的不确定度,由于该标准量值是进行检定或校准时所得到的测量结果,因此它应有不确定度[9]。

11.5　可疑数据的取舍

在平时测量中,难免会出现一些可疑数据,这些数据与其他数据偏差较大,可能会影响数据的准确性,因此需要对可疑数据进行分析取舍,保留有用的数据,去除干扰数据。在这种情况下可以根据误差理论来决定取舍的标准,常用的取舍准则有三种。

1. 拉依达准则(又称 3σ 准则)

由于偶然误差符合统计学规律,在足够多的样本下服从正态分布,误差大于 3σ 的量测数据出现的概率仅为 0.003,所以这种数据的误差认为不属于偶然误差,可以舍弃。用 3σ 准则的许用误差范围较大,所以只能去掉少数可疑数据,精度不高。

2. 肖维纳(Chauvenet)准则

在 n 个量测数据中,若离差大于某值 δ 可能出现的概率等于或小于 $\dfrac{1}{2n}$ 时,此数应舍弃,即

$$[1 - P(\delta)] \leqslant \frac{1}{2n}$$
$$P(\delta) \geqslant \frac{2n - 1}{2n} \tag{11-25}$$

这一准则又称半次准则,考虑了量测次数较少这一因素。应用时先根据量测次数算出式(11-25)右边数值,查概率积分表得 μ,再由 $u = h\delta$,得 $\delta = \dfrac{u}{h} = \sqrt{2}\,\sigma u$,最后建立判据:

$$| X_i - \bar{X} | \geqslant \delta$$

当可疑数据满足上式时应舍弃,否则应保留。

实际应用时,也可直接查肖维纳准则数值表(表 11-1)。根据量测次数 n 及标准误差 σ 便可确定 δ。其余计算与查概率积分表相同。

表 11-1　肖维纳准则数值表

n	δ/σ	n	δ/σ	n	δ/σ	n	δ/σ
5	1.65	14	2.10	23	2.30	50	2.58
6	1.73	15	2.13	24	2.32	60	2.64
7	1.80	16	2.16	25	2.33	70	2.69
8	1.86	17	2.18	26	2.34	80	2.74
9	1.92	18	2.20	27	2.35	90	2.78
10	1.96	19	2.22	28	2.36	100	2.81
11	2.00	20	2.24	29	2.37	150	2.93
12	2.04	21	2.26	30	2.38	200	3.03
13	2.07	22	2.28	40	2.50	500	3.29

3. 格拉布斯(Grubbs)准则

格拉布斯导出了 $g = \dfrac{X_i - \bar{X}}{\sigma}$ 的分布,根据选定的显著性水平 α 及量测次数 n 得临界值 g_0,并且

$$P(| X_i - \bar{X} | \geqslant g_0\sigma) = \alpha$$

式中,α 是按格拉布斯准则判定为异常数据(实际不是异常数据)从而犯错误的概率。这种错误是统计方法难以避免的。

当某个量测数据满足下式时应弃去:

$$| X_i - \bar{X} | > g_0\sigma$$

式中, g_0 为临界值。根据量测次数 n 及选定的显著性水平 α 查表 $11-2$。

表 $11-2$ 临界值 g_0 表

n \ α	0.05	0.01	n \ α	0.05	0.01
3	1.15	1.16	17	2.48	2.78
4	1.46	1.49	18	2.50	2.82
5	1.67	1.75	19	2.53	2.85
6	1.82	1.94	20	2.56	2.88
7	1.94	2.10	21	2.58	2.91
8	2.03	2.22	22	2.60	2.94
9	2.11	2.32	23	2.62	2.96
10	2.13	2.41	24	2.64	2.99
11	2.23	2.48	25	2.66	3.01
12	2.28	2.55	30	2.74	3.10
13	2.33	2.61	35	2.81	3.18
14	2.37	2.66	40	2.87	3.24
15	2.41	2.70	50	2.96	3.34
16	2.44	2.75	100	3.17	3.59

11.6 数据处理

11.6.1 数据处理方法

数据处理就是从数据中抽取有用的信息,通过适当的方法表示出来。常用的数据处理方法(除了统计法外)有:表格法、图示法、经验公式法等。

1. 表格法

将数据通过离散成点,划分出不同的属性,列入表格,通过横比纵比的方式得到数据的规律。大多数测量的原始数据会被列成表格,表格法结构简单、条理清楚,可以为进一步分析提供基础。

2. 图示法

图示法将测量数据绘制在坐标和图形上,更加直观地体现出测量数据的变化和规律。该方法使数据可视化,清楚地展示了数据的特征。

通过图示,可找出数据的变化规律:极值、增长或减小趋势、线性或非线性、偏移、突变等。但是通常无法用作定量分析。

3. 经验公式法

经验公式法是指在缺少理论基础时通过研究大量数据,总结其变化的规律得到的。通常经验公式可以用相关的变量组成一个或多个公式来表示。对于有一定理论基础的数据规律的经验公式称为半经验公式,其变化趋势不一定完全符合理论,当理论与实际工程不一致时,通常使用经验公式修正。

经验公式简单实用,因此经常用于指导工程实践。需要注意的是,经验公式不是基于系统的理论体系而是建立在大量数据的基础上,因此不能完全揭示工程数据的规律,因而必须在误差允许范围内应用。

确定经验公式的一般步骤如下。

(1)描绘曲线,一般用直角坐标。

(2)在坐标系的基础上分析,确定曲线趋势和基础公式;若是有理论模板,可以在模板基础上再改进。

(3)通过用数据拟合确定公式中的常量。

(4)检测公式的准确度,若相差较大,则需要对经验公式进行修正。

11.6.2　一元线性回归

对于大多数测量对象来说,被测量的变化趋势和规律与自变量有函数关系,其中最常见的就是线性关系。

以两个变量 x 和 y 为例,设两个变量间有关系: $y = f(x)$。已测得数据 x_1, x_2, $\cdots$, x_n 和 y_1, y_2, $\cdots$, y_n 通过数据曲线拟合,即可确定相应的函数关系。

如果两者呈线性关系,则可表示为

$$y = a_0 + a_1 x \qquad\qquad (11-26)$$

若数据与上述线性关系最接近,则数据符合一元线性回归,通过确定参数 a_0 和 a_1 得到两变量间的关系。

线性回归的方法有多种,各适用于不同的场合。常用的有端值法、平均值法和最小二乘法三种,有时也使用最优一元线性回归的方法计算[10]。

1. 端值法

将测量值的两个端点处坐标代入式(11-26),得到两个线性方程,确定线性方程的系数 a_0 和 a_1,即

$$\begin{cases} y_1 = a_0 + a_1 x_1 \\ y_n = a_0 + a_1 x_n \end{cases}$$

求解得

$$\begin{cases} a_1 = \dfrac{y_n - y_1}{x_n - x_1} \\ a_0 = y_n - a_1 x_n \ \text{或}\ a_0 = y_1 - a_1 x_1 \end{cases} \tag{11-27}$$

2. 平均值法

将 n 个方程分成两组,前半组有 k 个方程,后半组有 k' 个方程。若 n 为偶数,则 $k = k' = \dfrac{n}{2}$;若 n 为奇数,则 $k = \dfrac{n+1}{2}$,$k' = \dfrac{n-1}{2}$。

$$\begin{aligned} \sum_{i=1}^{k} y_i = k a_0 + a_1 \sum_{i=1}^{k} x_i, &\qquad \sum_{i=1}^{k'} y_i = k' a_0 + a_1 \sum_{i=1}^{k'} x_i \\ \frac{1}{k} \sum_{i=1}^{k} y_i = a_0 + a_1 \frac{1}{k} \sum_{i=1}^{k} x_i, &\quad \frac{1}{k'} \sum_{i=1}^{k'} y_i = a_0 + a_1 \frac{1}{k'} \sum_{i=1}^{k'} x_i \end{aligned} \tag{11-28}$$

令

$$\frac{1}{k} \sum_{i=1}^{k} y_i = \bar{y}_{k1}, \ \frac{1}{k} \sum_{i=1}^{k} x_i = \bar{X}_{k1} \tag{11-29}$$

得

$$\bar{y}_{k1} = a_0 + a_1 \bar{X}_{k1} \tag{11-30}$$

同样可得

$$\bar{y}_{k2} = a_0 + a_1 \bar{X}_{k2} \tag{11-31}$$

联立求解得

$$\begin{cases} a_1 = \dfrac{\bar{y}_{k2} - \bar{y}_{k1}}{\bar{X}_{k2} - \bar{X}_{k1}} \\ a_0 = \bar{y}_{k1} - a_1 \bar{X}_{k1} \ \text{或}\ a_0 = \bar{y}_{k2} - a_1 \bar{X}_{k2} \end{cases} \tag{11-32}$$

3. 最小二乘法

拟合直线的函数值 $y(x_i)$ 与所有拟合点之间的函数值 y_i 的偏差平方和为最小,这一拟合方法称为最小二乘法。当最小二乘法用于测量数据点的拟合时,也就是使各测量值的偏差平方和为最小。

设拟合得到的直线为式(11-33)。对应于数据,拟合点的函数值为 x_1,x_2,$\cdots$,x_n,拟合点的函数值为 y_1,y_2,$\cdots$,y_n。所以

$$y_i' = a_0 + a_1 x_i \tag{11-33}$$

偏差平方和为

$$u = \sum_{i=1}^{n} (y_i - y_i')^2 = \sum_{i=1}^{n} [y_i - (a_0 + a_1 x_i)]^2 \qquad (11-34)$$

为求 u 的极小值,分别对 a_0 和 a_1 求偏导,有

$$\begin{cases} \dfrac{\partial u}{\partial a_0} = -2 \sum_{i=1}^{n} (y_i - a_0 - a_1 x_i) \\ \dfrac{\partial u}{\partial a_1} = -2 \sum_{i=1}^{n} x_i (y_i - a_0 - a_1 x_i) \end{cases} \qquad (11-35)$$

令

$$\frac{\partial u}{\partial a_0} = 0, \ \frac{\partial u}{\partial a_1} = 0$$

得

$$\begin{cases} n a_0 + \left(\sum_{i=1}^{n} x_i \right) a_1 = \sum_{i=1}^{n} y_i \\ \left(\sum_{i=1}^{n} x_i \right) a_0 + \left(\sum_{i=1}^{n} x_i^2 \right) a_1 = \sum_{i=1}^{n} x_i y_i \end{cases} \qquad (11-36)$$

解得

$$a_1 = \frac{L_{xy}}{L_{xx}}, \ a_0 = \bar{y} - a_1 \bar{X} \qquad (11-37)$$

式中, $\bar{X}$ 为 x_i 的平均值; $\bar{y}$ 为 y_i 的平均值; L_{xx} 称为 x_i 的离差平方和; L_{xy} 称为 x_i 和 y_i 的协方差之和,即

$$\begin{cases} \bar{X} = \dfrac{1}{n} \sum_{i=1}^{n} x_i, \ \bar{y} = \dfrac{1}{n} \sum_{i=1}^{n} y_i \\ L_{xy} = \sum_{i=1}^{n} (x_i - \bar{X})(y_i - \bar{y}) \\ L_{xx} = \sum_{i=1}^{n} (x_i - \bar{X})^2 \\ L_{yy} = \sum_{i=1}^{n} (y_i - \bar{y})^2 \end{cases} \qquad (11-38)$$

如果拟合的直线通过坐标原点,则式(11-26)中 $a_0 = 0$,拟合方程应为

$$y = a_1 x \qquad (11 - 39)$$

拟合常数为

$$a_1 = \frac{\sum_{i=1}^{n} x_i y_i}{\sum_{i=1}^{n} x_i^2} \qquad (11 - 40)$$

最小二乘法的应用非常广泛,经常被用于数据处理和误差分析中。

4. 最优一元线性回归

最优一元线性回归就是使拟合数据点与拟合直线的距离平方和最小。经过计算,最优拟合直线方程式(11‑26)的斜率为

$$a_1 = m + \sqrt{m^2 + 1} \qquad (11 - 41)$$

其中,

$$m = \frac{L_{xx} - L_{yy}}{2L_{xy}}$$

式中,L_{xx} 称为 x_i 的离差平方和;L_{yy} 称为 y_i 的离差平方和;L_{xy} 称为 x_i 和 y_i 的协方差之和,参见式(11‑38)。拟合参数 a_0 的求法仍与公式(11‑37)相同。

参考文献

[1]　李碍倍.实验的数学处理[M].北京:科学出版社,1980.
[2]　张明,苏小光,王妮.力学测量技术基础[M].北京:国防工业出版社,2008.
[3]　费业泰.误差理论与数据处理[M].北京:机械工业出版社,1981.
[4]　梁晋文,陈林才,何贡.误差理论与数据处理[M].北京:中国计量出版社,1989.
[5]　董怀武.误差理论在电磁测量中的应用[M].北京:机械工业出版社,1986.
[6]　钟继贵.误差理论与数据处理[M].北京:水利电力出版社,1993.
[7]　全国统计方法应用标准化技术委员会.数值修约规则与极限数值的表示和判定:GB/T 8170—2008[S].北京:中国标准出版社,2008.
[8]　宋逸先.实验力学基础[M].北京:水利电力出版社,1987.
[9]　戴福隆,沈观林,谢惠民.实验力学[M].北京:清华大学出版社,2010.
[10]　中国科学院数学研究所数理统计组.回归分析方法[M].北京:科学出版社,1975.

第 12 章
实验案例

飞行器力学实验是为验证飞行器及相关零部件性能而设计的一系列实验的总称。在飞行器的全生命使用周期中,机体结构及相关零部件会承受复杂且严酷的载荷及环境,包含了静载荷、动载荷、热载荷、疲劳载荷、声载荷、气候环境等。根据任务环境及使用需求的不同,各型号飞行器所面临的载荷环境也各不相同,所以在试飞前必须设计一系列完善严谨的强度验证实验。本章从工程应用角度介绍了各类强度实验,内容覆盖了第 3 章至第 8 章所述的不同载荷及环境,详细介绍了实验系统与设备,并运用第 9 章至第 11 章介绍的测量与数据处理方法进行结果分析。

12.1 静力实验

12.1.1 实验背景简介

静力实验的目的是为了验证飞机结构是否满足静强度设计要求,验证强度和刚度计算方法的合理性;检验飞机的制造工艺;确定结构的可增潜力;减轻和预防结构可能发生的维修问题;为结构改型、改进提供数据和资料。

静力实验是飞机结构强度和刚度符合性的根本依据,考核和验证飞机结构设计、制造工艺和静力设计分析等对静力要求的符合性和可靠性,主要任务是:

(1)及时确认结构设计、材料选择、制造工艺等方面的合理性,检查和验证结构分析方法;

(2)验证所设计结构在规定的载荷和使用环境下,避免失效的能力;发现结构薄弱部位,确认机体结构强度余量;

(3)指导、改进结构设计和制造工艺。

结构静力实验包含元件、典型件、构件、组合件,以及全尺寸飞机的不同规模、不同复杂程度的实验,构成对结构的"积木式"验证,因此静力实验主要包括:设计研制实验、预生产构件(或组件)设计验证实验和全尺寸结构静力实验。

12.1.2　实验系统与设备

材料、元件级实验在标准实验机上进行,一般在实验过程中同步记录实验件的载荷-位移(总位移)曲线;用引伸计测量实验有效段伸长量并做同步记录;用应变仪实时测量应变,并对测量数据进行同步记录;记录实验件初始损伤载荷及破坏最大载荷。所用技术为应变测量技术及位移测量技术。

材料、元件实验所用实验设备一般如表 12-1 所示。

从组件级实验开始,实验具有加载点多、加载工况多、实验件结构复杂等特点,因此不能在标准实验机上进行,需要实验室具备相应的实验硬件条件,静强度实验使用的主要设备有:实验支持与加载设备、协调加载控制系统、数据采集系统、油源泵站系统、实验指挥系统及实验现场监视系统、液压系统和测量仪器等,如图 12-1 所示。

表 12-1　实验设备

序号	名　　称	型号、规格、量程、数量	参数及精度
1	标准实验机	根据实验件载荷要求选定	根据实验具体要求确定
2	应变测量仪	根据实验具体要求选定数量	根据实验具体要求确定
3	引伸计	根据实验具体要求选定量程	根据实验具体要求确定
4	扭转矩	根据实验具体要求选定	

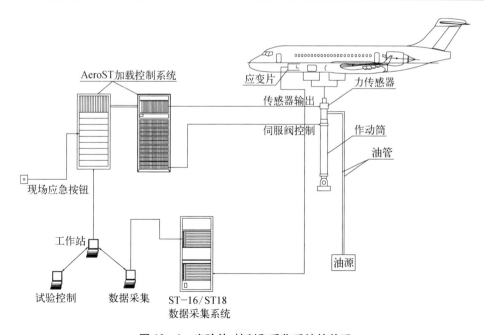

图 12-1　实验件、控制和采集系统的关系

在实验前,实验设备和测量仪器应按有关标准校准/检定合格,并在其有效期限内使用。为了获得更为精确的控制或测量数据,实验时所选传感器的精度、量程应与目标测量值的大小相适应,两者差距不能太大。需要注意的是,为了给控制系统预留超限报警的能力,实验中可能出现的最大测量值(如载荷、位移、压力等)建议不超过传感器满量程的80%。

12.1.3 典型实验案例

1. 加筋壁板的轴压稳定性实验目的及方案设计

加筋壁板的轴压稳定性实验的实验目的:研究和验证飞机加筋壁板压缩稳定性和许用值的工程计算方法,此处许用值指单独承受压缩载荷下实验件所能承受的最大载荷(破坏载荷)或最大应力,实验结果为飞机加筋壁板静强度校核方法提供依据。

壁板的轴压稳定性实验一般在压缩实验机上进行,实验件竖立在实验机台面上,通过端压加载。实验件两端和侧边可用夹具支持。实验要求:保证实验件端部受力均匀,压力沿板的轴线且与端面垂直加载。

实验件设计:实验件加载端设计为树脂/金属填充,保证较高的平行度、平面度、垂直度等加工要求。实验件进行端部填充后必须进行平行度、平面度、垂直度等的二次加工处理。

夹具设计要求:设计完成加载端支持方式后进行测量,得出加载端的支持系数值,如图 12-2 所示,或设计出满足实验任务支持系数要求的夹具,如图 12-3、图 12-4、图 12-5 所示。

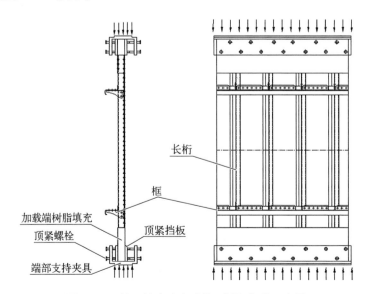

图 12-2 纯压缩实验实验件、夹具、加载示意图

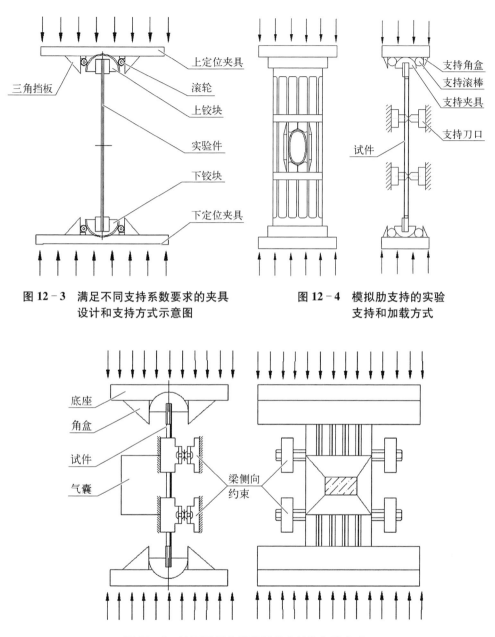

图 12-3 满足不同支持系数要求的夹具
设计和支持方式示意图

图 12-4 模拟肋支持的实验
支持和加载方式

图 12-5 轴压及侧向载荷下的支持和加载方式

实验前进行结构初始屈曲载荷、破坏的评估分析。已得到的载荷为参考载荷,用以设置加载载荷级差,指导预试实验和正式实验。实验预试载荷初步设定不能超过初始屈曲估算载荷。实验预试用于分析实验件安装是否到位,受载是否均匀。

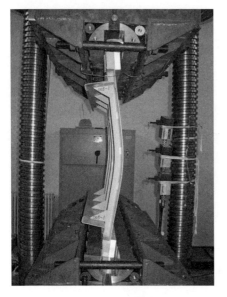

图 12 - 6   实验加载及安装

实验过程记录不同加载载荷下壁板、筋条的变化形态。

2. 实验加载及安装

壁板的轴压稳定性实验一般在压缩实验机上进行,实验件竖立在实验机台面上,通过端压加载。实验件两端和侧边可用夹具支持。实验要求:保证实验件端部受力均匀,压力沿板的轴线且与端面垂直加载,如图 12 - 6 所示。

3. 实验测量及结果分析

综合结构变形和应变测量曲线特征进行初始屈曲分析。典型的载荷-应变曲线如图 12 - 7、图 12 - 8 所示。

对于一个或一组加筋板实验件,可能存在:

(1)材料性能分散性;

(2)结构截面形状不对称;

(3)加工造成的纵向不直(初弯曲)或横向不平;

(4)装配造成的铆接加筋板的纵向不直、横向不平或各纵向加强件与薄板(蒙皮)装配尺寸及力度不匀;

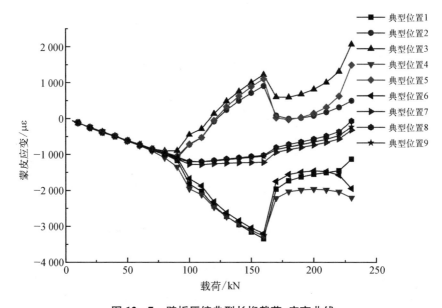

图 12 - 7   壁板压缩典型长桁载荷-应变曲线

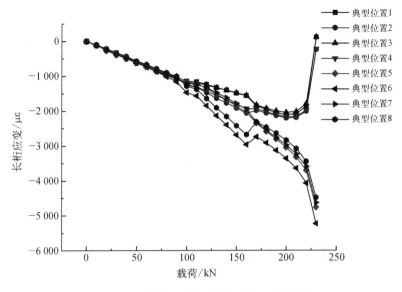

图 12 - 8　壁板压缩典型蒙皮载荷-应变曲线

（5）加工和加载造成的压力偏心。

以上原因虽然导致每个实验件蒙皮/桁条初始屈曲的先后顺序、失稳破坏历程不同及不同实验件同一位置 P - ε 曲线的差异,但每个实验件总存在一个最先屈曲的部位和最终丧失承载能力（载荷下降）的过程。把这个最先屈曲的部位对应的载荷称为加筋板的初始屈曲载荷;把 P - ε 曲线最高点对应的载荷称为加筋板整体临界失稳载荷或破坏载荷。

基于以上原因及分析结果,建议确定受压加筋板的特征载荷:

（1）加筋板初始屈曲载荷取危险截面处各测量点中最先屈曲的那点 P - ε 曲线中的 A 点对应的载荷;

（2）加筋板整体临界失稳载荷按以下原则取值:① 当有完整的（直到实验件丧失承压能力）P - ε 曲线时,加筋板临界失稳载荷就取曲线中的 P_{max};② 当实验加载设备配有载荷显示表盘或记录有 P - t（时间）历程时,可取其显示出的 P_{max} 作为加筋板整体临界失稳载荷或破坏载荷。

12.2　疲劳实验

12.2.1　实验背景简介

疲劳实验是用实验的方法研究飞机部件结构在疲劳载荷作用下的强度安全特性,给出飞机结构在给定载荷条件下,结构的应力分布变化、裂纹形成寿命、裂纹扩展寿命和剩余强度数据。疲劳实验为确定结构的使用寿命、制定检查维修大纲、发掘结构潜力提供了依据。疲劳实验包含耐久性实验和损伤容限实验,损伤容限实验包含裂纹扩展实验和剩余强度实验,一般情况下,没有通过实验验证的新结构不允许应用到飞机上。

12.2.2　实验系统与设备

总体上讲,疲劳实验系统及设备与静力实验需求一致,包括实验支持与加载设备、协调加载控制系统、数据采集系统、油源泵站系统、实验指挥系统、实验现场监视系统、液压系统、实验加载设备和测量仪器。下面进行简介:

(1) 实验支持系统需具有足够的支持刚度,减小疲劳载荷加载时产生的夹具变形;

(2) 疲劳实验夹具需按疲劳理论进行校核,保证在更换前,夹具不被破坏,同时要确保整个加载系统具有较好的平衡性;

(3) 疲劳随机谱波峰波谷的快速转化,需要设备在速度与加载精度间做出协调,在保证加载精度前提下,尽量提高加载速率;

(4) 由于实验周期长,实验过程中将产生大量后台测量数据。测量系统需满足响应速度要求,保证在一定加载频率下,可捕获足够多的数据,为后台实时分析提供支持;

(5) 无损检测工作是疲劳实验过程中非常重要的环节,关乎实验的成败。在疲劳实验过程中必须制定无损检测方案以对结构进行检测,常用方法有:目视检测、渗透检测、磁粉检测、涡流检测、射线检测、超声检测等。

12.2.3　典型实验案例

1. 飞机外翼壁板损伤容限实验目的与方案设计

实验目的:基于全机结构和受力情况,选出若干结构进行疲劳/损伤分析与实验,验证分析方法的可靠性,考核结构本身的疲劳/损伤容限特性。

实验件为壁板结构如图 12-9 所示,主要考核对象为壁板蒙皮和长桁典型连接细节。实验件设计简化原则为:

(1) 选取高应力水平的典型连接部位作为细节特征;

(2) 蒙皮和长桁几何参数取典型尺寸,蒙皮为平板,长桁截面相同;

(3) 保证蒙皮和长桁的加强比;

(4) 开裂模式选择为可能发生的损失模式中较危险的形式。

实验实施方案如图 12-9 所示。

2. 实验安装及加载

实验的安装方式为竖直安装,需要考虑实验夹具和实验件重量的影响。实验

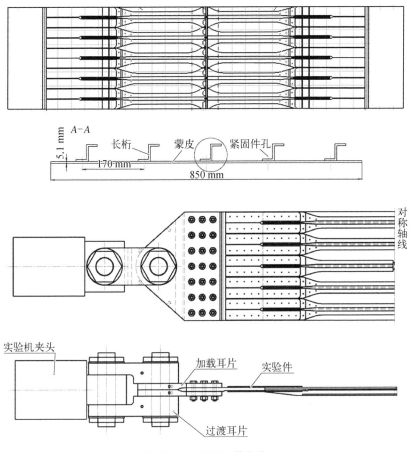

A-A

长桁　蒙皮　紧固件孔

5.1 mm

170 mm

850 mm

对称轴线

实验机夹头

加载耳片　实验件

过渡耳片

图 12-9　实验加载方案

前进行称重,并在载荷实验载荷谱中进行扣除。实验安装前,在实验件关键位置粘贴应变片。首先将加载耳片与实验件连接,保证上下加载耳片、加载孔同轴,以便力的均匀传载。然后,通过销轴与过渡耳片相连接。

实验作动筒与上夹头相连,传感器与下夹头相连。实验时,下夹头固定不动,依靠作动筒伸缩带动上夹头实现载荷谱的加载。

实验载荷谱由三类载荷谱构成:定态载荷谱、等幅循环载荷谱和 5×5 随机载荷谱。根据飞行载荷强弱的不同,定义了 5 种不同的飞行类型,分别为 A、B、C、D、E 五类。每类按照与各任务段同等级严重程度的工况进行编谱,将随机谱与定态载荷谱、等幅循环载荷谱组合构成一个完整起落的实验载荷谱。由于完成整个结构的实验时间较长,需要再进行载荷谱的简化处理:

(1) 分别对 A、B、C、D、E 五类飞行状况进行简化,并保持一个循环块内各类飞行的次序不变;

（2）以裂纹扩展寿命为目标对载荷谱进行简化；

（3）简化后裂纹扩展寿命 N_j（计算值）比简化前裂纹扩展寿命 N（计算值）的提高不超过 5%；

（4）由于压应力很小，且一个循环块中出现压应力次数极少，对实验结果影响较小，同时压载施加相对困难，故删除谱中所有压应力，以 0 代替。

为了保证实验安全，需要对重要连接区域进行巡视检查，可定期通过详细目视检查、涡流、渗透等手段对疲劳可能开裂的区域进行检查，及时发现损伤，并进行适当地维修处理，保证考核区的验证工作的开展。

3. 实验测量及结果分析

对于重点区域裂纹萌生、扩展，使用放大镜、显微镜与渗透结合的手段检测、监测裂纹的状态，保证关键信息的有效捕获，在扩展过程中得到有效的裂纹扩展曲线，如图 12 - 10 所示，为明确扩展不同阶段的变化状态。实验结束，对断口进行分析，获取裂纹断口扩展形貌特征。

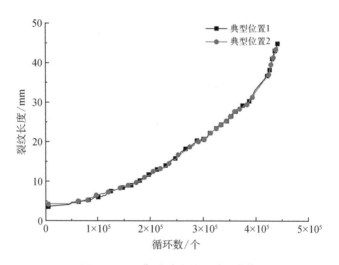

图 12 - 10   典型裂纹扩展过程曲线

随机谱扩展面特征：从预制孔边裂纹起，裂纹扩展面光滑、平整，且有明显的弧形疲劳条带，如图 12 - 11 所示。

图 12 - 11   试件随机谱裂纹扩展断面

等幅谱扩展面特征：扩展面位于前后剩余强度后的塑性面之间，沿 45°斜面进行扩展，裂纹扩展条带呈鱼骨刺形貌，如图 12 - 12 所示。

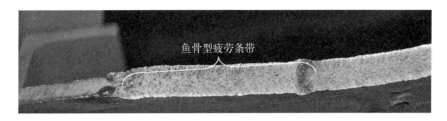

鱼骨型疲劳条带

图 12 - 12　试件等幅谱裂纹扩展特诊断面

12.3　振动疲劳实验

12.3.1　实验背景简介

振动疲劳实验的目的是验证结构在特定振动载荷作用下的疲劳性能。振动疲劳实验是研究和再现振动载荷对飞机结构或设备作用的一种可靠方法，其原理是将激振设备产生的机械运动作用于结构或设备，在结构或设备上反映出的是位移、变形及机械应力，从而造成结构或设备的破坏、失效或故障。

以壁板振动疲劳实验为例，本实验的对象是飞机进气道的典型结构单元——单加筋壁板（图 12 - 13）。实验的目的是考核该壁板在包含其一阶固有频率的窄带随机载荷激励下的疲劳薄弱部位。

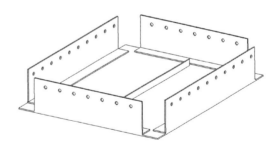

图 12 - 13　单加筋壁板实验件

实验采用大功率振动台进行加载。实验件通过夹具安装在振动台上。通过振动控制仪实现实验加载过程的控制，使用加速度传感器以及激光测振仪进行振动响应（位移、速度、加速度）的测量，利用应变片和应变测量系统进行动应变的测量。整个实验系统如图 12 - 14 所示。

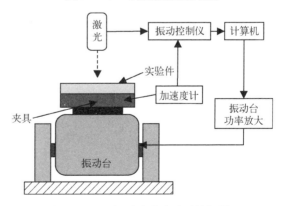

图 12 - 14　振动疲劳实验系统框图

12.3.2 实验安装及加载

实验夹具示意图如图 12-15 所示,采用铝合金整体加工而成,保证把台面的振动不失真地传递到实验件上。

实验前将振动台调整至垂台状态,实验夹具底面与振动台台面用 M12 螺钉连接,拧紧力矩定为 80 N·m;图 12-15 所示的实验件与夹具之间用 M8 螺钉连接,实验件筋条垂直向上,拧紧力矩定为 20 N·m。实验件与实验夹具的安装状态如图 12-16 所示。

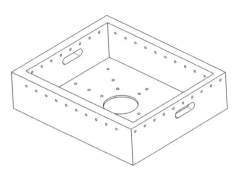

图 12-15 实验夹具示意图

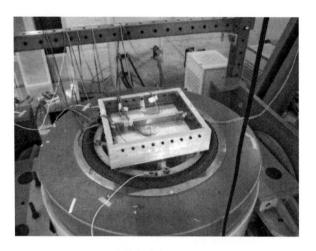

图 12-16 实验件与夹具和振动台的安装状态

振动疲劳实验的载荷谱如表 12-2 所示。

表 12-2 振动疲劳破坏实验载荷谱

载荷谱	频带范围	实验量级
窄带随机谱	30~130 Hz	$2.6\ g^2/\text{Hz}$

12.3.3 典型实验案例

该实验的目的是寻找裂纹出现的位置及时间,从而作为判定结构疲劳寿命的参考。该实验案例的总体思路为:通过应变测量预估裂纹的大致部位及扩展方向,通过速度测量的方式判断裂纹出现的时间。实验过程中,利用激光测振仪测量结构的位移/速度/加速度响应,利用应变片测量结构的动应变响应,具体布置如图 12-17 所示,测量点一共包括 2 个激光测振点,6 个应变测量点。

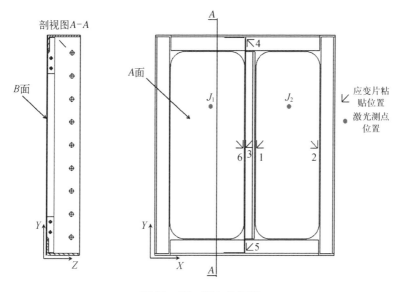

图 12 - 17 测点位置图

表 12 - 3 为各应变测点的主应变均方根值,可见第 6 号测点的动应变最大,实验过程中应重点监控。实验结果表明,振动疲劳损伤裂纹确实出现在 6 号测点部位,且裂纹沿着实验件中间的化铣边进行扩展,如图 12 - 18 所示。

表 12 - 3　各应变测点主应变均方根值

测 点	1	2	3	4	5	6
主应变均方根值/$\mu\varepsilon$	153.15	96.54	40.185	24.48	29.565	445.965

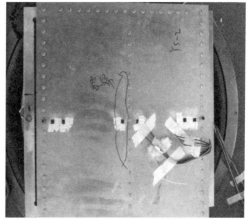

图 12 - 18　实验件裂纹损伤照片

图 12-19 为实验件 J_1 处的时间-振动速度曲线,图 12-20 为实验件 J_2 处的时间-振动速度曲线。J_1 处的速度响应从 3 252 s 时迅速下降,而 J_2 处的速度响应从 3 246 s 迅速上升,说明实验件在该时刻出现明显的裂纹,导致结构破坏,故其振动疲劳寿命约为 3 246 s(即 5.5×10^5 循环)左右。实验结果可以为结构的振动疲劳定寿提供依据参考。

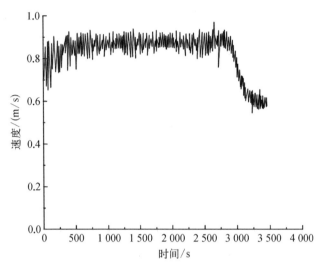

图 12-19 实验件 J_1 处时间-振动速度曲线

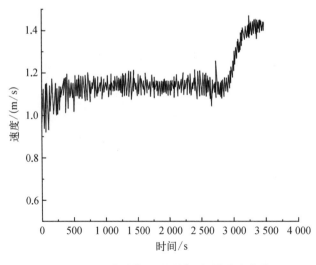

图 12-20 实验件 J_2 处时间-振动速度曲线

12.4　冲击实验

12.4.1　实验背景简介

因恶劣气象、机械故障、操作失误等因素影响,民用飞机在运营过程中会发生坠撞事故,造成重大人员伤亡和经济损失,飞机机身结构的抗坠撞性能成为保障乘员安全性的重要因素。类似于汽车的耐撞性测量,民用飞机在研发过程中也需要通过坠撞实验验证其机身结构的抗坠撞性能。

从 20 世纪 70 年代起,国内外就陆续开展了大量全尺寸飞机结构的坠撞实验,实验类型包括运输类飞机框段坠撞实验、通用类飞机和直升机的整机坠撞实验,以及运输类飞机的整机坠撞实验,如图 12-21 所示。

图 12-21　全尺寸飞机框段/整机坠撞实验

早期的实验技术和配套测量技术不够完善,人们采用全状态下的飞行坠撞实验来测量真实坠机场景下飞机结构、舱内设施以及乘员的响应。如 1964 年美国利用 L-1649 飞机和 DC-7 飞机开展了可控整机坠撞实验;1984 年美国利用 B720 飞机开展了可控整机坠撞实验[1]。

后来随着坠撞实验技术的发展和相关实验能力的建设,飞机结构坠撞实验大多采用实验室环境下的自由落体碰撞方式实现。根据飞机的坠撞载荷场景,具体包括垂直坠撞和垂直/水平耦合坠撞两个实验工况。一般来说,对于运输类飞机,大多采用垂直坠撞工况。对于通用飞机和直升机,大多采用垂直/水平耦合工况。当然,运输类飞机也有采用垂直/水平耦合坠撞工况的案例,如 2019 年 NASA 和 FAA 联合开展的 F28 飞机全机坠撞实验。

通过飞机结构的坠撞实验,结合先进的测量技术(如加速度传感器、力传感器、动态位移传感器、非接触测量技术等),可获得机身结构、客舱内部座椅、假人、行李架、舱门等关键结构的动响应,评估机身结构的抗坠撞性能和乘员坠撞安全性,为飞机结构的抗坠撞设计和型号适航审定提供实验数据支持。

12.4.2　实验系统与设备

飞机结构坠撞实验采用自由落体原理,采用四点起吊,单点投放的方法。典型的坠撞实验系统如图 12 – 22 所示,包括实验框架、提升系统、锁持/释放系统、测力平台、机载测量系统、地面测量系统、数据采集系统、控制系统 8 部分。

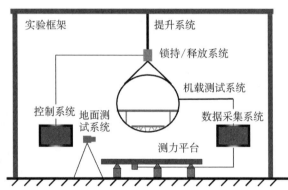

图 12 – 22　全尺寸框段坠撞实验系统

实验框架用于提供实验件提升过程中的支持和安装空间;提升系统用于控制实验件的提升和下降,一般安装在实验框架顶部;锁持/释放系统安装在提升系统下方,用于控制实验件与提升系统的连接和断离,一般可采取电磁式、机械式、爆炸螺栓等多种形式;测力平台用于测量飞机结构坠撞过程中的力-时间历程数据,要求测力平台的尺寸大于实验件的投影面积,量程不低于坠撞载荷峰值,且具有较高的垂向刚度;机载测量系统用于测量舱内假人、座椅、行李架、地板结构等的动响应,主要设备包括机载高速摄像机、加速度传感器、测量假人、应变片等;地面测量系统用于测量飞机结构的变形,主要设备是地面高速摄像机和光源;数据采集系统用于所有应变、加速度、力数据的采集和存储,主要设备包括机载抗冲击数据采集系统和地面高速摄像系统;控制系统用于实验件提升、投放等动作的控制。

12.4.3　典型实验案例

1. 实验目的及方案设计

全尺寸框段坠撞实验是评估飞机机身结构的抗坠撞性能和乘员坠撞安全性的重要实验。其主要实验目的包括以下两个方面:

(1) 评估典型机身段结构(含内部设施)适坠性;

(2) 验证有限元模型和分析方法的正确性,为有限元模型的进一步修改、分析方法的完善提供实验数据。

实验方案采用自由落体方式,实验件由起吊装置提升至给定高度,并调整其姿态,使其尽量对准撞击平台中心区域;在确认试件高度和姿态无误后,试件由快速释放锁释放,自由垂直跌落撞击测力平台。快速释放锁释放的瞬间,实验总控系统同步触发各测量子系统和高速摄像机设备,并在实验件完全静止后结束该次实验。典型的全尺寸框段坠撞实验件如图 12 - 23 所示,实验件采取 7 框 6 跨结构,实验件航向长约 2.93 m。客舱内布置三排座椅(4 - 3 布局)和 15 套 FAA 混Ⅲ型假人,假人头顶上方安装有标准行李箱。

图 12 - 23　典型全尺寸机身框段坠撞实验件

2. 实验安装及加载

坠撞实验采用自由落体方式加载,实验件的提升高度通过下式计算。

$$h = \frac{V^2}{2g} \tag{12-1}$$

图 12 - 24　吊装装置安装

式中，h 为实验件提升高度；V 为坠撞速度；g 为当地重力加速度。

坠撞实验安装包括吊装装置安装、舱内设施安装和传感器安装等。

1）吊装装置安装

在实验件上有 4 个吊点，实验件上的 4 个吊点通过吊带连接到专用吊环上，吊环与快速释放锁相连。单个吊环和吊带的强度应能承受实验件自重，如图 12 - 24 所示。

2）舱内设施安装

舱内设施安装的项目主要包括高速摄像机、座椅、假人、传感器等。

实验件上共安装机载相机 4 台，型号为 MIRO 3，机载高速相机安装在专用支架上，该支架通过螺钉和代板与 SD427 和 SD541 框相连，机载相机由相机自带电池供电，安装示意图见图 12 - 25。

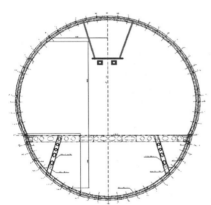

图 12 - 25　机载高速相机安装示意图

安装地面高速相机 5 台，包括 2 台 FASTCAM SA1.1，1 台 FASTCAM SA1.X，2 台 V9，地面高速相机安装位置根据现场情况进行安装。安装示意图见图 12 - 26。一般要求：高速摄像机的视野要覆盖整个实验件，拍摄帧率不低于 5 000 fps。

其中根据装机规范，将座椅安装到座椅滑轨上，前后锁紧，座椅前后排的排距为 29~31 in①。假人按如下步骤进行安装：

---

①　1 in = 2.54 cm。

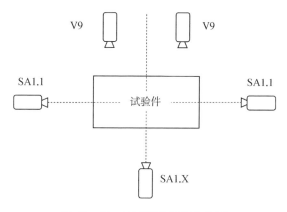

图 12 - 26　地面高速相机安装图

（1）实验前需要保证假人处于温度 19~26℃ ,湿度 10%~70% 的环境中 4 小时以上；

（2）仿真假人需要穿棉质的短袖,短裤和尺码为 11E(45 码)的鞋子,重量大约在 2.5 lb①。衣服的颜色要与安全带颜色有所差异；

（3）假人安放在座椅的中心,尽量使其左右对称,假人的坐姿尽量统一,以保证实验结果可重复性；

（4）假人的背部需紧贴座椅靠背；

（5）假人的膝部需要分开约 100 mm；

（6）假人的双手放置在大腿上；

（7）假人双脚放置的位置一般要求能够保证两小腿的中心线平行。

3）传感器安装

传感器安装主要包括加速度传感器、应变片等测量设备的安装。加速度传感器一般通过胶水安装在客舱地板梁、座椅滑轨、座椅腿、座椅垫、行李架接头、机身框腹板等结构上,用于测量机身结构的坠撞动响应,如图 12 - 27 所示。安装过程中应关注加速度传感器测量坐标系与实验件坐标系的关系,并做好记录。

3. 实验测量及结果分析

实验中测量的数据包括实验件撞击载荷、实验件变形和姿态、实验件速度撞击速度、关键部位的应变和加速度、假人有关部位的加速度、力、力矩及肢体运动形态、安全带载荷等。其中实验件的撞击载荷通过大尺寸测力平台测量,每个力传感器的测量信号分别输出到地面的 DEWETRON 数据采集系统。实验件撞击过程中的速度、变形和姿态可通过高速摄像系统获得,实验中共采用 2 台机载相机和 5 台地面相机,机载高速相机安装在专用支架上,该支架通过螺钉和代板与

---

① 　1 lb(磅)≈0.45 kg(千克)。

(a) 框腹板加速度传感器

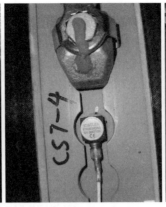
(b) 座椅滑轨加速度传感器

(c) 座椅垫加速度传感器

图 12 - 27　加速度传感器安装

机身框相连,机载相机由相机自带电池供电。实验件撞击过程中的应变和加速度可通过加速度传感器和应变片测量获得,应变和加速度数据通过数据采集系统采集和存储。假人的动响应通过其内嵌的加速度、力传感器测量,通过数据采集系统采集和存储。

　　6.85 m/s 撞击速度下的坠撞实验结果如图 12 - 28 所示,图 12 - 28(a)、(b)为实验前后,图 12 - 28(c)、(d)为局部与整体失效。由数字图像相关法计算得到的实验件撞击测力平台时姿态为俯仰 0.029°、滚转 1.56°,撞击结束后实验件姿态为俯仰 0.89°、滚转 4.14°。在撞击载荷作用下,客舱保持完整,乘员生存空间基本没有损失,客舱地板下部结构发生大变形,机身框发生塑性变形,客舱撑杆局部失稳,货舱地板梁折断,行李架水平连接件拉脱,假人安全带的约束保持完好,座椅未发生塑性变形,与导轨连接保持完好。客舱地板典型位置的加速度响应和假人腰椎力响应数据如图 12 - 29、图 12 - 30 所示。加速度峰值未超过 20g,腰椎力峰值为 3 960 N,整个实验件具有较好的适坠性。

(a) 实验前

(b) 实验后

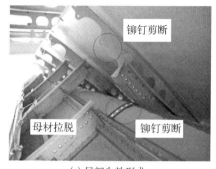

(c) 局部失效形式 (d) 整体失效形式

图 12-28 典型全尺寸机身框段结构坠撞实验结果

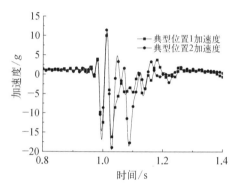
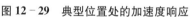

图 12-29 典型位置处的加速度响应

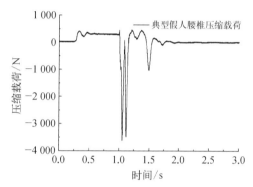

图 12-30 假人腰椎力响应

12.5 热强度实验

12.5.1 实验背景简介

飞行器结构在飞行中产生升力,平衡飞行器自身的重力,因此飞行器结构在飞行中承受很大的气动力作用,在高速飞行中翼面还将受到严重的气动加热,由此引起翼面结构的热应力、热变形以及气动热弹性问题,由于结构复杂、服役环境流场、温度场和结构高度耦合,理论计算时难以解耦,飞行器结构强度通常还是通过热强度实验验证。

飞行器结构的材料根据飞行速度范围进行选择,常见的飞行器结构材料有铝合金、钛合金、高温合金和耐高温复合材料,在某些高超声速飞行器上翼面结构表面还带有主动或被动热防护系统。由于飞行器高速飞行时,飞行器结构需承受巨大的气动加载和气动加热,力、热载荷相互作用可能会引起飞行器强度/刚度失效,因此通过热强度实验考核飞行器结构的承载性能对于飞行器结构强度设计十分重要。飞行器结构热强度实验通常要模拟结构件在飞行器上的连接方式,在结构件的外表面模拟其服役中的热环境,同时模拟结构件所受的气动静力载荷,考察结构在热环境和静力载荷联合作用下的变形和应力状况,检验飞行器结构强度设计的安全余量。

12.5.2 实验系统与设备

热强度实验系统主要由可控硅功率设备、加热系统、液压加载系统、热/载荷控制系统、数据采集系统和实验件等组成,如图 12-31 所示。可控硅为加热系统提供功率,并通过控制系统实现对加热器功率的调节与控制,从而实现对实验件表面热载荷的控制。作动筒与液压系统连接,同时通过载荷控制系统实现对实验件施加载荷的控制。数据采集系统负责对实验中温度、热流密度、力、应变、位移等物理量进行实时采集并存储。

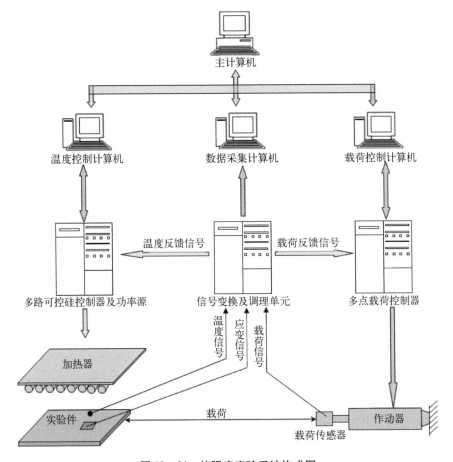

图 12-31　热强度实验系统构成图

12.5.3 典型实验案例

1. 舵前缘局部件力热联合实验

1）实验目的及方案设计

实验目的为：

（1）为研究舵前缘与舵芯连接部位的结构在常温下的强度与刚度提供实验依据；

（2）为研究舵前缘与舵芯连接部位的结构在高温下的强度与刚度提供实验依据；

（3）为研究非金属销钉在常温与高温下的连接强度提供实验依据。

实验件呈楔形，外表面为防热层，内部为金属舵芯，实验件外形见图 12 - 32。舵前缘局部件力热联合实验方案设计见图 12 - 33。

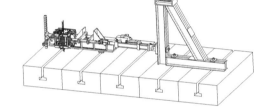

图 12 - 32 实验件外形　　　　图 12 - 33 力热联合实验工况实施方案设计

2）实验安装及加载

实验件采用竖直安装方式，舵展向垂直于水平面。实验件底面通过 2 个 M16 的螺栓与固定底座相连，固定底座紧固在横梁上，通过横梁连接承力地坪，支持形式如图 12 - 34 所示。

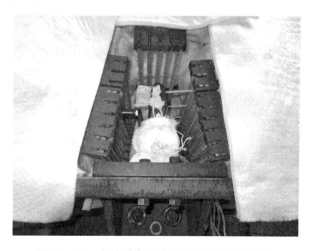

图 12 - 34 力热联合实验工况实验安装现场图

　　按照力热联合实验加热加载方案,先对实验件进行加热,等温度到达预定值后开始加载静力载荷。加热到 107 s 时,监测点温度到达预定值,开始加载静力载荷,预定 20 s 内加载到最大值。实验件的时间温度曲线如图 12 - 35 所示,时间位移曲线如图 12 - 36 所示。

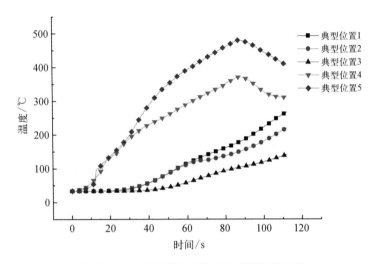

图 12 - 35　力热联合实验工况时间温度曲线

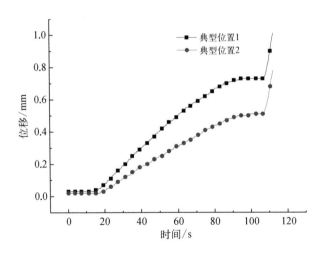

图 12 - 36　力热联合实验工况时间位移曲线

3) 实验测量及结果分析

　　实验件上温度测量点共计 9 个,均为预置的 K 型热电偶,编号及位置如图 12 - 37 所示。

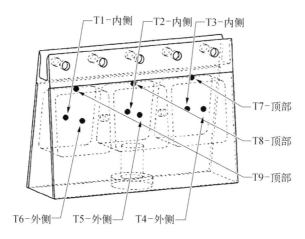

图 12 - 37　温度测量点位置及编号

力热联合实验中,热流密度控制曲线如图 12 - 38 所示,可以看出,热流密度曲线除了 8s 以前加热器预热时,热流密度反馈稍有偏差外,其余时间控制热流与目标热流吻合良好。实验件的静力载荷控制曲线分别如图 12 - 39 所示,实验件的静力载荷加载除了在低载荷段(5%载荷以下)控制载荷稍有滞后外,其余段跟随性良好。最大加载到 72.6%载荷,实验件破坏。

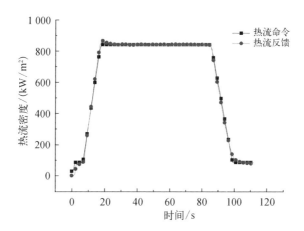

图 12 - 38　实验件热流密度控制曲线

2. 实验容器高温承载实验

1) 实验目的及方案设计

实验目的为:

(1) 验证实验容器高温内压极限承载能力;

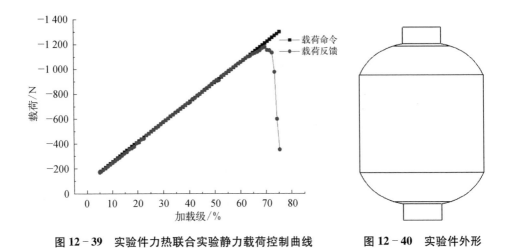

图 12‑39　实验件力热联合实验静力载荷控制曲线　　图 12‑40　实验件外形

（2）考核外防热与燃烧室壳体高温变形匹配性。

实验件为碳纤维增强环氧树脂材料,直径 300 mm,长度约为 455 mm,实验载荷曲线如图 12‑39 所示,实验件外形如图 12‑40 所示。

实验件采用竖直方式安装,实验件通过上端螺纹孔连接在吊装接头上,吊装接头通过横梁固定在承力平台上,热载荷采用石英灯加热装置加载。实验件方案设计如图 12‑41、图 12‑42 所示。

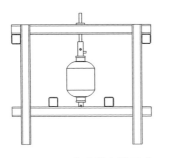

图 12‑41　实验件支持形式

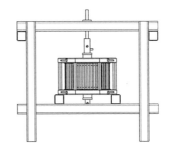

图 12‑42　实验方案设计

2）实验安装及加载

实验件采用竖直方式安装,实验件通过上端螺纹孔连接在吊装接头上,吊装接头通过横梁固定在承力平台上。实验件安装如图 12‑43 所示。

3）实验测量及结果分析

实验件上温度测量点共计 4 个,具体位置和测点编号如图 12‑44 所示。

实验中热流曲线如图 12‑45 所示,压力曲线如图 12‑46 所示,图 12‑47 为内壁面温度曲线。

图 12 - 43　实验件安装

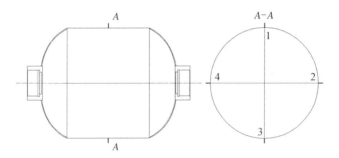

图 12 - 44　正面和侧面应变测点位置

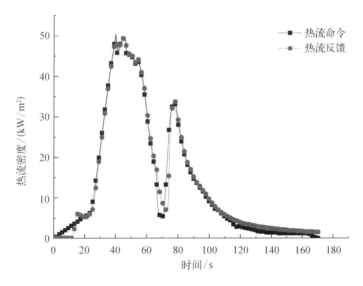

图 12 - 45　外防热高温变形匹配工况热流曲线

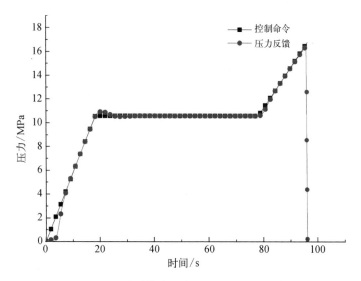

图 12 - 46　外防热高温变形匹配工况压力曲线

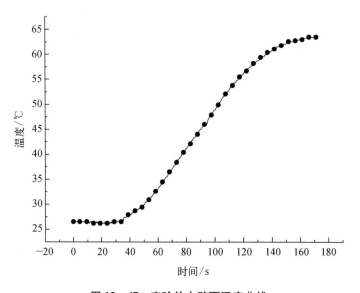

图 12 - 47　实验件内壁面温度曲线

外防热高温变形匹配工况中,热流载荷和压力载荷控制平稳,实验中实验件无异常声响,加热结束时刻,实验件内壁面温度为 63.4℃,比实验开始时刻升高了 37℃。实验结果表明:实验件承载性能良好,压力载荷反馈未出现波动。

3. 导弹弹翼热强度实验

1) 实验目的及方案设计

导弹弹翼热强度实验的目的为检验导弹折叠弹翼及油箱弹翼接头在热力载荷联合

作用下的结构强度,同时获取翼面结构的刚度系数,为飞行器翼面结构设计提供依据。

实验件为金属折叠弹翼翼面结构,分为外翼和内翼两个部分。内翼、外翼之间采用铰链机构进行连接,内翼与弹体之间通过承载结构和传动机构进行连接。外翼在保证一定刚度、强度和气动外形的情况下大量采用蒙皮加筋结构;内翼除保证一定刚度、强度以及气动外形外还安装有活动承力和传动结构,结构上混合采用整体成形结构和蒙皮加筋结构。

翼面通过接头和机身相连,机身为圆筒状,其后端通过过渡段固定在支持结构上,前端通过机身的加强环与支持结构相连。其支持状态如图 12 - 48 所示。

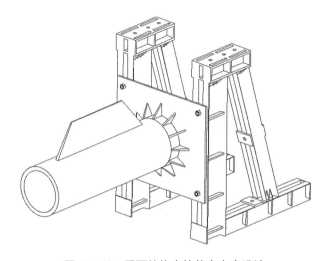

图 12 - 48　翼面结构支持状态方案设计

2）实验安装及加载

针对翼面结构载荷加载点分布广泛,结构件预估变形量大,用户对实验件在正常实验后的外形维护要求严格等特点,弹翼热强度实验中静力载荷采用托板、拉杆方式进行加载,热载荷采用石英灯加热方式,如图 12 - 49 所示。根据翼面结构加载点附近区域结构特点,在避免破坏实验件承载结构的情况下,选择翼面非承力关键结构区域开孔,使用拉杆穿过翼面结构后在另一侧安装托板,最后通过拉杆将力传递至托板,再由托板传递至实验件。

拉杆的粗细、托板大小和形状需要根据实验件单位面积承力能力、载荷大小、加载点区域结构特点确定。首先根据各加载区域实验载荷大小、加载点位置及翼面内部结构形式确定各加载区域的托板面积和数量,如单个托板面积太大则按照剪力、弯矩等效的原则将多个托板分布到加载区域内。在单一结构区可选择采用单拉杆单托板样式;在混合结构区必须注意托板的受力要对称分布,避免由于载荷分布不均在局部造成挤压破坏。最后根据确定好的托板位置确定拉杆数量及钻孔

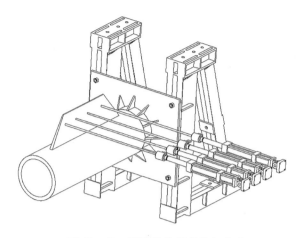

图 12 - 49　翼面结构载荷施加方式

位置。这种加载方式要求开孔以及拉杆、托板的安装不能严重影响实验件总体或者局部的强度和刚度,而且托板和拉杆应尽量小巧,避免影响加热器工作和减小对温度场的破坏。

　　翼面上的分布载荷等效处理为 9 个集中力,并通过杠杆系统合并为四个加载点。通过托板-拉杆实现翼面集中力的施加,由于拉杆加载时需要穿过实验件和加热器,实验件及加热器的开孔应充分考虑实验件变形、热膨胀等因素的影响,并在加热器上安装保护装置,避免加载过程中由于实验件变形或者破坏使得拉杆破坏加热器或者拉杆与加热装置(石英灯管、铜导流条)形成短路。另外在托板与实验件贴合面之间布置柔性隔热垫,减弱因接触传热导致实验件局部温度降低的问题,同时增加贴合性,避免产生集中力损坏实验件。翼面结构力载荷施加方式如图12 - 50 所示。

图 12 - 50　力载荷的加载方式

考虑到安全保护装置的安装简便性,减少实验系统的复杂程度,在托板、拉杆方式力载荷加载中的拉杆在加热器内的部分套装无缝钢管,安装时根据预估的实验件变形位移量预留适当距离;另外,加热器支架安装活动轮,使得加热器与实验件形成随动系统,可以保证实验件与加热装置始终保持足够的安全距离,即使实验件产生大变形位移的情况下加载机构也能够顺利完成实验,实验件在实验过程中一旦破坏也有足够的安全反应时间,切断实验电源,中止实验加载系统,保护现场人员及设备的安全,也防止实验件产生二次破坏。安全装置如图 12-51 所示。

图 12-51　安全保护装置示意

3) 实验测量及结果分析

在正式实验中按照上述实验方案顺利完成了某型号导弹折叠弹翼静热联合实验,实验过程中整套实验系统工作正常,完成了翼面结构静力载荷和热载荷的施加,获取了翼面结构在热力联合作用下的实验数据,为飞行器翼面结构设计和强度验证提供实验依据。

12.6　多场耦合强度实验

12.6.1　实验背景简介

随着航空航天技术的快速发展,飞行器越来越凸显出功能先进性和系统复杂性等特点,导致飞行器在研制中不可避免将面临多学科交叉、多因素干扰、多物理场耦合等问题[2],高超声速飞行器就是典型代表之一,这种飞行器飞行速度快,突防能力强,可以作为全球快速打击的"撒手锏",在军事、政治等方面具有重要的战略意义和极高的应用价值,受到各国的高度重视,已成为目前国际航空航天领域最为活跃的研究领域之一。对于高超声速飞机等先进飞行器而言,其飞行过程中同时承受热、流体、电磁、声学等载荷作用,而复杂载荷综合作用下结构的静/动态响应呈现出高度耦合的特征,近年来相关的工程问题不断暴露并引起了广泛关注[3]。

事实上,飞行器在大气中高速飞行时,将承受极端严酷的振动、噪声及气动热等多场载荷作用,其内部结构温度场将发生改变,进而引起材料属性、几何形状、结构应力、刚度及模态的变化,直接导致结构的动力学特性发生改变,影响结构的振动模态、响应与疲劳寿命等。同时,高强噪声激发结构多阶模态与结构本身耦合,使结构进入高度非线性状态,在温度场导致飞行器的几何非线性和材料非线性极强叠加下,结构的响应变得极其复杂,单纯的数值模拟难以准确预测结构的响应特性。对于具体的工程问题而言,由于流动/传热机理复杂,结构所处耦合载荷环境严酷,且特殊部位的结构特征也比较复杂,仅靠数值计算可能无法准确预测结构的响应特性,在这种情况下,多场耦合实验就成为一个不可或缺的检验手段,以帮助设计人员进行结构强度设计与验证。

多场耦合强度实验在地面上通过多种设备对飞行器飞行包线内的热/力/振动/噪声综合载荷进行真实模拟,并利用多种测量手段,获取模拟环境下结构的响应,从而对多场环境下材料的力学特性、组件/部件/全机的响应特征与疲劳失效等进行分析、评估与验证。以美国为代表的西方国家很早就提出了高超声速发展计划,比如美国的 Hyper - X、Hy - Tech、HyFly、猎鹰,俄罗斯的冷计划、鹰计划等[4],并且针对高超声速飞行器承受的多场耦合载荷环境,进行了气动力、气动热、噪声等载荷场的计算与测量等工作,开展了一系列的多场耦合地面强度实验,如 X - 37机身襟翼子部件的热/力耦合实验,升降舵热模态、热噪声实验等[5, 6],也取得了大量的成果,为高超声速飞行器的研制及验证提供支持。

总的来看,随着未来飞行器飞行速度越来越快,尺寸规模越来越大,可重复使用要求越来越高,飞行器结构在多载荷场耦合环境下的强度问题将越来越突出,多载荷场耦合环境下的结构强度实验技术能够更好地模拟结构的真实物理状态,能更真实地反映出结构在复杂载荷环境下的响应及疲劳寿命特性,从而能够更好地对飞行器结构强度等进行地面考核与验证,支撑飞行器结构设计。从这个角度来讲,建立一套完整的多场耦合实验与评价系统,将成为支撑高超声速飞行器等型号研制的一项关键技术。多场耦合实验技术还可以拓展至发动机、航天器等领域,应用前景广泛。

12.6.2　实验系统与设备

典型的多场耦合强度实验系统一般以行波管或混响室为基础平台,由振动单元、噪声单元、加热单元及静力单元四个部分组成,如图 12 - 52 所示,四个部分分别提供振动、噪声、热载荷及静力模拟功能。多场耦合实验中涉及的测量参数包括加速度、位移、声压级、温度、高温应变等,主要测量设备包括激光测振仪、蓝光位移计、红外测温仪等非接触式光学测量设备,以及热电偶、高温应变片等接触式测量传感器及相应设备。

如图 12 - 53 所示,多场耦合强度实验由四套加载装置分别实现静力、热、振动及噪声载荷的加载。其中,噪声载荷主要由行波管装置进行施加;热载荷主要施加装置有:石英灯加热装置、石墨加热装置、激光加热装置、对流加热装置等;振动主

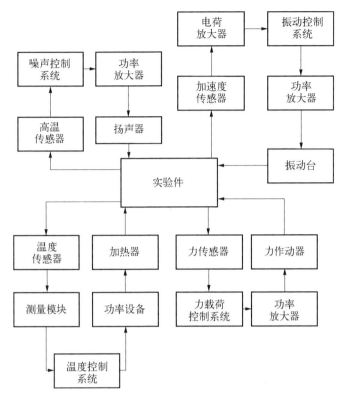

图 12-52　典型的多场耦合强度实验系统组成框图

要施加装置包括振动台、激振器等;力载荷施加装置主要包括四点弯预变形加载装置、面内/外机械力加载装置、基于气室的正/负压加载装置等。

对于实验件尺寸较小且声压级要求较高的实验,噪声载荷一般通过行波管进行施加,实验件尺寸较大且声压级要求不高的实验一般通过混响室进行噪声载荷施加。对于多场耦合强度实验而言,受限于加热能力,对于高超声速飞行器而言,实验对象以方向舵、翼前缘等小尺寸实验件为主,因此一般采用行波管方式进行施加。一套完整的行波管包括扬声器、喇叭段、行波实验段、扩散段、消声道等部分。

在热/力/振动/噪声多场耦合强度实验中,通过支撑夹具将实验件固定到振动台上,并把实验件放置在行波管内部,可以为实验件提供单面/双面掠入式噪声载荷。在行波管侧板上安装辐射加热器,或将加热器安装至行波管外部,在行波管侧板上安装光学窗口,以透过热辐射。为了保证夹具刚度不影响振动传递特性,一般应使用有限元分析软件,对实验件支撑夹具进行数值模拟。利用水冷式静力加载系统实现静力(集中)载荷的施加。

多场综合环境下结构的支撑夹具设计需满足振动推力限制和刚度限制,分别

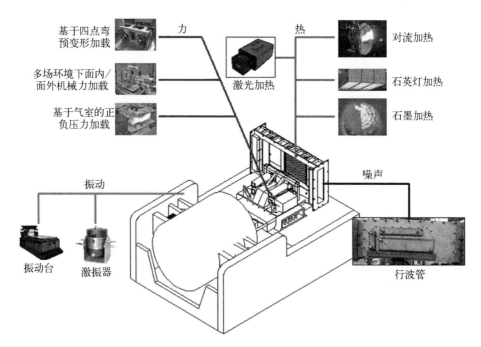

图 12-53 多场耦合强度实验平台加载设备示意图

如式(12-2)和式(12-3)所示。

$$P_s \approx (m_a + m_b + m_c) g_{\mathrm{rms}} \leqslant P_t \qquad (12-2)$$

$$f_S > n \times f_T \qquad (12-3)$$

式中,P_s 为预估推力;m_a、m_b、m_c 分别为实验件、振动台动圈以及支撑装置的质量;g_{rms} 为重力加速度;P_t 额定推力;f_S 为支撑装置基频;f_T 为实验件主要共振频率;结构动强度实验中 n 一般要求至少大于 3。

热载荷施加装置根据实验需要选择安装在行波管内部或者行波管外部,根据实验件的大小、安装位置及加热温度选择合适的加热装置,如石英灯加热装置、石墨加热装置、激光加热装置和对流加热装置。以常用的石英灯加热装置为例进行说明,包括石英灯加热器、调功装置、温度控制系统、温度测点(热电偶)及温度测量模块等组成。静力加载系统一般包括力传感器、力作动器、力载荷控制系统等,力传感器根据力载荷施加不同而分为静力传感器、压力传感器(均布力)两种,因此,对应的力作动器分别为电动缸、空气压缩机。力载荷控制系统通过力传感器的测量反馈与控制值的差异调节力作动器的静力载荷输出,从而实现跟随控制。振动载荷加载系统由振动台、功率放大器、振动控制系统、加速度传感器及电荷放大器组成。利用振动控制系统对振动载荷进行闭环控制。

12.6.3　典型实验案例

下面以典型盒段结构的热/静压/振动/噪声多场耦合实验为例对多场耦合强度实验的设计方法、加载原理、测量与结果分析等方法进行简要描述。

1. 典型盒段结构多场耦合实验目的及方案设计

多场耦合强度实验是考核飞行器载荷严酷部位结构在耦合载荷环境下的完整性的重要手段,其主要实验目的的主要包括以下三个方面:

(1) 测量各类材料在多场环境下的力学性能;

(2) 验证多场耦合环境下结构强度仿真与校核方法的准确性,并且提供有效的仿真分析修正手段;

(3) 评估结构/部件在多场耦合严酷服役环境下的刚度、强度和疲劳寿命等。

本实验的主要目的是探索飞行器进气道、舵面等部位典型盒段结构在热/静压/振动/噪声严酷服役环境下的响应特性与影响规律。

首先根据飞行器在服役过程中的真实受载情况,提取影响结构动力学性能的敏感设计参数,设计的典型加框蒙皮结构,具体的结构形式如图 12 - 54 所示,基于此结构实验件开展热/静压/振动/噪声多场耦合实验,以高声强行波管为基础平台,分别通过辐射加热单元、压力加载单元、振动激励单元实现多种载荷的耦合施加。

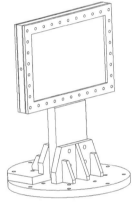

图 12 - 54　实验件结构形式

2. 实验安装及加载

首先将实验件通过转接工装安装在振动台上,支持夹具满足刚度、质量及温度限制条件。在此基础上进行实验载荷加载,方式如图 12 - 55 所示。实验过程中需对各载荷进行监测和控制,保证载荷的稳定性和有效性。具体的载荷加载谱如图 12 - 56 所示。

典型盒段结构开展热/静压/振动/噪声多场耦合实验过程中,先进行静压加载,待静压稳定后施加振动载荷,接着进行噪声加载,最后进行热载荷加载。实验过程中需对各载荷进行监测和控制,保证载荷的稳定性和有效性。

静压载荷:采用空气压缩机内部充压对实验件施加静压,加载量级为 0.03 MPa,控制精度为 1%。

振动载荷:振动载荷通过 5T 振动台水平滑台产生,按照随机响应谱对实验件施加激励。

噪声载荷:通过行波管对实验件进行双面噪声加载,按照 GJB 150.17A—2009 声压谱进行实验。

热载荷:采用石英灯加热器对实验件两侧进行辐射加热,使实验件在 150 s 内从室温上升到 120℃,然后自然冷却至室温。

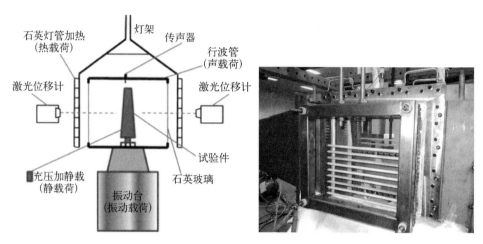

图 12 - 55 多场耦合实验加载示意图及装置

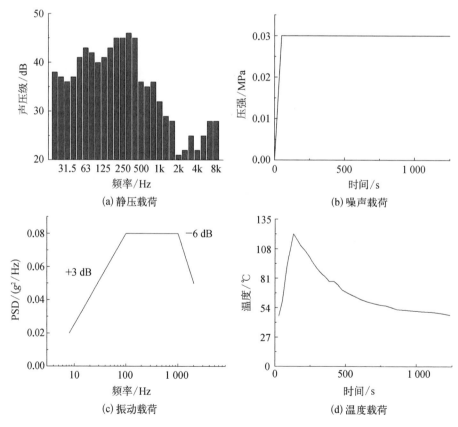

图 12 - 56 实验载荷特征

实验过程中需要对热力、振动、噪声等载荷进行控制与测量,具体测控程序如图 12 – 57 所示。

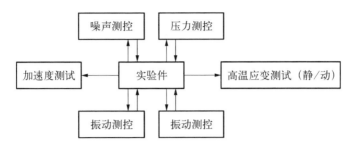

图 12 – 57　多场载荷控制与参数测量

正式实验前需对多场耦合实验系统进行联合调试,如图 12 – 58 所示,主要调试工作包括静压控制系统调试、温度控制系统调试、声场调试、振动台调试。完成各部分系统调试后,再进行多场系统联合调控,依次通过空气压缩机对实验件进行静压加载、振动台施加振动激励、高声强扬声器产生噪声载荷、石英灯加热器辐射加热。当各载荷保持稳定后,分别进行多场环境下的静压加载气密性测量、加热器耐噪声能力测量、加速度响应及高温应变测量调试。

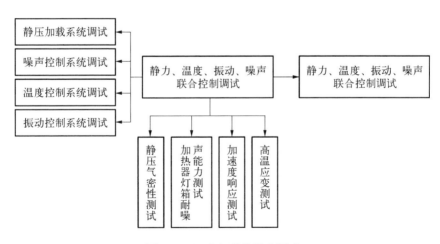

图 12 – 58　多场载荷联合调试

3. 实验测量及结果分析

热/静压/振动/噪声耦合实验过程中,通过粘贴应变片对各测点的静/动应变进行了测量,测点分布如图 12 – 59 所示,同时采用激光测振仪对实验件中心进行加速度全程监测。

图 12 - 59   应变及加速度测量图

图 12 - 60 为实验件上各测点应变片的时域响应曲线。可以看出,在只受稳定的静力作用时,各测点的时域响应近似为一条平直线。当附加噪声载荷后,实验件围绕原来的静力位置做随机振动,再进行热载荷的加载后,实验件内部产生热应力,实验件振动平衡位置随着温度的改变而改变。表 12 - 4 给出多场耦合实验下各测点的应变均方根值和均值。

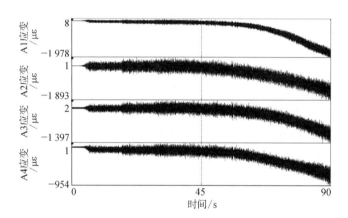

图 12 - 60   热/静压/振动/噪声耦合实验各测点应变时域响应

表 12 - 4   热/静压/振动/噪声耦合实验各测点的均方根应变和均值

实 验 工 况	测点编号	均方根应变/με	均值/με	测点编号	均方根应变/με	均值/με
静压+振动+噪声+热 (p = 0.03 MPa, g_{rms} = 10.77g, OASPL = 154.5 dB, T = 120℃)	1	74.3	-256.4	5	97.8	-523.0
	2	49.8	-320.6	6	37.0	-323.0
	3	32.1	-314.1	7	44.0	-418.3
	4	46.9	-397.2	8	45.1	-501.5

图 12 - 61 给出了多场耦合实验下结构蒙皮中心测点的加速度响应变化情况。可以看出热载荷作用于实验件后,实验件的频率和振型均发生前移现象,较实验件的整体模态振型而言,两侧板的局部模态振型前移更为明显,同时,加热后实验件两侧蒙皮中心的加速度响应变小。热载荷不仅会对结构产生热应力,而且会使材料的力学性能发生改变,如弹性模量和刚度特性。这种多场耦合的环境,大大增加了结构的破坏速度。

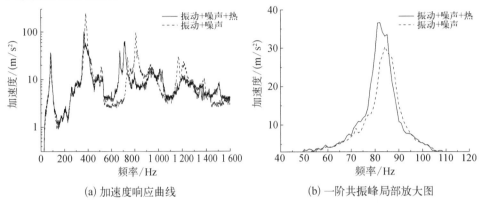

(a) 加速度响应曲线　　　　　　　(b) 一阶共振峰局部放大图

图 12 - 61　热/静压/振动/噪声耦合实验各阶段加速度响应数据

12.7　气候环境实验

12.7.1　实验背景简介

气候环境适应性是飞机、导弹、航天器等飞行器的重要质量特性,指装备在其寿命期内预计可能遇到的各种气候环境作用下,能实现其所有预定功能、性能和不被破坏的能力。任何装备在寿命期内的贮存、运输和使用均会受到各种气候、力学和电磁环境的单独、组合和综合作用,造成装备的材料和结构腐蚀或破坏,元器件、部件和装备性能恶劣或功能失常,从而降低使用性能,使工作行为受到严重影响。飞行器作为一种特殊的运输装备,服役地域广和跨地域作业的特点决定了它及地面保障设备在使用过程中不可避免地要遭遇高温、高寒、湿热、降雨、降雪、降雾、结冰冻雨、吹风、太阳辐射等气象条件,这些复杂的气候环境会改变飞行器及其地面保障设备组成材料的物理或化学特性,使其性能降低,功能受限,威胁使用安全。自飞行器诞生以来,由于气候环境适应性差而引起的故障频发和功能丧失的例子不胜枚举,也曾导致机毁人亡的安全事故。据 1971 年美空军统计表明,其 31 种机械设备,使用期仅为两年时,由于温湿度影响故障竟高达 46 000 次;B - 1B 飞机虽可执行高空任务,但其防冰冻系统在恶劣气候环境功能丧失,严重限制了 B - 1B 飞机在寒冷天气中的飞行能力;V - 22 战机的地面防撞与警示系统在结冰环境下存在影响作战能力、作战机动性能等 22 个严重技术问题,在问题得到解决前导致多次战机坠毁事故。多项调查表明,由于气候环境引起的故障占总故障数量的 73%,其他因素引起的仅占 27%。为此美欧等航空强国均将飞行器的气候环境适应性作为一项非常重要的研究课题[7]。

近一个世纪,航空航天器的迅猛发展带动了新材料、新结构、新技术的应用,相应的,气候环境适应性问题也日渐凸显,美国吸取战时经验,20 世纪 40 年代建立了世界上第一个飞机气候环境试验室,迄今已进行过 400 余架飞行器的气候环境适应性和可靠性试验,如 C - 5A、B52、V - 22、C - 17、F - 16、S - 92、F/A - 22、Boeing787、A350 等飞行器都经过了严酷的气候试验考验,暴露出气候环境适应性设计缺陷和隐患,为各机型的设计改型提供了数据支撑,为恶劣气候条件下的试飞提供了安全保证。

当前,气候环境适应性已成为新型号研制必要的考核环节,实验室气候实验具有不受季节、地区和时间的限制,周期短且容易得到重复的实验结果等优点,是验证飞行器气候环境适应性的有效手段。如今我国也拥有了自己的飞机气候实验室,可对全状态飞行器开展高温、低温、太阳辐射、温度/湿度、淋雨、降雪、冻雨、结冰和吹风等气候实验。

12.7.2　实验系统与设备

飞机气候实验室可模拟世界范围内大部分自然气候环境。实验室由围护结构、基础环境模拟系统、特殊环境模拟系统、控制管理及数据采集系统和配套的水、电、气等系统组成。

1. 基础环境模拟系统

基础环境模拟系统实现对温度、湿度、湿热及压力环境的模拟。其构成包括:制冷系统、载冷载热系统、循环风系统、新风系统、微正压系统、冷却水系统和集成控制系统等,采用多级间接式复叠制冷+蒸汽加热方式完成温度环境、湿度环境、湿热环境的模拟(也称基础环境模拟系统),环境温度范围可达−55℃ ~ +74℃,湿度范围可达 10%RH~95%RH。温/湿度环境模拟系统构成示意如图 12 - 62 所示。

低温环境模拟在能源系统的支持和控制系统的协调控制下,由制冷系统、载冷载热系统、空气循环处理系统、转轮除湿新风系统和微正压装置的直接联合工作实现。实验室温湿度模拟基本原理如图 12 - 63 所示。

(1)首先启动冷却水系统、蒸汽锅炉系统、供气系统,冷却水系统用于制冷系统、供气系统等散热,蒸汽锅炉为新风系统转轮再生提供热源,供气系统为气动执行机构提供高压空气。

(2)依次启动空气循环处理系统、转轮除湿新风系统、微正压装置、载冷载热系统、制冷系统。

(3)制冷系统提供冷源,冷量通过载冷载热系统分配并输送至循环空气处理系统和转轮除湿新风系统。

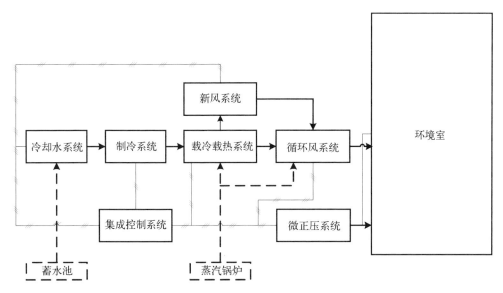

图 12‑62 温/湿度环境模拟系统构成示意图

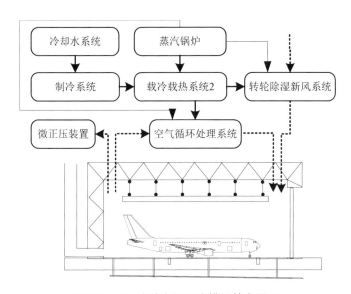

图 12‑63 实验室温湿度模拟基本原理

（4）空气循环处理系统内置换热器,驱动舱内的空气循环经过换热器进行冷却,直到达到目标的低温环境。

（5）在舱内温度降低至0℃以前,由转轮除湿新风系统不断地向舱内补充大量的低温低湿空气,对舱内进行置换除湿,使舱内湿度始终保持在较低水平(50%RH以下),以防止温度较低的换热器严重结霜,舱内多余的空气将通过微正压装置排出舱外,维持舱内微正压环境。0℃以下新风系统以小风量工作,仅用于维持舱内的微正压。

（6）低温环境模拟的最低舱内温度不高于-55℃。

2. 特殊环境模拟系统

若要求实验室模拟的气候能够覆盖自然界大多数自然气象条件,至少需要包括太阳辐射试验系统、淋雨试验系统、喷雾试验系统(含积冰/冻雨)、降雪试验系统、吹风试验系统等一些特殊环境模拟系统,它们在基础环境模拟系统生成的温度和湿度环境基础上,叠加特殊环境因素模拟方法便可以模拟户外极端的太阳辐射、淋雨、降雾、积冰/冻雨、降雪、风吹雨及风吹雪等自然环境。各系统设备若以单元模块化形式存在,便可以任意扩展拼接,保证模拟环境可覆盖不同类型的飞行器。实验室特殊环境模拟系统如图 12‑64 所示。

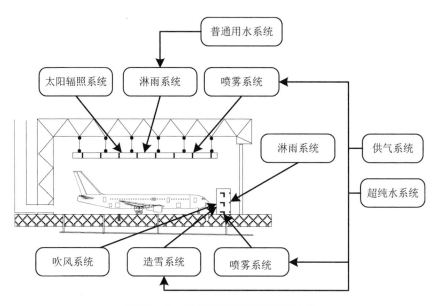

图 12‑64　实验室特殊环境模拟系统

本节以降雪/风吹雪环境生成过程的模拟方法为例进行叙述。雪环境模拟在低温环境的基础上实现,根据有无附带风,分为无风降雪环境和风吹雪环境模拟。降雪试验系统由造雪机和辅助设备两部分组成。辅助设备主要包括电缆、远程控制系统、供水软管、供水/供电快接、阀门等。在开展降雪试验时,水、电需求由实验室供水系统和供电系统提供。待环境室温度、湿度以及供水水温达到降雪要求时,系统开始供水、供电。通过增压水泵和电磁阀控制供水压力及流量实现不同的降雪强度。造雪距离通过造雪机自配变频风机控制。降雪面积及厚度通过调节雪炮喷口仰角和摆动角度及摆动频率控制。降雪环境模拟实施方法如下:

（1）首先按"低温环境模拟"在舱内实现低温环境,一般分为-10℃、-15℃、

−25℃ 几个温度点；

（2）由超纯水系统为降雪系统提供冰点温度附近的去离子软化水,通过载冷载热系统将冷量由制冷系统分配并提供给超纯水系统,对超纯水进行冷却,可冷却至 2℃ 左右；

（3）由供气系统为降雪系统提供大流量的压缩空气,压缩空气用于对水雾化,造雪系统将低温水雾化后喷向试验机,雾化水在运动过程中变成雪颗粒并降落在飞机上；

（4）降雪系统可采用常规的轴流风扇式造雪机或造雪喷枪,对于大型飞机,为全面覆盖飞机,采用多台造雪机,使降雪区域有良好的均匀性。

若模拟有风吹雪环境,如飞机起降阶段的飞机与雪粒之间的高速相对运动,速度达到 55 m/s 以上,此时飞机的风挡、大气数据传感器、发动机唇口等迎风部位受雪的影响最大。将风机阵系统安装在造雪机的前方,调节最大风速在 18 m/s 和 55 m/s 之间,使喷嘴处于气流中,喷出的雪粒直接与气流混合后吹向实验机。

12.7.3　典型实验案例

针对飞行器整机的实验室气候实验,本书以大型客机实验室实验为例,从实验设计、实验准备、实施程序、测量与结果分析等方法进行简要描述。

1. 全尺寸飞机低温/湿热实验目的及方案设计

飞机实验室气候实验的实验目的为：

（1）检验被试飞机各系统、部件以及其配套的地面保障设备在气候环境条件下的工作性能；

（2）暴露设计和工艺缺陷,为改型或下一代被试飞机提供气候环境适应性设计经验；

（3）检验为补救已知缺陷所采取改进措施的效果；

（4）检验被试飞机使用指南中规定的在气候环境条件下保养、维护和操作等技术要求实现的可能性,为被试飞机及其地面保障设备的保养、维护和操作改进提供依据。

各实验科目的实验目的如下。

（1）环控高温科目实验目的：验证飞机地面快速冷却和稳态冷却科目。具体实验目的有：证明驾驶舱和客舱温度可各自独立控制；在系统构型稳态以及变化过程中,引气和空调系统控制功能均应正常。

（2）电源系统 RAT 低温试验,检查 RAT 系统装机后在预期的最低温度条件下的释放功能及释放时间是否符合设计要求。

（3）低温环境机身蒙皮区域温度测量,主要目的为通过测量获取低温环境下机身蒙皮区域的温度分布。

（4）高升力系统研发实验验证高升力系统在 −50℃ 环境中停留 6 个小时后,在恢复到-40℃后仍然具有正常的伸出/收回功能。

（5）燃油系统低油温告警实验验证燃油系统低油温告警功能及低温状态下的燃油系统密封、部件操作。

（6）液压系统高低温科目研发试验,检查液压系统机高低温实验所涉及的液压用户功能是否正常。

（7）短舱极低温环境测量,在极低温环境下,按飞机维护手册打开/关闭风扇罩和反推罩,测量短舱锁的关闭力,并验证反推力装置（速率控制装置）在低温条件下的阻尼特性。

（8）地面加温实验通过地面实验室实验获得空调系统的测量数据,用于验证相关条款。

（9）低温环境舱门测量验证舱门在预期的低温条件下能完成预定功能。

根据实验项目、实验对象技术状态及配套清单、实验条件要求、实验科目实施程序、实验测量要求等实验要求,确定实验方案,包括如下内容:

（1）环境施加方案;

（2）实验机支持方案,包括被试飞机支持方案、飞机定位、飞机系留等内容;

（3）实验控制方案;

（4）实验室及被试飞机环境参数测量方案;

（5）实验风险分析、实验预案。

本例实验项目包含 2 个实验项目(低温、湿热),4 种实验条件(-30℃、-40℃、-50℃、+40℃,19 g/kg),考核 8 个系统,涉及 10 个系统(含 APU,航电)的 13 个实验科目。经过实验剪裁设计后的实验项目如表 12-5 所示。

表 12-5　实验项目表

序号	实验项目	实　验　科　目		具体实验条件	浸泡时间
1	低温	空调系统地面加温实验	快速加温 1	-30℃	6 h
2			快速加温 2	-40℃	6 h
3			稳态加温	-40℃	6 h
4		液压系统高低温科目研发实验	低　温	-40℃	6 h
5		电源系统 RAT 低温实验		-40℃	8 h
6		低温环境机身蒙皮区域温度测量		-40℃	6 h
7		低温环境舱门测量实验		-40℃	无浸泡要求
8		燃油系统低油温告警实验		燃油温度低于-37℃	于过程监测

续　表

序号	实验项目	实　验　科　目		具体实验条件	浸泡时间
9	低温	短舱极低温环境测量	锁的关闭力检查,反推罩阻尼特性检查	−50℃	6 h
10		高升力系统研发实验		−50℃浸泡,−40℃检查	6 h
11	湿热	环控高温科目实验	快速冷却	40℃,19 g/kg	5 h
12			稳态冷却	40℃,19 g/kg	5 h
13		液压系统高低温科目研发实验	高　温	40℃	5 h

2. 实验准备

实验准备工作包括实验设备的检查、调试,实验装置的加工、安装及检验,实验系统的配置及检查、实验条件调试、地面保障设备的准备。

实验设备包括基础环境模拟系统、实验控制系统、数据采集系统、动力系统、地面保障设备、专用实验设备。

实验测量设备满足以下要求:

(1)测量仪器仪表应具备相应的环境适应性;

(2)测量仪器仪表应经过计量和检定计量、检定参数范围覆盖试验条件范围,并在有效期内;

(3)计量检定有可追溯性。

本次实验采用系留+刹车+轮挡支持状态进行试验。系留指将飞机通过飞机前起、主起系留点、飞机自身系留装置与实验室地面锚固栓连接,将飞机固定在地面上。

此次试验专用设备包括 APU 尾气排放系统。APU 尾气排放系统主要由初始调整段、喷淋段、引流管道、蝶阀、风机、引流导流槽、固定支架等部分组成。APU尾气排放系统可对 APU 高温尾气进行降温处理并排放至实验室外,保证室内正常的环境状态和 APU 的安全运行,该尾气排放系统的功能指标如下:

(1)将 APU 的高温尾气完全引流至实验室外,不影响室内温湿度环境实验条件;

(2)通过对高温尾气喷淋降温处理,满足尾气排放系统中蝶阀使用要求。

在试验准备阶段,将 APU 尾气处理装置安装到位并完成调试。APU 开车时,APU 尾气排放系统按照 APU 开车技术方案中相关要求进行操作。

3. 实验实施

在实验开始之前,为了消除或部分消除被试飞机过去所受的环境影响,需要对被试飞机进行预处理。如果有要求时,预处理作为实施流程的第一步骤。

被试飞机气候实验流程包括实验前基线实验、环境条件施加、功能检查性能检测、试验后基线实验等项,分别叙述如下。

(1) 实验前基线实验:在进行正式实验之前,在基线环境条件下对被试飞机结构、系统、分系统、设备或部件进行功能和性能检测及外观检查,填写初始检测记录,记录被试飞机相关系统数据和功能状况。

(2) 环境条件施加:逐项给被试飞机施加规定实验条件,过程中依照实验委托方要求进行实验过程监控。

(3) 功能检查性能检测:浸泡时间达到实验要求后,根据各项实验具体要求在规定的环境条件下进行功能检查性能检测,包含工作状态下的功能检查性能检测、外观检查及储存状态下的外观检查等。

(4) 实验后基线试验:所有相关检查检测工作结束后,实验室环境条件恢复至基线条件,按有关技术文件规定进行被试飞机功能、性能检测以及外观检查,填写实验后检测记录,便与初始监测数据进行比较。

实验过程中出现下列情形之一时,终止实验:

(1) 发现重大缺陷,实验结果已判定关键功能、性能技术指标达不到要求;

(2) 被试飞机或实验设备出现影响性能和使用的重大技术问题;

(3) 被试飞机或实验设备出现短期内难以排除的故障。

低温实验照片如图 12-65 所示,湿热实验照片如图 12-66 所示。

图 12-65　低温实验照片　　　　图 12-66　湿热实验照片

4. 实验测量及结果分析

实验过程中对环境参数测量内容包括湿热实验中测量飞机周围温度、飞机周围湿度,低温实验中测量飞机周围温度。同时在各个实验科目进行过程中,按照实验要求测量机身蒙皮区域温度、液压系统的油箱温度、RAT 系统装机后在地面释放时作动器的展开时间、登机门手柄力等相关参数。其中环境测量结果如图 12 - 67~图 12 - 70 所示。

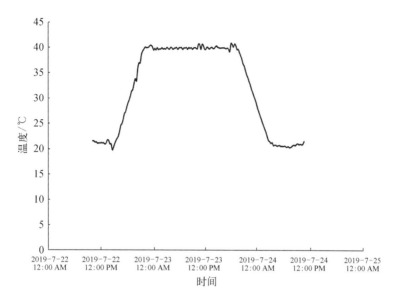

图 12 - 67　湿热实验温度平均值

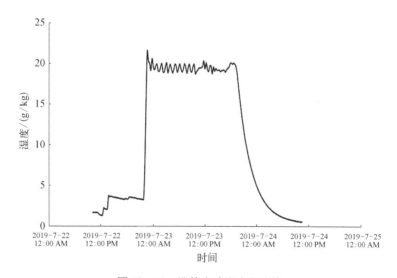

图 12 - 68　湿热实验湿度平均值

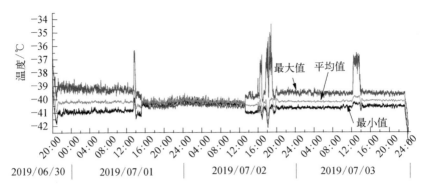

图 12‑69   −40℃(降温阶段)实验温度

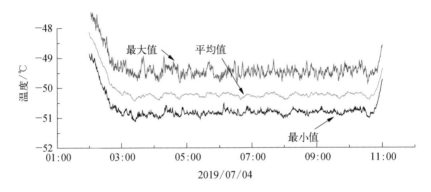

图 12‑70   −50℃实验温度

参考文献

[1]   张欣玥,惠旭龙,刘小川,等.典型金属民机机身结构坠撞特性试验研究[J].航空学报, 2022,40:1‑14.

[2]   邹学锋,潘凯,燕群,等.多场耦合环境下高超声速飞行器结构动强度问题综述[J].航空 科学技术,2020,31(12):3‑15.

[3]   冯志高,关成启,张红文.高超声速飞行器概论[M].北京:北京理工大学出版社,2016.

[4]   刘薇,龚海华.国外高超声速飞行器发展历程综述[J].飞航导弹,2020(3):20‑27.

[5]   张伟,张正平,李海波,等.高超声速飞行器结构热试验技术进展[J].强度与环境,2011,38 (1):1‑8.

[6]   吴振强,任方,张伟,等.飞行器结构热噪声试验的研究进展[J].导弹与航天运载技术, 2010(2):24‑30.

[7]   李冬梅,吴相甫,吴敬涛,等.大型气候实验室温度环境控制及其实现[J].测控技术,2021, 40(8):101‑104.